KB095124

마감재 기초 상식 사전 &
리모델링주택조합설립을
위한 참고서

마감재 기초 상식 사전 & 리모델링주택조합설립을
위한 참고서

최종화 변호사 · 한승희 변호사 지음

좋은땅

서문

재개발·재건축에 비해 공동주택리모델링(이하 '리모델링')은 본격적으로 시작된 지 얼마 되지 않았습니다. 대수선 및 평형 증가 형태로서 완료가 이루어진 단지는 많이 있지만, '세대증가형' 리모델링은 아직까지 입주까지 이루어진 예가 없기에(물론 임박한 단지는 있습니다) 대한민국 리모델링 역사의 시작은 2022년이라 해도 과언이 아닐 것입니다.

그런데 2022년 말부터 조짐이 보이기 시작하더니 2023년에 들어 리모델링에는 본격적으로 암운이 드리우고 있습니다. 얼핏, '기다렸다가 재건축을 하고 리모델링은 그냥 하지 말라고 하는 것 아닌가'라는 착각이 들 정도로 많은 규제와 제한이 가해지고 있는 것에 더해 공사비 상승에 따른 분담금 증가 이슈까지 더해지게 된 것입니다.

그러나 리모델링은 계속될 수밖에 없으며 지금의 인고(忍苦)가 끝날 때쯤이면 제도와 법령이 정비되어 훨씬 더 정제되고 효율적인 형태의 사업 진행이 가능하게 될 것입니다.

이 책은 다시 창천(蒼天)이 도래할 날을 기다리며 리모델링을 준비하고 있는 많은 추진위원장님들이, 리모델링의 가장 기초가 되는 사항들을 쉽게 이해하실 수 있도록 구성되어 있습니다. 향후 발간될 심화편에서는 각 챕터의 내용들을 더욱 심도 있게 다루며 조합장님들도 유용하게 참고하실 수 있는 내용을 다수 추가할 예정입니다.

한편, 마감재에 대한 내용을 다루는 책을 만들다고 했을 때 많은 분들이 '그걸 도대체 왜 만드는 것인가'라는 질문을 하셨습니다. 그 질문에 대한 답은 '할 수 있으니까' 라고 할 수 있을 것 같습니다.

마감재는 조합원들 입장에서는 건물 외관 못지 않게 중요한 요소임에도, 지금까지 이 분야를 종합적으로 다루는 책은 존재하지 않았습니다. 많이 팔릴 수도 없으면서 엄청난 시간이 투하되는 그래서 저자 입장에서는 지극히 비효율적인 서적이라는 점에 더해, 중립적인 위치에서 이러한 작업을 수행할 수 있는 직업군은 제한되어 있고 이들에게는 딱히 집필을 마음먹을 유인이 없다는 것이 가장 큰 이유라 할 것입니다.

그런데 어느 날 갑자기, 마감재와 관련한 꼭 필요한 지식들을 전달해보고 싶다는 생각이 들었습니다. 우리가 알고 있는 만큼 각 현장의 조합원들이 알게 된다면, 대한민국 신축 아파트의 마감재 퀄리티는 조금이나마 높아질 수 있고 결국 보다 멋진 아파트가 만들어지는 데 일조할 수 있을 것이라 생각하였습니다. 이러한 생각은 곧 의지로 전화(轉化)되었고, 그 의지는 지금뿐 아니라 앞으로도 이 행위를 지속할 수 있는 충분조건으로 자리매김하게 된 것입니다.

마감재 부분은 각 챕터별 전문가의 설명과 도움으로 집필되었으며, 인터뷰에 응해주신 이엔에프 한태수 대표님, 대림B&Co 김창민 팀장님, TKE 문대희 수석부장님 · 서용석 팀장님, 미쓰비시엘리베이터 김재현 실장님, 한솔홈데코 이혜민 선임님, 한샘넥서스 지서영 지사장님 · 이승준 이사님, 씨엔케이 권태철 · 최경환 대표님께 감사드립니다.

한 가지 고백하자면, 이번 '기초편'은 저자들의 두려움에 따라 챕터와 내용의 많은 축소와 생략이 이루어졌습니다. 현재까지도 계속 이루어지고 있는 인터뷰 과정에서 전해 듣고 있는, 왜 마감재와 관련하여 항상 잡음이 끊이지 않고 있는지, 일반분양분보다 못한 퀄리티의 조합원분양분 마감재가 시공되었는데 왜 그들은 그러한 사실을 알지도 못하고 있는지, 마감재 부문 최고의 반열에 자리매김하고 있는 신축 단지에서는 어떤 고민 끝에 어떤 묘안을 도출해 낸 것인지, 특정 제품을 선택했을 때 발생할 수 있는 문제는 어떤 것이 있고 이를 회피하기 위하여 필요한 대안이나 보완책은 무엇이 있는지, 준공단지별로 선택된 제품과 이에 대한 클레임의 유형은 무엇인지와 같은, 이미 마감재의 선택이 끝난 조합의 조합장님들께는 지극히 민감한 주제이자 관련 업체들로부터 많은 지탄을 받을 수도 있는 내용들은 기초편에서 차마 언급할 용기가 나지 않았습니다. 그러나 많은 조합장님들께서 누가 뭐라고 하면 당신께서 직접 해당 업체 본사에 찾아가 뒤집어놓겠다고 해주시고, '우리 단지 (공사도급)본계약 전까지 심화편을 내어놓게나'라고 말씀해 주고 계시기에, 그 겁쟁이들의 겁주머니는 시나브로 스러져서 자취를 감출 수 있게 되었습니다.

내년 초에 발간될 '조합원들을 위한 마감재 심화 사전(가제)'은 마감재와 관련하여 재개발 · 재건축 · 리모델링 · 가로주택사업 조합원들이 알아야 할 모든 내용과 정보들이 필터링 없이 집대성될 예정이며, 아마도 대한민국 마감재의 역사는 이 책 발간 이전과 이후로 나뉘게 될 것이니 기대하셔도 좋을 것 같습니다.

2023년 6월,

선정릉을 거닐며.

목차

I.

마감재 기초 상식 사전

II.

리모델링주택조합설립을 위한 참고서

공동주택리모델링사업 과정에 실제로 적용되는 주택법령 조항들만 추출한 법령집

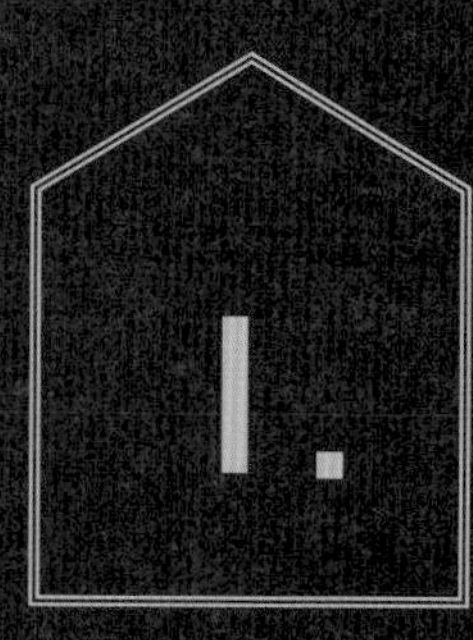

마감재 기초 상식 사전

1. 창호

많은 마감재 중 주인공은 단연 창호라 할 것입니다. 이는 아파트 외관의 상당 부분을 차지하고 있으면서 동시에 기능적인 측면에서 거주자의 편의에 지대한 영향을 미치고 있기 때문이며, 나아가 가장 많은 사업비가 투하되는 마감재(전문가들 중에는 골조를 제외한 모든 공사 자재를 마감재라고 칭하는 경우도 있는데 여기서는 일반인들의 인식을 기준으로 합니다)에 해당하여 말도 많고 탈도 많다는 점도 이러한 자리매김에 한몫을 하고 있습니다.

창호업체는 생각보다 굉장히 많고, 각 업체마다 공급하고 있는 제품군의 스펙트럼도 넓습니다. 최근에는 조합 임원분들이 주요 업체들의 쇼룸이나 연구소를 직접 방문하여 견학을 하는 경우도 많아지고 있는데, (모든 업체들이 이러한 전시관을 운영하고 있는 것은 아니지만) 현존하는 모든 업체들을 직접 방문하는 것은 물리적으로 불가능한 일에 가깝기 때문에 선택과 집중이 이루어지게 됩니다. 이 선택과 집중은 일정한 기준에 의해 이루어지게 되며, 다시 그 기준의 설정은 어떻게 누구에 의하여 이루어질 것인가에 대한 문제로 이어지게 됩니다.

시공자를 선정하기 위한 입찰절차에 참여하는 건설회사는 대략적인 공사비와 이에 상응하는 수준의 마감재리스트를 조합에 전달합니다. 여기서의 마감재는 특정 브랜드의 특정 제품명을 기재하는 것이 아니라, 어느 정도의 수준으로 세팅이 되었는지 가격 수준(고급 또는 중급), 주로 하이엔드의 의미로서 외산인지 국산인지 등을 기재하게 되며 여기서 건설회사가 인식하고 있는, 해당 단지에 적합한 마감재 수준이 일단 드러나게 됩니다. 이 단계에서 조합 임원분들을 포함한 조합원들은 마감재에 대한 구체적인 정보를 가지고 있기 어렵기 때문에, 여기서는 만족 또는 불만족 이렇게 크게 대별(大別)되는 감정 중 하나가 표출되며 이것이 첫 번째로 이루어지는 기준의 설정입니다. 본계약 체결을 전후하여 아파트에 적용될 구체적인 제품군들의 윤곽이 드러나게 되는데, 이때까지 조합 임원분들은 많은 리서치와 업체 미팅을 통해 지식을 축적하게 되고 이를 바탕으로 조합원들의 니즈를 반영하여 최종적으로 적용될 제품들을 확정하게 됩니다.

비싼 제품이 좋은 것인가요?

굉장히 중요하면서도 민감하고, 애매한 부분입니다. 일단 비싼 제품의 기능과 외관이 뛰어나다는 점은 이론의 여지없이 명백할 것입니다. 다만 주의하셔야 하는 부분은 마감재 가격은 부풀리기 또는 끼워 맞추기가 가능하다는 점인데, 우선 '부풀리기'의 경우 신제품의 출시와 맞물려 수시로 변동하며 정확한 제품 가격과 견적에 대한 정보가 일반에 공개되고 있지 않는 점을 이용하여 가격을 높게 책정하는 것을 의미합니다. '끼워 맞추기'는 일견 납득할 수 있는 단가를 설정한 뒤 공정을 단축하거나 생산비를 감축하여 기대에 미치지 못하는 품질 또는 평형대별로 차별화 없이 동일한 규격의 제품이 설치되는 것 등으로서, 두 경우 모두 가격에 상응하는 만족감을 얻을 수 없는 양두구육(羊頭狗肉)의 상황을 야기하게 됩니다. 이러한 경우들을 제외한다면, 일반적으로 고가의 제품이 좋은 품질을 가지고 있다는 명제는 성립될 수 있습니다. 다만 창호는 마감재 중 가장 많은 사업비가 투하되는 항목이기에, 고가의 제품을 선택하는 경우 분담금의 증액을 체감할 수 있을 정도의 사업비 증가가 이루어진다는 점을 고려하셔야 합니다.

거실창, 부엌창 등 창문이 들어가는 곳이 많은데 창호의 범주는 어디까지인가요?

창호의 사전적 의미는 '건축물의 외벽·칸막이벽의 개구부(開口部) 내에 개폐형식에 따라서 설치하는 문·창의 새시류'이며, 실질적으로 창틀·유리·터닝도어(주방에서 다용도실로 나가는 부분 등에 설치되는 문)·중문과 최근 법령의 개정으로 실외기 외부 설치가 제한되면서 많이 설치되고 있는 시스템루버까지 포함하는 개념입니다. 다만 시스템루버는 아직까지는 필수적인 사항은 아닌데, 예컨대 부산 LCT의 경우 실외기실을 한 곳에 집중시키는 방식을 적용한 바 있습니다.

중문의 경우 미관이나 방풍기능 등을 위하여 설치하며, 각 창호 회사들이 여러 가지 다양한 제품을 선보이고 있습니다.

좋은 창호를 선택하는 기준에는 무엇이 있나요?

이 질문에는 '좋은 창호'의 개념을 어떻게 정립하는지 여부에 따라 다른 답변이 나올 수밖에 없습니다. 예컨대, 집값을 올리기 위해서는 흔히 사람들이 고가의 프리미엄 브랜드로 인식하고 있는 '○○○ 제품이 들어갔다'고 할 수 있는 것이 유리할 것이고, 실제로 거주하는 사람 입장에서는 방음이나 단열 등 기능이 뛰어난 제품이 설치되는 것이 우선순위가 될 수 있을 것입니다.

물론 두 가지를 다 충족시킬 수 있다면 더할 나위 없겠지만, 실제로 이런 선택을 할 수 있는 사업지는 극히 제한되어 있습니다. 그렇다면 결국 '이름 있는 브랜드'의 제품 중 합리적인 가격 범위 내에서 어떤 부분에 가중치를 두고 선택할 것인지가 관건이 될 것이며, 기능적인 측면에서 고려할 수 있는 부분을 살펴보도록 하겠습니다.

1) 단열성

'단열'은 물체 사이에 존재하는 열의 이동을 막는 것을 의미하며, 단열성이 좋지 않을 경우 건축물의 냉·난방에 문제가 생기게 됩니다. 창호의 단열성은 열관류율 수치로 평가하게 되는데, 열관류율이란 열전도율을 재료의 두께로 나눈 값이며 여기서 열전도율은 두께 1m, 면적 1㎡인 재료의 한쪽 표면과 다른 쪽 표면의 온도차가 1°C로 유지될 때 재료를 통해 전달된 시간당 열의 양을 의미합니다. 즉 열관류율이 낮을수록 단위시간당 창호를 통해 전달되는 열의 양이 적으므로 단열성이 우수합니다.

에너지이용합리화법의 위임에 따른 국토교통부 고시인 '건축물의 에너지절약설계기준'에서는 창호에 적용되는 열관류율을 규정하고 있습니다. 한편 시험성적서의 열관류율 수치는 Uw 값, 즉 창호의 창틀(프레임)과 유리의 열관류율을 종합한 값이라는 점에 주목해야 합니다. 유리에 비해 프레임의 열관류율을 낮추는 것은 어려우며, 프레임의 열관류율이 지나치게 높을 경우 결로현상이 벌어질 수 있습니다. 이를 고려하여 위 고시 [별표 4]는 창틀의 종류에 따른 열관류율 기준값을 정하고 있습니다.

[건축물의 에너지절약설계기준 별표 4]

창 및 문의 종류			창틀 및 문틀의 종류별 열관류율								
			금속재						플라스틱 또는 목재		
			열교차단재[1] 미적용			열교차단재 적용					
유리의 공기층 두께[㎜]			6	12	16 이상	6	12	16 이상	6	12	16 이상
창	복층창	일반복층창[2]	4.0	3.7	3.6	3.7	3.4	3.3	3.1	2.8	2.7
		로이유리(하드코팅)	3.6	3.1	2.9	3.3	2.8	2.6	2.7	2.3	2.1
		로이유리(소프트코팅)	3.5	2.9	2.7	3.2	2.6	2.4	2.6	2.1	1.9
		아르곤 주입	3.8	3.6	3.5	3.5	3.3	3.2	2.9	2.7	2.6
		아르곤 주입+로이유리(하드코팅)	3.3	2.9	2.8	3.0	2.6	2.5	2.5	2.1	2.0
		아르곤 주입+로이유리(소프트코팅)	3.2	2.7	2.6	2.9	2.4	2.3	2.3	1.9	1.8
	삼중창	일반삼중창[2]	3.2	2.9	2.8	2.9	2.6	2.5	2.4	2.1	2.0
		로이유리(하드코팅)	2.9	2.4	2.3	2.6	2.1	2.0	2.1	1.7	1.6
		로이유리(소프트코팅)	2.8	2.3	2.2	2.5	2.0	1.9	2.0	1.6	1.5
		아르곤 주입	3.1	2.8	2.7	2.8	2.5	2.4	2.2	2.0	1.9
		아르곤 주입+로이유리(하드코팅)	2.6	2.3	2.2	2.3	2.0	1.9	1.9	1.6	1.5
		아르곤 주입+로이유리(소프트코팅)	2.5	2.2	2.1	2.2	1.9	1.8	1.8	1.5	1.4

	사중창	일반사중창[2]		2.8	2.5	2.4	2.5	2.2	2.1	2.1	1.8	1.7
		로이유리(하드코팅)		2.5	2.1	2.0	2.2	1.8	1.7	1.8	1.5	1.4
		로이유리(소프트코팅)		2.4	2.0	1.9	2.1	1.7	1.6	1.7	1.4	1.3
		아르곤 주입		2.7	2.5	2.4	2.4	2.2	2.1	1.9	1.7	1.6
		아르곤 주입+로이유리(하드코팅)		2.3	2.0	1.9	2.0	1.7	1.6	1.6	1.4	1.3
		아르곤 주입+로이유리(소프트코팅)		2.2	1.9	1.8	1.9	1.6	1.5	1.5	1.3	1.2
	단창			6.6			6.10			5.30		
문	일반문	단열 두께 20㎜ 미만		2.70			2.60			2.40		
		단열 두께 20㎜ 이상		1.80			1.70			1.60		
	유리문	단창문	유리비율 50%미만	4.20			4.00			3.70		
			유리비율 50%이상	5.50			5.20			4.70		
		복층창문	유리비율 50%미만	3.20	3.10	3.00	3.00	2.90	2.80	2.70	2.60	2.50
			유리비율 50%이상	3.80	3.50	3.40	3.30	3.10	3.00	3.00	2.80	2.70

2) 기밀성

창호 내부와 외부 사이에 공기가 통하지 않도록 하는 성질을 기밀성이라 합니다. 기밀성이 나쁠 경우 창호 안팎으로 공기가 자유롭게 드나들게 되므로 창호 자체의 프레임 및 유리의 단열성이 좋더라도 냉·난방에 문제가 생길 수밖에 없습니다. 기밀성은 단열성과 함께 에너지의 효율적 이용을 위하여 가장 중요한 역할을 하는 요소로서, 산업통상자원부 고시인 효율관리기자재 운용규정은 단열성과 기밀성을 기준으로 하여 에너지소비효율등급을 의무적으로 신고하도록 하고 있습니다.

R(열관류율)	기밀성	등급
R ≤ 0.9	1등급	1
0.9〈R ≤ 1.2	1등급	2
1.2〈R ≤ 1.8	2등급 이상(1등급 또는 2등급)	3
1.8〈R ≤ 2.3	묻지 않음	4
2.3〈R ≤ 2.8	묻지 않음	5

3) 수밀성 및 내풍압성

구축 아파트에 살고 계시는 분들은 장마철이나 태풍이 왔을 때 몇 시간 동안 장대비가 이어지는 경우, 분명히 꼭 닫아놓은 창틀 사이로 물이 새어 들어오는 경험을 하신 적이 있을 것입니다. 만약 빗물이 90도 각도로 수직낙하만 한다면 웬만큼 낡은 창문이 아닌 다음에야 누수가 발생할 가능성이 높지 않겠지만, 강한 바람이 동반되는 경우 빗물이 창문과 충돌하면서 틈새를 침습(浸濕)하게 되는 것입니다.

창호의 수밀성이란 이렇게 창호를 통해 빗물 등의 누수가 발생하지 않도록 하는 기능을 의미하며, 한국산업표준에서는 태풍 등 강한 바람이 부는 상황에서의 누수 여부를 시험하기 위해여 압력차 최대 500Pa, 즉 풍속 29m/s 정도의 바람이 부는 상황에서도 누수가 없어야 한다고 규정하고 있습니다.

〈창호의 수밀성을 강화한 KCC의 해안용 이중창 235 - 에너지소비효율등급 1등급이며, 풍압대별로 창짝의 선택이 가능하다〉

한편, 강력한 바람을 동반한 태풍이 올 때면 창문에 테이프를 붙이며 방탄유리로의 변모를 시도하는 것을 뉴스에서뿐만 아니라 주변에서 많이 보셨을 것입니다.

이처럼 강력한 바람이 불어올 때 이를 견뎌내는 창호의 성질을 내풍압성이라고 하며, 이에 대한 한국산업표준의 구체적인 기준은 다음 표와 같습니다.

<table>
<tr><th>성능 항목</th><th>등급</th><th>등급과 대응값</th><th>성능</th></tr>
<tr><td>내풍압성</td><td>

80
120
160
200
240
280
360</td><td>최대 가압 압력
Pa
800
1,200
1,600
2,000
2,400
2,800
3,600</td><td>• 가압 중 파괴되지 않을 것.
• 슬라이딩은 여밈대, 마중대, 선틀의 최대 변위가 각각의 부재에 평행한 방향에서 안쪽 치수의 1/70 이하일 것.
• 스윙은 창틀, 중간 막이틀, 중간 선대 등 창 주변에 접하는 부재에서 최대 상대 변위가 15 mm 이하일 것.
• 또한 쌍여닫이 등의 여밈대는 최대 변위가 그 부재에 평행한 방향에서 안쪽 치수가 1/70 이하일 것.
• 중간 막이틀과 중간 선대가 있는 경우는 그 변형률이 1/100 이하일 것.
• 8 mm 이상의 유리를 사용할 경우는 각 부재의 변형률이 다음 표의 규정에 적합할 것.
<table>
<tr><th colspan="2">부재명</th><th>변형률</th></tr>
<tr><td colspan="2">중간 막이 및 중간 선틀</td><td>1/150 이하</td></tr>
<tr><td rowspan="2">여밈대, 마중대,
선틀</td><td>중간 막이,
중간 선틀 있음.</td><td>1/85 이하</td></tr>
<tr><td>중간 막이,
중간 선틀 없음.</td><td>1/100 이하</td></tr>
</table>
• 압력 제거 후 창틀재, 창 부재, 철물, 그 밖의 기능상 지장이 없을 것.</td></tr>
</table>

강한 바람이 불어오거나 기타 충격이 가해지는 경우 쉽게 유리가 깨지고 그 조각이 위험하게 비산되는 것을 방지하기 위해 강화된 유리를 사용합니다. 강화유리의 경우 일반유리에 비해 약 4~5배 정도 충격강도가 높으며 파손 시 모래 같은 파편으로 깨지게 되어 안전유리로 분류됩니다. 반강화유리(= 배강도유리)는 일반유리에 비해 2배 정도의 충격강도를 가지며, 파손 시 금이 간 상태로 붙어있으나 탈락이 이루어지는 경우에는 날카로운 큰 파편이 비산되기에 안전유리에 해당되지 않습니다.

풍압은 고층아파트의 창문이 원하는 만큼 커질 수 없도록 하는 제한요소 중 하나로 작용하고 있습니다. 거의 모든 창호 외장재는 이러한 풍압에 대한 대응을 고려하여 제작 및 시공되고 있으며, 이 부분에 있어 알루미늄 소재가 PVC보다는 유리하다고 보시면 됩니다.

〈이건창호의 알루미늄 시스템창호 중 패시브 시리즈 ESS 250 L/S모델. 알루미늄 소재로 구조적 안정성과 내풍압성을 갖추었고, 고하중용 특수 하드웨어를 적용하여 창짝당 250㎏에 이르는 최대 성능의 내구성을 구현하였다〉

4) 방음성

방음성은 창호를 통하여 내·외부의 소리가 새어나가거나 유입되는 정도를 의미합니다. 방음성은 최근 외부로부터 방해받지 않는 아늑한 생활공간을 보장해 주는 차폐성(遮蔽性)의 한 부분으로서 중요도가 높아지고 있는 기능에 해당하며, 여러 가지 요인이 있지만 무엇보다 창호의 기밀성능이 좋을수록 차음이 더 잘된다고 이해하시면 좋을 것 같습니다.

래미안 원베일리에서는 판유리 사이에 특수접합필름을 삽입하는 방식을 적용하여 차음 성능을 향상시킨 바 있는데, 이는 복층유리에 비해서 약 3~6dB, 일반 접합유리에 비해 약 2~3dB 정도 소리를 더 차단시킬 수 있다고 합니다(2~3dB 감소 시 소음이 줄었다고 느낄 수 있고, 5~6dB이 감소하는 경우 확연한 차이를 느낄 수 있습니다). 이러한 특수한 기술을 적용하는 경우 더 좋은 결과물이 나온다는 것은 명백하지만, 그만큼 공사비가 상승하게 되는 것은 어쩔 수 없을 것입니다.

〈단열은 물론, 기밀성과 방음성을 강조한 이건창호의 tilt & turm 시스템창호. 주로 고급 주택과 아파트, 콘도, 리조트에 사용되고 있다〉

신축 아파트인데도 결로가 생기는 경우가 있는 것 같은데, 이유가 무엇인가요?

국내외 모든 창호업체들 중 자신의 제품에 결로가 발생하지 않는다는 홍보문구를 사용하는 곳은 없습니다. 이는 현재로서는 아파트 창호 결로를 완벽하게 방지할 수 있는 기술력은 존재하지 않는다는 의미이며, 나아가 제품 자체의 성능 외적인 원인으로 발생하는 경우도 많습니다.

일단 집 내부의 습기가 높고 외부와 차이가 많이 나는 경우에는 결로가 생길 수밖에 없습니다. 그런데 만약 겨울을 기준으로 하여 실내 습도를 50% 정도로 유지하였음에도 결로가 많이 발생한다면 창호의 문제를 의심해 봐야 합니다.

일단 기밀을 철저히 하지 못한 시공이 이루어질 경우 필연적으로 결로가 발생하게 되고, 이는 수인하셔야 하는 부분이 아니기에 반드시 클레임을 걸어 보수 또는 교체를 요구하셔야 합니다. 예컨대 창틀 주변 벽에까지 결로가 생긴다거나 창틀이 흔들리는 경우가 여기에 해당합니다.

이중창(二重窓. 하나의 샷시에 두 개의 유리창이 설치된 것)은 단창(單窓. 여러 가지 종류가 있지만 여기서는 하나의 창짝에 두 겹으로 된 복층 유리를 설치한 것)에 비해 단열성, 차음성이 높으며 결로도 덜 발생합니다. 하지만 이중창도 창 사이의 공간이 진공이 아니기에 찬 공기와 더운 공기가 만나게 되어 결로가 발생할 수 있습니다. 단가가 높아지기는 하지만 바깥쪽 창에 단열재를 시공하는 외단열(⇔ 내단열), 후술할 로이코팅 등의 방법으로 단열성을 높여 결로발생 확률을 낮출 수 있으며, 복층유리의 경우 제조 시 유리 사이를 이격·고정시키면서 흡습 및 단열성능을 향상시키는 단열간봉(열전도율이 낮은 소재로 만들어진 간봉이 아닌 일반 알루미늄 간봉 등을 사용하는 경우는 해당 없습니다)을 사용하여 결로를 저감시킬 수 있습니다.

주택건설기준 등에 관한 규정의 위임에 따라 제정된 '공동주택 결로 방지를 위한 설계기준' 별표 1에서는 결로 방지를 위해 지역별 TDR[**온도차이비율 = (실내온도 - 적용 대상부위의 실내표면온도) / (실내온도 - 외기온도)**]값을 정하고 있으며, 주택법 제15조에 따른 사업계획승인을 받아 건설하는 500세대 이상의 공동주택에 적용됩니다. 즉, 멋진 외관이나 탁 트인 조망을 위해 창 크기를 임의대로 확장할 수 없다는 것을 의미합니다. 방론으로, 창호의 선택에 있어 고려해야 하는 관련 법령에 대한 종합적인 설명은 향후 심화편에서 다루기로 하겠습니다.

아파트 창호 프레임 재료에는 어떤 것들이 있나요?

1) 목재

최근 지어지고 있는 아파트에서 프레임이 목재로만 구성되어 있는 창호는 존재하지 않는데, 물에 취약하고 무엇보다 내구성이 떨어지기 때문입니다. 따라서 PVC 등과 같은 소재와 결합하는 방식으로 사용하고 있습니다.

2) 강철재

강철 역시 목재와 마찬가지로 프레임 단독 소재로는 사용되고 있지 않습니다. 무겁고, 가공이 어려우며, 시간이 지날수록 녹이 슬게 되는 점에 더해 특히 방음성이 좋지 않기 때문인데, 스테인리스와 같은 소재와 결합하여 사용하는 경우도 있습니다.

3) 알루미늄

창호 프레임 소재로서 알루미늄은 'AL'로 표기되며 과거 알루미늄 창호가 전국에 보급되면서 이를 지칭하는 '샤시'라는 명칭도 같이 퍼져나가게 되었습니다. 알루미늄은 가벼우면서 견고하며, 부식이 적고, 기밀성 및 수밀성이 좋은 것은 물론 가공이 용이합니다. 다만 알루미늄 소재 자체는 열전도율이 높은 편이라 단열성이 좋지 않기에 이를 보완하기 위하여 내부에 단열재를 삽입하거나 다른 소재와 결합하여 사용하고 있는데, 현재 시판하고 있는 알루미늄 소재 창호는 이러한 단점을 보완하고 장점을 극대화한 것이라고 이해하시면 좋을 것입니다.

4) 합성수지(PVC)

최근 창호 프레임의 주류를 차지하고 있는 재료이며, 염화비닐을 주성분으로 하는 '플라스틱'입니다. PVC는 기밀성 및 방음성이 우수하고 부식에 강하며, 목재 수준의 열관류을 갖추어 단열성이 좋고 가공도 용이함에도 상대적으로 가격이 저렴합니다. '하이샤시'라는 명칭은 이러한 플라스틱 소재 프레임의 창호를 지칭하는 것입니다.

5) 복합재료

프레임의 주요 소재가 두 개 이상의 재료인 경우를 말하며, 최근 가장 많이 사용되고 있는 소재 형태라 할 수 있습니다. 목재와 알루미늄 복합창, 알루미늄과 PVC 복합창 등 다양한 종류가 있으며, 특히 단열성 및 기밀성을 강화한 시스템창호의 경우 복합재료를 쓰는 것이 일반적입니다.

이 중 알루미늄과 PVC가 결합된 ALPVC에는 ① AL + PVC 형태(이하 '알피')와 ② ALCAP + PVC, ③ AL + P + AL 형태가 있습니다. 여기서 ALCAP(이하 '알캡')은 PVC프레임 외부에 알루미늄을 부착, 조립하는 형태를 의미합니다. 두 소재를 물리적으로 결합한 알캡보다는 화학적으로 결합한 알피가 더 우수한 성능을 보이는데, 그만큼 더 비쌉니다. 그래서 크기가 가장 커서 단열성능이 특히 강조되는 거실창 부분에는 알피를 적용하고 나머지 부분에는 알캡을 적용하는 단지도 있습니다.

창호 프레임 색은 원하는 대로 입힐 수 있는 것인가요?

업체별, 제품별로 색이 정해져 있는 경우도 있고 다양하게 선택할 수 있는 경우도 있습니다. 실외(밖에서 보이는 부분) 컬러링에는 장기간 사용해도 변색이 적고 반영구적인 품질을 유지하는 특징을 가지지만 고가인 불소도료(PVDF)를 사용하거나, 상대적으로 저렴한 가격으로 다양한 색을 연출할 수 있는 ASA(Acrylonitrile Strene Acrylate) 수지공압출 방식 또는 라미필름 접착 방식을 사용합니다. 특히 불소도료의 경우 KCC가, ASA의 경우 LX 하우시스가 강세를 보이고 있습니다.

실내(세대 내부에서 보이는 부분)는 랩핑을 하는데 인테리어 시트지를 사용하는 것이 아니라 제작단계에서 기계로 필름을 붙여서 나오는 방식으로서, 기계로 한다고 해서 항상 완벽하게 나오는 것이 아니기에 제품을 잘 보셔야 하며 특히 접착제가 골고루 잘 발라지지 않은 경우 문제가 발생하게 됩니다. 랩핑 필름은 독일, 일본 제품이 강세를 보이고 있습니다.

'시스템창호'가 무엇인가요?

창호의 프레임이 복잡하고 정교한 시스템으로 구축되어 단열성, 기밀성, 내풍압성 등 전체적 성능이 우수한 창호를 말하며, '이중창'으로 대표되는 일반창호와 대별(大別)되는 개념입니다. 또한 미서기식(Sliding)이 대다수인 일반창호와 달리, 다양한 방식의 열고 닫기가 가능합니다. 이 부문의 선두는 유럽으로, 특히 독일제가 각광받고 있습니다. 최근 우리나라 기업들도 독일의 부품 및 기술을 많이 도입하여 소비자들에게 선보이는 추세입니다.

크게 ① Lift Sliding(대부분의 시스템창호), ② T/T(Turn & Tilt), ③ P/S(Parallel Sliding)로 분류할 수 있으며, 이 중 T/T와 P/S를 패시브창호라고 부릅니다. 패시브창호는 Lock & Lock과 비슷한 구조로 열관류율 0.8 이하인 기밀성, 차음성이 뛰어나다는 특징이 있습니다. 이 중에서도 P/S방식은 특히 기밀성에서 최상위 기능을 발휘하고 있는데, 그만큼 가격이 높습니다. 나아가 무게도 상당한데, 최근에는 기술의 발전으로 점차 가벼워지고 있습니다.

그런데 복잡한 기술이 적용된 이 '시스템' 부분에서 고장이 발생하는 경우가 많기에, 시스템창호를 적용하는 경우 반드시 해당 기술에 있어 특화가 되어 있고 적용 실적이 많은 업체인지를 확인하시는 것이 좋으며, 이는 이중창보다는 단창의 경우 그 필요성이 배가(倍加)된다고 할 것입니다.

PVC가 알루미늄보다 좋은 소재인가요?

가볍고 기밀성이 좋으며 가공이 쉽다는 점은 PVC와 알루미늄의 공통적인 장점입니다. PVC는 알루미늄에 비해 단열성이 좋다는 장점이 있지만, 알루미늄은 상대적으로 내풍압성에서 우위에 있는 것처럼 양자는 각자의 장점이 있기에 일률적으로 어떤 소재가 더 좋다고 평가하기는 어렵습니다.

창호 프레임 소재와 지지력이 관계가 있나요?

영화 〈기생충〉을 보신 분이라면 '박 사장 저택'의 통유리를 보면서 멋지다는 생각을 한 번쯤 해 봤을 것입니다. 누구나 중간 프레임이 없이 넓은 개방감이 있는 이와 같은 큰 창문을 선호하지만, 단독주택이 아니라 수십 세대가 켜켜이 쌓이게 되는 아파트의 경우 마냥 창 크기를 늘릴 수는 없고 하중을 분산시킬 수 있는 창호 프레임을 설치해야 합니다. 이 프레임을 구성하는 소재별로 지지력에 차이가 있는데, 일례로 알루미늄의 경우 지지력이 PVC보다 높기에 큰 창을 만드는 데 보다 유리하다고 할 수 있습니다.

〈이건창호가 지원한 알루미늄 시스템 도어 'ADS 70 HI'가 시공된 영화 〈기생충〉 촬영지〉

롯데건설이 건설한 '나인원한남'의 거실 창문을 보신 분이라면 누구라도 크고 시원시원한 느낌을 받았을 것입니다. 9개 동 중 가장 높은 것이 9층에 불과하기에 20층 이상 고층아파트에 비해 상대적으로 하중과 관련한 제약이 적기는 하지만, 그래도 제품 자체뿐 아니라 시공에 있어서도 상당한 기술력이 응집된 결과물이라고 합니다. 나인원한남의 창호는 알루미늄 시스템창호 분야에 있어 가장 뛰어난 기술력을 보유하고 있다고 평가받는 이건창호가 담당하였습니다.

프레임(창틀)과 유리를 따로 선택할 수 있나요?

물론 가능하며, 가격과 성능의 밸런스를 잘 맞춘다면 전체를 한꺼번에 발주하는 것보다 좋은 가성비를 기대할 수도 있다 할 것입니다. 한 가지 주목해야 할 부분은 (중국산 제품에 대한) 일반적인 통념과는 달리 중국산 유리의 품질이 상당히 뛰어나고 제품의 종류도 다양하다는 것인데, 박 사장 저택에 설치된 유리도 중국산이라고 합니다. 인터뷰를 진행하면서 '유리는 깨지기 쉬운데 저렇게 큰 것을 어떻게 운송하는지' 문의하였는데, 그것 역시 기술력에 포함되는 부분이라는 답변을 들을 수 있었습니다.

창호 회사별 제품을 한눈에 비교할 수 있는 자료는 없을까요?

사실 이 책을 기획하게 된 가장 큰 이유는 마감재 회사별 모든 제품을 집대성(集大成)하여 조합 임원분들뿐만 아니라 조합원분들에게도 제공해 드리고자 하는 것이었습니다. 그러나 리서치와 인터뷰 과정을 거치면서, 국내외로 생각보다 많은 업체가 존재하고 각 업체별 공급하고 있는 제품군 또한 다양하기에 이를 전부 수록하기 위해서는 창호 하나만 해도 천 페이지 이상이 할애되는 것은 물론, 이를 취합하여 정리하는 데 필요한 수개월의 기간 동안 신제품이 출시될 수밖에 없기에 최신 정보를 제공해 드리는 것이 매우 어렵다는 결론에 이르게 되었습니다.

따라서 이번에는 업계에서 상당한 입지를 가지고 있는 일부 국내 업체들(이건창호, LX하우시스, KCC, 현대L&C)의 주요 제품군과 간략한 스펙을 소개해 드리면서 '재건축 · 재개발 · 리모델링에 이러한 특징을 가진 제품들이 사용되고 있다'는 정도의 이해를 돕는 것으로 만족하기로 하였습니다. 소재별로는 알루미늄의 경우 이건창호, APA(AL + P + AL)의 경우 이건창호, KCC, LX하우시스, 그 외 소재의 경우 4개 업체 전부 강세를 보이고 있습니다.

1) 이건창호

(1) WOOD + AL 천연원목 시스템

적용현장	효성청담101, 잠실 레이크팰리스
색상	천연원목
유리 두께	SUPER 진공유리 31.25㎜(좌), 33.01㎜(우)
특장점	1. 이건창호 최고급 프리미엄 라인 2. 실내는 원목으로 디자인을, 실외는 알루미늄으로 기능성을 강조

(2) EAGON Premium Ⅰ

가) 알루미늄 슬라이딩 시스템

나) 알루미늄 여닫이 시스템

적용현장	나인원한남, 개포 프레지던스 자이, PH129, 서울숲아크로포레스트
유리 두께	SUPER 진공유리 37.01㎜(슬라이딩), 삼중유리 43㎜(여닫이), SUPER 진공유리 27.25㎜(슬림여닫이)
특장점	1. 알루미늄 소재임에도 특수단열 설계기술로 뛰어난 단열성능 2. 강화된 기밀, 수밀성능이 외부의 소음과 미세먼지 차단 3. SUPER 진공유리를 더하는 경우 단창으로 에너지효율 1등급 성능을 발휘

(3) EAGON Premium II

가) AL + PVC 슬라이딩 시스템

적용현장	용산 센트럴파크 헤링턴스퀘어, 반포써밋
유리 두께	복층유리 22㎜(좌), SUPER 진공유리 27.25㎜ + 사중유리 33.01㎜ + 복층유리 22㎜(우)
특장점	1. 알루미늄의 구조 강도와 PVC의 단열성능을 겸비 2. 알루미늄 창을 시스템 창으로 구현하여 미세먼지, 틈새바람을 차단(좌) 3. PVC소재의 슬라이딩 창은 단열성능을 높여 효율적 에너지 활용이 가능

(4) EAGON Premium III

가) PVC 슬라이딩 시스템

적용현장	신제품
색상	독일 Continental사의 Skai Cool Color 데코시트 사용
유리 두께	SUPER 진공유리 28.25㎜
특장점	1. PVC의 단열성능과 시스템구동방식 적용으로 기밀성능까지 구비 2. 최근 유럽에서 가장 트렌디한 개폐 방식인 Parallel Sliding 방식을 적용, 매립형 하드웨어 사용(좌) 3. Turn & Tilt창과 동일한 수준의 단열 및 기밀성능, 실내측 개폐공간이 좁은 곳에서도 창을 열 수 있음(우)

나) PVC 여닫이 시스템

적용현장	신제품
색상	독일 Continental사의 Skai Cool Color 데코시트 사용
유리 두께	SUPER 진공유리 28.25㎜
특장점	1. 여닫이와 환기에 특화된 Turn & Tilt창 2. 기밀성능과 방범, 수밀성능이 뛰어남

(5) EAGON Premium IV

적용현장	디에이치아너힐즈
유리 두께	SUPER 진공유리 27.25㎜
특장점	1. 고정창의 프레임을 없애 넓은 시야 확보 가능 2. 단열과 기밀성능이 뛰어난 Lift & Sliding 방식

2) LX 하우시스

(1) PL내창 : 파워세이브 시리즈

가) 파워세이브 미서기창

용도	아파트, 고급주택, 빌라, 일반주택
유리 두께	단유리 5㎜, pair유리 16~24㎜
특장점	1. 물막이턱 높이를 향상 2. 다양한 디자인 선택 3. 편리한 그립 핸들 4. Z:IN만의 단열 설계기술로 맞물림 설계

나) 파워세이브 광폭단창

용도	아파트, 고급주택, 빌라, 일반주택
유리 두께	단유리 5㎜, pair유리 16~24㎜

특장점	1. 창 틈새에 기능성 마감재를 설치해 밀폐성을 높임 2. 창 테두리가 돌출된 광폭 디자인이 창에 깊이를 더해 공간이 넓어 보임 3. 스퀘마 핸들(수동형)을 적용하여 사용하기 편리 4. 다기능 창짝 완충 장치 5. 창 모서리를 둥글게 디자인

다) 파워세이브 여닫이도어

용도	아파트, 고급주택, 빌라, 일반주택
유리 두께	16~24㎜
특장점	1. 단열 및 차음 성능이 강화 2. 메탈릭 디자인 핸들을 적용 3. 잦은 열고 닫음에도 오래도록 무리가 없는 고강도 부자재를 사용

라) 파워세이브 여닫이창

용도	빌라, 주택, 상가
유리 두께	pair유리 16~24㎜
특장점	1. 더 슬림한 프레임을 적용하여 좁은 공간에 효율적으로 시공 가능 2. 여닫이창과 고정창을 조합하여 다양한 입면 디자인을 구현 3. 두 가지 개폐 방식으로 선택이 가능 4. 열림 정도를 제한하는 하드웨어 적용으로 창짝 이탈 및 실내자 추락 등과 같은 안전사고를 예방

(2) PL외창(발코니창)

가) 슈퍼세이브 3

용도	아파트, 빌라, 주택 등의 발코니 창
유리 두께	복층유리 22~24㎜
특장점	1. 고단열 수퍼로이유리를 적용 2. Z:IN 창호만의 단열 구조 3. 모헤어와 3중차단 마감재를 적용해 바람을 효과적으로 막아줌 4. 125㎜의 슬림한 폭으로 설계돼 오래된 빌라와 아파트의 얇은 벽체 시공 가능 5. 창틀 반입이 어려운 경우 '틀 조립식' 제품 선택이 가능 6. 갑작스러운 창 닫힘으로 인해 손이 다치거나 핸들이 파손되지 않도록 안전 스토퍼를 적용 7. 다기능 창짝 완충 장치를 설치 8. 창 모서리를 둥글게 디자인 9. 손끼임을 방지하고 자동 잠김 기능을 더한 유선형 디자인의 핸들을 적용 10. 골드와 실버, 화이트앤골드 세 가지 컬러의 스쿼마 핸들, 테티스 핸들 중 취향에 맞게 선택

나) 슈퍼세이브 5

용도	아파트, 빌라, 주택 등의 발코니 창
유리 두께	복층유리 22~24㎜

특장점	1. 고단열 수퍼로이유리를 적용 2. Z:IN 창호만의 단열 구조 3. 윈드클로저가 바람을 효과적으로 막아줌 4. 창 측면과 하부를 우드 패턴으로 마감하여 원목 스타일의 감성 5. 창틀 안쪽 레일을 블랙 컬러로 마감 6. 골드와 실버, 화이트앤골드, 세 가지 컬러의 스쿼마, 그리고 테티스 디자인의 핸들 중 취향에 맞게 선택 7. 물구멍 메쉬가 적용된 방충배수캡을 씌워 물구멍을 통한 벌레의 실내 유입을 줄여주고 물은 배수 8. 잠금을 눈으로 확인할 수 있는 잠금표시 기능 9. 안전스토퍼와 완충장치를 적용 10. 창 모서리를 둥글게 디자인 11. 지렛대 원리를 활용해 적은 힘으로도 창을 여닫기 쉬움 12. 손끼임을 방지하고 자동 잠김 기능을 더한 유선형 디자인의 핸들

다) 슈퍼세이브 7

용도	아파트, 빌라, 주택 등의 발코니 창
유리 두께	복층유리 24㎜, 26㎜, 28㎜
특장점	1. 고단열 수퍼로이유리 2. 창틀 측면의 고기능 패킹 부자재 3. 윈드클로저 4. 깊이감 있는 창틀 디자인 5. 틀 안쪽까지 원목패턴 시트로 마감한 커버를 씌워 디자인 6. 창틀 레일에 커버를 씌워 깔끔 7. 시스템창에 적용되는 최고급 핸들인 아노다이징 핸들을 선택할 수 있으며, 스쿼마, 테티스 디자인까지 다양하게 선택 8. 물구멍 메쉬가 적용된 방충배수캡을 씌워 물구멍을 통한 벌레의 실내 유입을 줄여주고 물은 배수 9. 잠금을 눈으로 확인할 수 있는 잠금표시 기능이 있어 더욱더 안전 10. 안전스토퍼와 완충장치를 적용 11. 창 모서리를 둥글게 디자인 12. 알루미늄 레일이 마찰력을 줄여 소리 없이 부드럽게 열고 닫히며 지렛대 원리를 이용한 이지오픈 설계 13. 손끼임을 방지하고 자동 잠김 기능을 더한 유선형 디자인의 핸들

라) 슈퍼세이브 가로분할

용도	아파트, 빌라, 주택 등의 발코니 창
유리 두께	복층유리 16~24㎜
특장점	1. 유입수를 안전하게 처리하기 위하여 배수용 Floating Chamber를 측면 및 하부에 적용 2. 수밀성능이 더욱 강화된 해안용 제품을 선택 가능 3. 3가지 디자인의 핸들을 취향에 맞게 선택 4. 다양한 내부 Color 제공뿐만 아니라 외부 ASA Color 제공 5. 하부 접합유리 적용으로 난간대를 없애 건물 외관을 향상 6. 하부에 접합유리를 사용하여 안전 7. 쉽고 편리하게 열리는 이지오픈

(3) PVC시스템창

가) LIFT & SLIDE

용도	단독주택, 아파트, 타운하우스
유리 두께	24㎜, 42.5㎜, 43㎜, 51㎜
특장점	1. 창을 열 때는 창짝이 들려 올라와 부드럽게 열리고 잠글 때는 창짝이 아래로 내려와 밀폐력을 높이는 리프트 슬라이딩 시스템 2. 프리미엄 핸들 디자인 3. 가볍게 열리는 개폐 시스템

나) TILT & TURN

용도	도시형 생활주택, 오피스텔, 단독주택
유리 두께	24㎜, 43㎜, 47㎜, 51㎜
특장점	1. 틈새 없는 단열 구조 2. 창의 깊이 더해주는 미려한 외관 3. 매립형 힌지 적용 4. 항균핸들 5. 모서리 찍힘 방지

다) PVC DOOR

용도	아파트, 단독주택
유리 두께	22㎜, 24㎜, 39㎜, 43㎜
특장점	1. 초고단열 설계 2. 멀티포인트 락킹 기능으로 밀폐력 향상 3. 출입이 편리하도록 문턱을 낮추고 고기밀 자재를 적용

라) TURN ONLY

용도	아파트, 단독주택
유리 두께	22㎜, 24㎜, 39㎜, 43㎜
특장점	1. 주방, 드레스룸, 욕실, 계단실 등 다양한 공간에 디자인 포인트로 적용 가능 2. 메탈릭 디자인 핸들 3. 세균 방지를 위한 은이온 항균 코팅

(4) AL시스템창

가) LIFT & SLIDE

용도	아파트, 단독주택, 리조트, 호텔
유리 두께	24㎜, 42.5㎜, 43㎜
특장점	1. 사용이 편리하고 기밀성이 우수한 리프트 슬라이딩 개폐 방식 2. 폴리아미드, 단열 폼을 삽입해 열전도율을 낮춤 3. 이중 압출 가스켓과 특수 모헤어의 다중 압착 구조 4. 요구되는 단열성능에 따라 유리 두께 선택이 가능 5. 내구성이 좋은 단열 알루미늄 소재 6. 계단식 구조 설계로 우수 유입을 막는 데 효과적 7. 다양한 컬러 도장이 가능 8. 핸들 전문 회사인 독일 호페(Hoppe)사의 고급 핸들 9. 핸들에 업소버 시스템(Absorber System)을 적용

나) Parallel Slide

용도	단독주택, 리조트, 호텔, 인테리어창(주방창)
유리 두께	24㎜, 42.5㎜, 43㎜
특장점	1. 프리미엄 슬림디자인 2. 입면분할을 위한 고정창 가능 3. 우수한 기밀성

다) Tilt & Turn

용도	단독주택, 리조트, 호텔, 인테리어창(주방창)
유리 두께	24㎜, 43㎜
특장점	1. 내구성이 좋은 단열 알루미늄 소재 2. 고성능 단열 자재 3. 3중 압착 구조로 우수한 기밀성

라) SIDE & TOP HUNG

용도	아파트, 단독주택, 주상복합, 오피스텔
유리 두께	24㎜, 43㎜, 46.5㎜, 47㎜
특장점	1. 고성능 단열 자재 사용 2. 수퍼로이유리 3. 다양한 컬러 도장 가능

마) AL DOOR

용도	단독주택, 상업용 시설, 출입용
유리 두께	24㎜, 26㎜, 43㎜, 51㎜
특장점	1. 독일 Pural사의 혁신적인 단열블록 사용 2. 하부 실링 장치를 통한 기밀성능 향상 3. 수퍼로이유리

(5) AL커튼월 : 유로시스템9 Façade

용도	주택, 상업용시설, 계단, 수직 & 수평 연창
유리 두께	43㎜
특장점	1. 십자 프레임과 넓은 유리가 조화를 이룬 시스템 커튼월 2. 넓고 높은 창의 탁 트인 시야와 현대적인 건축 스타일 3. 수직, 수평 기둥 폭을 3㎜ 차이가 나도록 설계 4. 다양한 컬러 도장이 가능

3) KCC

(1) 일반창호(내창)

가) 공틀일체형 중대형 미서기창(거실분합, 안방분합)

용도	아파트, 주택, 빌라 등의 거실 분합창
유리 두께	복층유리 24~26㎜
특장점	1. 공틀부에 다양한 칼라의 목무늬 필름 적용으로 조화로운 실내 분위기 연출 2. 요홈구조의 레일 적용으로 개폐력 향상 3. 창틀이 창짝을 감싸는 구조로 외관이 미려하며, 구조적 안정감 우수 4. 외경이 큰 조절용 호차 사용으로 개폐력 향상 및 창짝 수평, 수직 조정 용이 5. 벽체 두께별로 폭 205㎜, 225㎜, 228㎜의 창틀 선택 적용 가능

나) 고단열 터닝도어(주방 T/D, 거실 T/D)

용도	아파트, 단독주택, 고급빌라 등의 주방 출입문 또는 확장형 중문, 실외기실 입구
유리 두께	복층유리 22~42㎜
특장점	1. 최대 42㎜ (삼중)유리 적용이 가능한 구조로 단열 및 방음, 결로방지성능 우수 2. 5중 잠금장치 시스템과 시건장치로 방범 기능을 강화하여 외부의 침입으로부터 안전 3. 미려한 외관의 고강도 기능성 힌지(3방향 조절 가능)와 코너강화부자재 적용으로 구조적 안정성 확보 4. 인테리어 필름 적용으로 미려한 외관과 주방, 거실과 동일한 Coloring으로 동일감 부여 5. 다양한 형태로 제작 가능하고 벽체 두께별로 140㎜,180㎜ 선택 가능

(2) 발코니창호

가) 뉴프라임 단창 140(발코니 1, 발코니 2)

용도	아파트, 빌라, 주택의 발코니 창
유리 두께	16~26㎜
특장점	1. 레일에 칼라를 적용하여 전체 분위기와 조화를 이룰 수 있도록 하였으며, 창틀 측부에도 목무늬 랩핑 보조 프로파일과 세련된 손잡이를 적용 2. 창틀 폭과 높이, 안쪽 물막이턱 공틀부를 한 층 더 넓혀 고급스럽고 중후한 느낌 연출 3. 다중 실링구조로 기밀성능은 물론 방음 성능을 향상시켰으며, 이중 잠금장치적용으로 안락하고 편리한 생활 연출 4. 다양한 두께의 유리 적용(최대 26㎜) 5. 분할창호 구성 가능

나) 고단열 미서기 단창 170(발코니 1, 발코니 2)

용도	공동주택, 학교, 지식산업센터
유리 두께	22~39㎜
특장점	1. 에너지효율 2등급 단창 제품으로 기존 단창 대비 단열성능 및 기밀성능 강화 2. 창짝 3격실 적용으로 프로파일 단열성 향상 및 최대 39㎜(삼중 복층 적용 가능) 3. 창짝 및 레일부 4중 기밀구조, 기밀향상용 Antilift 적용하여 기밀성능 1등급 구현 4. 수밀구조 향상 - 순간 배수량 강화를 위한 낙차 배수 구조 적용 5. 스폰지형 및 수막형 기밀유지구 적용으로 기밀 및 수밀성능 향상 6. AL레일 적용 및 개폐성능 향상을 위한 이지 락킹 구조 적용으로 사용자 편의성 확보

다) 발코니이중창 252(거실, 침실)

용도	아파트, 빌라, 주택의 발코니창
유리 두께	5~24㎜
특장점	1. 창짝 차별화 선택 적용에 따른 풍압대 이원화 및 사용편의성 도모 2. 프로파일 외측면에 색상이 더해져 창호의 미관 향상 기능(ASA창호) 3. 유리 기본 24㎜까지 선택적 사용 가능 4. 입면분할 창호 구성이 가능한 실속형 제품

라) 프라임이중창 242(거실, 침실)

용도	아파트, 빌라, 주택의 발코니 창
유리 두께	16~26㎜
특장점	1. 중간 기밀턱 형성 및 단차 생성으로 수밀성 향상 2. 2-POINT 자동 Locking Gear 적용으로 (옵션) 방범 기능 부여 3. 작동이 간편한 Lever식 및 Button식 손잡이 적용으로 (옵션) 편리성 증대 4. 다양한 두께의 유리 적용(최대 26㎜) 5. 고기밀성 단열 창짝 적용으로 기밀, 단열성능 향상 6. 투톤 프로파일 및 목무늬 마감캡 등 고풍격 디자인의 최고급 인테리어 창호

마) 프라임이중창 250(거실, 침실)

용도	아파트, 빌라, 주택의 발코니 창
유리 두께	16~26㎜

특장점	1. 중간 기밀턱 형성 및 단차 생성으로 수밀성 향상 2. 2-POINT 자동 Locking Gear 적용으로 (옵션) 방범 기능 부여 3. 작동이 간편한 Lever식 및 Button식 손잡이 적용으로 (옵션) 편리성 증대 4. 다양한 두께의 유리 적용(최대 26㎜) 5. 고풍압형 창짝, 고단열용 창짝 적용으로 단열, 기밀, 내풍압 성능 향상 6. 투톤 프로파일 및 목무늬 마감캡 등 고풍격 디자인의 최고급 인테리어 창호 7. 입면분할 창호 구성이 가능

바) 프라임이중창 260 / LS시스템이중창 260(거실, 침실)

용도	아파트, 빌라, 주택의 발코니 창
유리 두께	16~28㎜
특장점	1. 목무늬 래핑부위를 확대하여 차별화된 외관을 구현 2. AL레일 적용으로 작동성 증대 및 세련된 외관 형성 3. 물막이턱 두께 증대를 통해 중후한 외관 구현 4. 프라임 이중창의 우수한 단열, 수밀, 방음 성능에 내풍압 성능을 한 층 업그레이드 5. 분할창호 구성 가능 6. L/S 기능(Lift & Sliding) 부여로 고기밀, 고단열 확보(LS260) 7. 상/하부 AL레일 적용으로 고급화 및 슬라이딩성 개선 - 측무 마감캡 적용으로 전면 COLORING 가능(LS260)

(3) Klenze(재건축/재개발/리모델링조합용 프리미엄 창호브랜드) - M series(단창), Z series(이중창), option 제품

가) Klenze M300 시스템단창

용도	고급주택 및 아파트, 빌라, 콘도
유리 두께	16~28㎜
특장점	1. Tilt & Turn System Window(환기 & 여닫이창호) 2. 미노출형 힌지 고성능 여닫이 창호 Hardware 적용 및 필요시 외부 ALCap 적용 가능(외관 고급화) 3. 국내 최초 TT제품 "제로에너지창호"(PH)Z1등급인증 취득(From. 패시브제로에너지건축연구소, IPAZEB) 4. 최대 3중 54㎜ 유리 적용으로 열적쾌적향상, 에너지절감 극대화 5. Slim 프로파일, 엣지 라운드 디자인으로 거주자 외부 View 확대

나) Klenze M500 시스템단창 - Parallel Sliding

용도	고급주택 및 아파트, 빌라, 콘도
유리 두께	39~54㎜
특장점	1. Parallel Sliding(수평밀착형 슬라이딩) 개폐 방식, Night Ventilation(야간환기) 및 Soft Closing 댐퍼 적용 2. 창틀 내부 레일 주변 white 비노출(투톤적용) 구조로 외관향상 3. 국내 최초 ALCap+PVC복합재질창호 "제로에너지창호"(PH)Z1등급인증 취득(From. 패시브제로에너지건축연구소, IPAZEB) 4. 다중 기밀구조의 프로파일 설계와 삼중유리 적용으로 프리미엄에 걸맞은 우수한 성능 5. 개폐력 향상, 방범확보 및 야간환기, 댐퍼등 독일 하드웨어 적용

다) Klenze M700 시스템단창 - Parallel Sliding

용도	고급주택 및 아파트, 빌라, 콘도
유리 두께	39~62㎜
특장점	1. Parallel Sliding(수평밀착형 슬라이딩) 개폐 방식, Night Ventilation(야간환기) 및 Soft Closing 댐퍼 적용 2. 국내 최초 AL+PVC+AL 사중유리 "제로에너지창호"(PH)Z1등급인증 취득(From. 패시브제로에너지건축연구소, IPAZEB) 3. 다중 챔버 및 다중 기밀구조, 슬림화 설계로 단열성능 강화, 열관류율 0.7 W/m2k 이하 4. 개폐력 향상, 방범확보 및 야간환기, 댐퍼등 독일 하드웨어 적용

라) Klenze Z300 시스템 이중창 - Lift & Sliding

용도	고급주택 및 아파트, 빌라, 콘도
유리 두께	5~28㎜
특장점	1. Aluminium 면적은 최소화하고 PVC 면적은 넓혀 단열성능 및 외관 향상 2. 내부 Non White Color를 위한 고급스러운 블랙색상 커버 및 골드색상의 알루미늄 레일 적용 3. 다양한 입면(입면분할, Sliding & Sliding 방식, Lift & Sliding 방식) 구현 가능 4. 단창적용부위 Z300전용 ALCap+PVC 복합재질단창 세트구성

마) Klenze Z500 시스템 이중창 - Lift & Sliding

용도	고급주택 및 아파트, 빌라, 콘도
유리 두께	5~28㎜

특장점	1. 외창무 전면 Aluminium적용으로 건물 외관 다양한 색상 Coloring 가능 2. 유리난간대 및 슬림형 Fix창짝 설계로 시야간섭 최소화 및 View 극대화 3. 고풍압지역 적용 시 풍압강화 부재 및 분할입면으로 대응 가능 4. 단창 적용 부위 Z500전용 Aluminium단창으로 세트 구성 5. 다양한 입면(입면분할, Sliding & Sliding 방식, Lift & Sliding 방식) 구현 가능

바) Klenze K200 전망강화 주방창 - Option

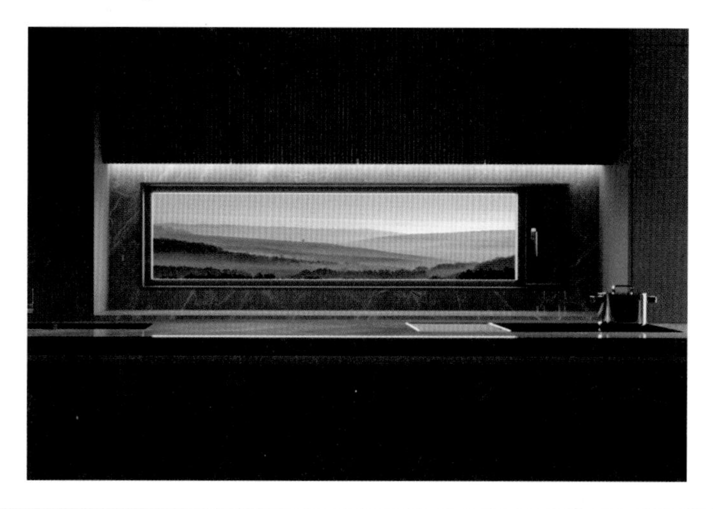

용도	고급주택 및 아파트, 빌라, 콘도
유리 두께	39~49㎜
특장점	1. 창틀 프레임 두께를 약 60% 줄여 WIDE VIEW 제공(철제난간대불필요) 2. 실내 인테리어 및 전자제품과 어울릴 수 있도록 Open 부위 창짝 전면 컬러유리 적용 3. 전체 FIX등 다양한 입면 구현 가능으로 주방창 외 드레스룸과 같은 다용도실 채광창으로 적용 가능 4. 독일 시스템창호 전용 하드웨어 및 핸들 적용으로 디자인 및 사용성 향상

4) 현대 L&C

(1) 홈샤시 일반창

가) NF-115H [센스] 단창

용도	일반형 주택 및 빌라, 원룸, 창호 덧댐용
유리 두께	최대 24㎜
특장점	1. 기밀성과 단열을 향상시킨 특수 이중 모헤어 적용 2. 용접식 / 조립식 결합 방식 선택 가능한 건물 구조 최적화 설치 가능

나) NDF-250D [마스터] 이중창

용도	일반형 주택 및 빌라, 원룸, 도시형 생활주택 등
유리 두께	최대 24㎜
특장점	1. 입면분할 적용 가능한 하이브리드형 창 2. 기밀성과 단열을 향상시킨 특수 이중 모헤어 적용

(2) 홈샤시 발코니창

가) VF-140 단창

용도	비확장 아파트 및 일반 주택, 도심형 빌라
유리 두께	최대 24㎜

특장점	1. 무비스 스토퍼 사용으로 쉽고 간단한 스포퍼 설치 2. 창틀 내부 목무늬, 다크브라운 레일 옵션 선택 가능 3. 비확장형 발코니에 최적화된 창으로 수밀성이 뛰어나며, 용접식/조립식 창짝 적용 설계로 간편한 설치가 가능

나) VDF-245D 이중창

용도	확장 아파트 및 일반 주택, 도심형 빌라 등
유리 두께	최대 24㎜
특장점	1. 발코니 확장형 창호로 국내 최대 내풍압 등급의 기술 구조로 설계되어 있으며 레일 두께를 12㎜ 적용하여 창짝 흔들림 방지 2. 특수 기밀 구조 적용하여 단열과 방음 기능 우수 3. 무비스 스토퍼 사용으로 쉽고 간편한 스토퍼 설치

(3) 홈샤시 시스템창호

가) LSF-160 L/S

용도	아파트 및 고급 주택, 빌라 등
유리 두께	최대 37㎜

특장점	1. 37㎜ 유리를 사용하여 가장 높은 등급의 내풍압성 2. 다중 챔버 구조 설계를 통한 단열 및 방음 기능 우수 3. 고하중용 특수 하드웨어 적용하여 내구성 최대 성능 구현 (창짝당 250㎏)

나) DSF-157 T/T

용도	주상 복합 아파트 및 고급 상가주택, 빌라 등
유리 두께	최대 30㎜
특장점	1. 단열성능 향상을 위한 다중 격실 구조 및 3중 기밀 가스켓을 사용 2. 10~15도 기울어지는 윗열기(TILT) 기능과 여닫이(TURN) 기능의 조합으로 다양한 공간 연출 3. 고급형 Safety Lock을 적용하여 방범 기능 향상

(4) 레하우창호

현대L&C와 독일 REHAU社의 전략적 기술제휴로 개발한 창호입니다.

가) AL + PVC, R-700

용도	주거용
특장점	1. 공압출 공법 적용으로 자연스러운 컬러감 연출 2. 커튼월 스타일 구현 가능 3. 우수한 단열시스템 적용으로 열손실 차단

나) AL + PVC, R-900

용도	주거용
특장점	1. 국내 최초 내외부 시스템 개폐 방식을 적용 2. 레일 노출이 없는 깔끔한 인테리어 3. 커튼월 스타일 구현 가능 4. 폴리우레탄, 폴리아미드 적용으로 최고 수준 단열 구현

다) PVC, R-9

용도	발코니
특장점	1. 소프트 클로징 적용으로 부드러운 창문 개방감 2. 다중챔버 설계로 단열성능 극대화 3. 4면 밀착 시스템 적용으로 기밀성 극대화 4. Parallel & Sliding 방식으로 부드러운 창문 열림

라) 주방전용창, R-CK

용도	주방
특장점	1. 프레임과 유리의 경계가 없는 디자인 2. 3중유리 적용으로 열손실 최소화 3. 간편 터치식 고급 방충망 4. 손쉽게 개폐 가능한 360도 회전 핸들 선택 가능

외국 창호업체는 어떤 곳이 있나요?

외국 창호업체는 수많은 곳이 있지만, 시스템창호를 기준으로 했을 때 전통의 강호인 독일 제품(베카, 발틱, KBE, 레하우 등)과, 미국 제품(알파인, 플라이젬, 밀가드 등)으로 크게 분류할 수 있습니다. 독일식 시스템창호는 유럽식 시스템창호라고도 하는데, 방론으로 서유럽의 경우 알루미늄 소재가, 동유럽에서는 PVC 소재가 많이 사용되고 있습니다.

독일 시스템창호는 단열성과 기밀성을 등의 기능을 극대화하기 위해 강한 하드웨어를 사용하기에 두껍고 무거우며 시공이 어려운 편입니다. 구동방식은 기울기와 여닫이가 가능한 Tilt & Turn(T & T), 기울기와 미닫이가 가능한 Tilt & Sliding(T & S), 들어올려 미닫는 Lift & Sliding(L & S) 등을 사용합니다. 반면 미국 시스템창호는 프레임이 얇고 가벼우며 완제품으로 수입하기 때문에 시공이 용이합니다. 구동은 한쪽 창만 미닫는 Single Slider, 양쪽을 여닫는 Double Vent, 외부로 여는 Awning 등과 같이 단순한 방식입니다.

그런데 재개발·재건축·리모델링 시 선택되는 외국 업체는 거의 대부분 독일 업체이며, 완제품을 수입하는 경우도 있지만 하드웨어 등을 수입하여 국내에서 조립하거나, 아예 국내에서 제조하는 경우도 있습니다.

한 가지 주의하실 점은 외국 창호업체의 경우 국내 대리점이 없어지게 되면 AS가 매우 어려워진다는 점입니다. 물론 유수의 브랜드의 경우 이러한 상황이 연출될 가능성은 높지 않다 할 것이지만, 실제로 일이 터지는 경우 창 자체를 바꿔야 하는 참사로 이어질 수 있기에 국내 총판이나 제작업체가 건실한지 여부를 반드시 체크하셔야 합니다.

커튼월은 무엇이고, 커튼월룩은 또 무엇인가요?

커튼월(Curtain Wall) 및 커튼월룩(Curtain Wall Look)은 건물의 외벽 마감의 방식, 즉 건축양식의 일종으로 엄밀히 말하면 창호의 범주에 완전히 포함되는 내용이라고 보기는 어렵습니다. 그러나 최근 재개발·재건축·리모델링 진행 시 건축물 가치를 높이기 위한 방안으로 주목받고 있으며, 창문과 관련이 있는 영역인 것은 분명하기에 간략히 소개해 드리고자 합니다.

1) 커튼월

〈커튼월이 적용된 래미안 첼리투스의 외관〉

〈커튼월 방식이 적용된 해운대 LCT 내부〉

커튼월이란 외벽에 설치되는 규격화된 비내력 칸막이 벽체를 의미하며, 기둥으로 건축물을 지탱하고 외벽을 유리로 두른 건축양식을 말합니다. 대표적인 예로서 해운대 LCT의 경우 외부를 커튼월 방식으로 마감하되, 내부에는 시스템창호를 도입하였습니다. 미관이 수려하여 건축물의 가치가 올라가는 장점이 있으나, 단열성 등의 성능까지 놓치지 않으려면 비용이 현저히 상승하는 단점이 있습니다. 전통적으로는 63빌딩과 같은 오피스빌딩에 주로 쓰였으나, 최근에는 주상복합건물 및 고층 주거단지에도 도입되고 있습니다.

2) 커튼월룩

커튼월룩이란 건축물의 콘크리트 외벽은 세우되, 그 위에 유리패널 등을 붙여 마감하는 건축양식이며 기존의 공동주택처럼 콘크리트 외벽이 존재합니다. 따라서 커튼월 방식에 비해 단열성이 뛰어나 냉난방비용이 절감되고 환기통풍이 우수하며, 내부 창호 등의 설치도 더 자유롭습니다. 다만 일반 공동주택의 마감 방식보다 가격은 높을 수밖에 없습니다. 그러나 미관상 우수하여 자산 가치 향상에 유리하다는 장점이 있습니다. 일반적으로 커튼월룩의 채택은 고급화 전

〈커튼월룩이 적용된 아크로리버파크의 외관〉

략으로서 최상위 건설회사의 하이엔드 브랜드 적용과 동시에 이루어지고 있으며 아크로리버파크, 서초그랑자이, 디에이치 자이 개포를 대표적인 예로 들 수 있습니다.

나아가 브라켓 노출로 인한 디자인 민원을 해결하기 위한 개선 및 외관 특화를 위한 조합 및 건설회사의 노력이 현재도 진행 중에 있습니다.

〈(좌) 브라켓이 노출된 커튼월룩으로 디자인 완성도가 떨어짐 / (우) 브라켓 히든디자인 커튼월룩〉

 # 한강뷰나 조망에 특장점이 있는 아파트(이하 '한강뷰 아파트'로 지칭)의 경우 특히 고려해야 하는 사항이 있을까요?

최근 지어지고 있는 한강뷰 아파트의 경우 이중창을 적용할 경우에 외부 경관이 깨끗하게 보이지 않는 단점이 있어 단창, 슬림창호를 적용하는 예가 많습니다. 한편 안전상의 이유로 설치되었던 철로 된 난간은 입면분할형태(통창이 아니라 아래 왼쪽 사진과 같이 분할된 형태)의 창문이 도입되면서 창문이 열리지 않는 아래쪽 부분이 그 기능을 대체하였고, 최근에는 한강뷰나 뛰어난 조망을 향유할 수 있는 아파트는 물론 강남3구 아파트에서도 개방감을 더욱 극대화할 수 있는 유리난간(아래 오른쪽 사진)의 설치가 이루어지고 있습니다.

입면분할창은 난간이 유리로 되어 있기 때문에 조망을 방해받는 정도가 크지 않다는 장점이 있긴 하나, 창문이 반밖에 열리지 않아 환기 시 들어오는 바람이 상대적으로 적고 유리난간 방식에 비해서는 개방감이 떨어진다는 단점이 있습니다.

창문을 두껍게 하는 경우 기밀성과 단열성 두 마리 토끼를 다 잡을 수 있지 않을까요?

극단적인 예로서, 만약 창틀을 아주 두껍게 만들고 유리를 오중창 이상으로 하는 경우 단열과 기밀을 잡는 데 유리할 수 있을 것이라 생각될 수 있습니다. 그러나 많은 자재가 들어가면 비싸지는 것은 당연하고, 공간을 많이 차지하며, 무엇보다 무거워서 오랜 시간 프레임이 견디기 어렵고 창문 개폐에 엄청난 힘이 필요합니다.

복층유리? 로이유리는 뭐고 진공유리는 또 무엇인가요?

일단 단유리는 한 장짜리 유리이며, 단열성이나 내구성이 현저히 떨어지기 때문에 외기(외부와 맞닿는 부분)에 접하는 부분에는 잘 사용되지 않습니다.

국내에서는 약 20년 전까지 복층유리(= 이중유리, 단열유리, 페어글라스)를 주로 사용하였는데, 2장의 유리를 일정한 간격으로 이격시켜 공기층을 형성한 후 접착 및 밀봉하는 방식입니다. 복층유리는 하나의 창문짝에 유리가 몇 장 붙어 있는지에 따른 분류이고, 이중창(⇔ 단창)은 창문짝 자체가 두 개인 것을 의미하는 것으로 혼동하시면 안 됩니다.

〈단열성과 내밀성이 탁월함을 강점으로 내세운 이건창호의 진공유리 - 기존 로이유리보다 단열 및 기밀성이 4배 이상 뛰어나다〉

삼중유리는 단유리 3장을 사용한 유리로서 복층유리의 범주에 속한다고 볼 수 있습니다. 삼중유리는 두 개의 공기층을 가지고 있어 단열성, 차음성 등 성능이 이중유리보다 좋으나 창호의 무게가 무겁기에 창틀의 변형을 야기할 수 있어 이를 감당할 수 있는 소재로 만들어진 프레임과의 조합이 필요합니다. 이중유리보다 단가가 높은 것은 물론입니다.

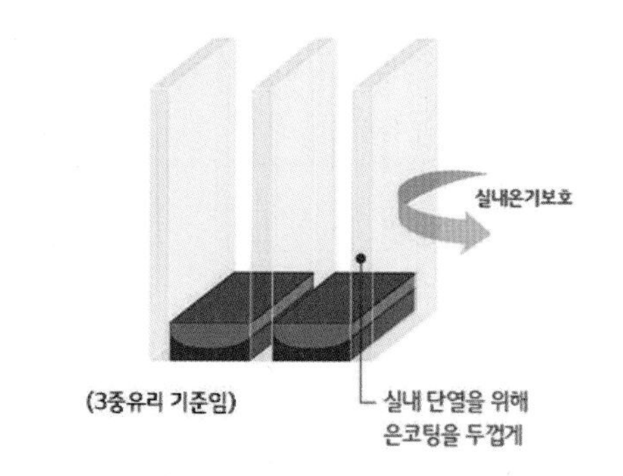

〈단열성을 강조한 LX하우시스의 수퍼로이유리〉

삼중유리나 아래에서 설명할 로이복층유리보다 훨씬 뛰어난 단열, 결로방지, 차음 성능을 보이면서도 두께는 더 얇은 진공유리는 두 장의 유리 사이를 진공 상태로 만든 뒤 이를 하나로 붙인 것으로서, 당연히 가격은 가장 비싸고 더펜트하우스청담, 나인원한남, 한남더힐, 반포써밋 등 고급아파트에 적용되고 있습니다.

로이유리는 유리 안쪽 표면(금속막이라서 산화가 되거나 벗겨지지 않도록 양 끝면에는 로이 처리를 하지 않습니다)에 금속 또는 금속산화물을 코팅하여 열이 통과하여 복사되는 것을 방지하는 공법이 적용된 유리를 의미하는데 복층유리보다 비싸지만 단열성은 훨씬 뛰어납니다. 복층유리와 로이유리가 결합된 것을 복층로이유리라고 하는데 공기층에는 아르곤가스, 크립톤과 같이 공기보다 무거운 기체를 주입하여 단열성을 높이기도 합니다. 외창의 경우, 특히 외기와 접하는 단창의 경우는 로이유리가 필요하며, 내창의 경우에는 복층유리라도 큰 문제는 없다고 할 수 있습니다.

 # 창호를 시공하면 얼마나 사용할 수 있는 것인가요?

재개발 · 재건축 · 리모델링으로 건설되는 아파트에 시공되는 창호는 제품에 따라 다르지만 보통 10~20년을 사용할 수 있으며, 소유자의 취향 또는 경제적 상황에 따라 임의적으로 교체되는 경우가 많은 다른 마감재들과는 달리 쉽게 바꿀 수 있는 성질의 것이 아닙니다. 따라서 처음부터 좋은 업체의 좋은 제품을 선택하는 것이 중요하다는 것은 몇 번을 강조해도 모자를 것입니다.

 # 시스템루버에는 어떤 종류가 있나요?

가장 많이 사용되었던 것으로서 수동개폐형인데 전체가 한꺼번에 열리는 타입, 상하가 구분이 되어 열리는 타입 등이 있는데, 최근 지어지는 신축 아파트에 어울린다고 보기는 어렵습니다.

시스템루버 프레임 내부에 모터를 내장한 모터타입인데, 실외기실은 비(非)단열공간에 해당하기에 결로 및 누수로 인하여 고장의 우려가 있으며 하자보수에 있어서도 어려움이 있습니다.

일반 모터 대신에 방수 방진 기능이 있는 실린더를 장착한 실린더타입으로, 반영구적으로 사용 가능하고 하자보수에도 유리합니다.

형상기억합금을 이용해 실외기실 온도 변화에 따라 자동으로 개폐되는 방식으로 전기공사가 필요 없는 타입입니다. 온도 변화에 서서히 반응하여 작은 온도 변화에도 열림 상태가 지속되는 경우가 많아 민원이 종종 발생하며, 형상기억합금 자체가 고가의 금속으로 제품가격이 비싼 단점이 있습니다.

반자동(화재방지자동열림) 타입으로, 에어컨 가동 시 실외기실 온도가 일정수준 이상으로 상승하면 자동으로 열리게 되어 실외기실 화재방지 역할을 할 수 있지만 닫을 때는 수동으로 닫아야 하는 번거로움이 있습니다. 전기공사가 필요하지 않으며 완전자동타입, 형상기억합금타입에 비해서는 설치 비용이 낮습니다.

2. 욕실

술집을 고를 때, 깔끔하고 쾌적한 화장실을 보유하고 있는지 여부를 최우선적으로 고려하는 사람들이 있습니다. 술을 안 좋아하시는 분들은 참 별나다고 생각하실 수도 있는데, 자신들이 술집에서는 식당이나 카페에서보다 자주 화장실을 가고 더욱이 신체적·정신적으로 평소보다 미약한 상태에서 그 장소에 임하게 된다는 점을 잘 알고 있는 분들 입장에서는 자신의 품위와 청결을 유지하기 위한 매우 중요한 요소로 인식하는 것이 어쩌면 당연하다고 할 수 있습니다. 이 정도까지는 아니더라도 잘 관리되고 있는 고급스런 인테리어의 화장실이 있는 곳이라면, 그 감동이 전이되어 결국 가게 전체에 대한 이미지가 상승하게 된다는 점은 비단 술집이 아니더라도 마찬가지일 것입니다.

화장실이 주는 임팩트는 비정기적으로 방문하는 장소에서도 이처럼 강렬하다고 볼 수 있을진대, 주거공간에 포함되어 있는 욕실의 경우 그 중요성은 따로 설명할 필요가 없을 것입니다. 욕실은 인테리어적인 측면뿐만 아니라

〈LX Z:IN 하이엔드 욕실 디자인 '어반 스위트'〉

기능성의 발현에 따른 편의적 측면 모두가 강조되는 영역으로서, 선택할 사항이 많으면서 그에 따른 만족의 스펙트럼 또한 넓다는 특징이 있습니다.

위 사진은 LX하우시스가 제공하고 있는 토탈 인테리어 상품으로 저렇게 하이엔드 상품으로만 구성했다가는 분담금이 수천만 원 상승할 수 있기에 재개발·재건축·리모델링에는 적합하다고 보기 어렵지만, 최근 각광받고 있는 욕실 디자인 트렌드로서 참고하시면 좋을 것 같습니다. 좀 더 무난한, 신축 아파트에 공통적으로 적용할 수 있는 콤비네이션은 다음과 같습니다.

〈LX Z:IN 욕실 디자인 '레트로 플리츠(좌)' / '내추럴 릴리프(우)'〉

〈대림바스 욕실 디자인 '네오 센스'〉

욕실 마감재를 고를 때에는 무엇을 우선순위로 해야 하나요?

재건축·재개발·리모델링에 있어 욕실 마감재는 우선 가능한 가격대를 정해 놓고 그 폭 안에서 움직이는 것이 대원칙이라 할 수 있습니다. 개인이 인테리어를 진행하는 경우에는 주택이나 사무실 소유자의 기호에 따라 원하는 스타일을 설정해 놓고 여기에 부합할 수 있도록 제품군을 정하는 것이 가능하지만, 많은 세대를 한꺼번에 시공하게 되는 경우에는 원하는 바가 제각각이기 때문에 해당 아파트단지에 부합하는 수준에 상응하는 비용을 설정한 뒤 거기에 맞춰 각각의 요소를 설정하는 것입니다. 예를 들면, 특급호텔의 화장실을 가면 아름답고 고급스러운 디자인을 누구나 만끽할 수 있는데 이러한 인테리어가 아파트 욕실에 적용될 수 없는 것은 아니지만, 분담금이 천만 단위로 상승하게 되는 것을 감수하면서까지 이런 사치를 원하는 사람은 매우 드물다 할 것입니다.

한편, 재건축·재개발·리모델링의 경우 설계도면에 마감재의 규격과 배치가 정해져 있는 경우가 많고 이 경우 여기에 부합하도록 시공이 이루어져야 하는데, 마감재의 제품군은 규격별로도 매우 다양하기에 이러한 점이 제품의 선택에 있어 제한적 요소로 작용한다고 보기는 어렵습니다.

 # 타일이나 수전도 욕실 마감재에 포함되나요?

사람에 따라 느끼는 중요도는 저마다 다르기 때문에 일률적으로 정하기는 어렵지만, 욕실의 분위기를 가장 많이 좌우하는 요소는 타일이라고 할 수 있습니다. 타일 시공은 욕실 인테리어에 있어 가장 넓은 면적에 걸쳐 이루어지기 때문에 타일의 재질, 마감, 크기에 따라 확연히 다른 미관이 연출되는데, 일반적으로 타일조각의 크기가 클수록 더 고급스러운 느낌을 받을 수 있습니다.

수전(水栓)의 경우 제품의 크기는 작지만, 브랜드에 따라 가격이 수십 배까지 차이가 날 수 있기에 고급화 요소 중 하나로 작용하고 있습니다. 그러나 가성비를 고려하여, 재건축·재개발·리모델링에서 최고급 모델을 사용하는 경우는 많지 않습니다. 이는 조명도 같은 맥락이라고 보시면 됩니다.

 # 욕실 타일은 무엇으로 만들어지나요?

타일은 바닥·벽 등의 표면을 피복하기 위하여 만든 평판상(平板狀)의 점토질 소성 제품을 말하며, 이러한 타일이 욕실에서 사용되는 가장 큰 이유는 내수성과 안전으로 정리할 수 있습니다. 물을 사용하는 욕실에 사용되는 자재에 내수성은 필수 덕목인데, 고온에서 소성 과정을 거친 타일은 표면이 수분을 흡수하지 않아 욕실에 시공 시 방수 효과를 기대할 수 있을 뿐만 아니라 오염에도 강해 관리가 용이합니다. 한편 바닥타일은 욕실에 주로 사용되는 만큼 물기가 있어도 사람이 안전하게 보행하도록 '미끄럼 방지' 기능이 필수로 요구되고 있습니다.

원재료에 따른 분류로서, 자기질타일은 점토 등을 물로 반죽하여 1250~1450도로 구워 흡수율이 1% 이하에 불과하고 내구성이 강한 만큼 단가가 비싸고, 도기질타일(세라믹타일)은 1000~1150도로 구워 흡수율이 8~20% 정도라 그만큼 내수성이 떨어지고 내구성도 약하지만 상대적으로 저렴하고 다양한 색감을 연출하는 데 유리합니다. 이러한 이유로 욕실 벽에는 도기질타일을, 바닥에는 자기질타일을 주로 사용하고 있는데, 일반적으로 바닥타일은 벽타일보다 비싸지만 기능이 우수하기 때문에 예산이 허락되는 경우에는 벽에도 사용되고 있습니다.

〈포세린 타일이 시공된 욕실 : LX Z:IN 제공〉

자기질타일은 유약을 첨가하는 시점에 따라 다시 나누어집니다. 표면에 유약을 칠한 타일을 시유타일(glazed tile) 또는 유광타일로 부르는데 재료를 섞고 몰드로 찍은 후 한 번 구워 비스킷을 만든 후 유약을 바르고 다시 한번 구워 제작합니다. 이와 달리 유약을 포함한 원료 배합을 미리 한 후 몰드로 찍어 가마에서 굽는, 즉 유약을 표면에 따로 바르지 않는 타일을 무유타일(unglazed tile) 또는 무광타일이라고 하며, 이는 다시 ① 소지에 안료를 혼합해 고온 속성하여 겉과 속의 색상이 동일해 마모되는 경우에도 본래의 색을 유지하는 '파스텔 타일'과 ② 자기질 무유타일을 연마하여 대리석 질감과 유사하게 만든 '폴리싱 타일', ③ 오염에 약한 편이지만 물이 묻어도 미끄럽지 않고 강도가 강한 '포세린 타일' 등으로 구분됩니다.

양변기의 종류에는 어떤 것들이 있나요?

양변기를 제작·공급하는 업체들은 많고, 각 업체별로 취급하는 제품들도 다양합니다. 현존하는 모든 제품들을 소개하는 것은 제한된 지면상 불가능하기에, 대표적인 국내 두 업체들(대림바스, 계림요업)의 제품들을 유형별로 소개해 드리는 것으로 만족해야 할 것 같습니다. 향후 심화편에서는 보다 자세한 유형별 제품 소개가 이루어질 예정이며, 일단은 양변기에 어떤 종류와 디자인이 있는지 파악하면서 예산 범위 내에서 어떤 기능에 방점을 둘지 정도를 미리 생각해 보시는 것으로도 충분할 것으로 보입니다.

한 가지 강조드릴 점은, 사치품의 영역에 있는 초고가 제품들을 제외한다면 욕실에 들어가는 설비품목(예컨대 양변기, 세면대, 수전 등)은 사용 빈도와 중요도를 생각한다면 다른 마감재들과 비교했을 때 상대적으로 적은 비용이 투하되기에, 사업비 절약을 위해 '싼 제품'을 선택하는 것은 바람직하지 않다는 점입니다.

1) 원피스 양변기

물탱크와 바디가 하나로 결합되어 있는 형태로 이음새가 없어 디자인이 깔끔하다는 장점이 있으나, 투피스에 비해서는 가격이 다소 높고 고장 시 부품 교체 난이도가 높습니다. 원피스 하이탱크 양변기는 로우탱크 양변기에 비해 세척력이 우수합니다. 만약 디자인이 예쁜 것 같아서 '원피스-로우탱크 양변기'를 택하실 것이라면, 업체 담당자에게 물내림에 있어 애로사항이 없는지를 반드시 체크하셔야 합니다. 예뻐서가 아니라 선반 밑에 있는 공간으로 양변기를 밀어넣도록 설계가 되어 있고, 선반 높이가 하이탱크가 들어갈 수 없을 만큼 낮은 경우에는 부득이 로우탱크를 선택해야 하는데 이러한 경우를 대비하여 욕실 설계를 미리 체크하셔야 합니다.

(1) 원피스-하이탱크 양변기

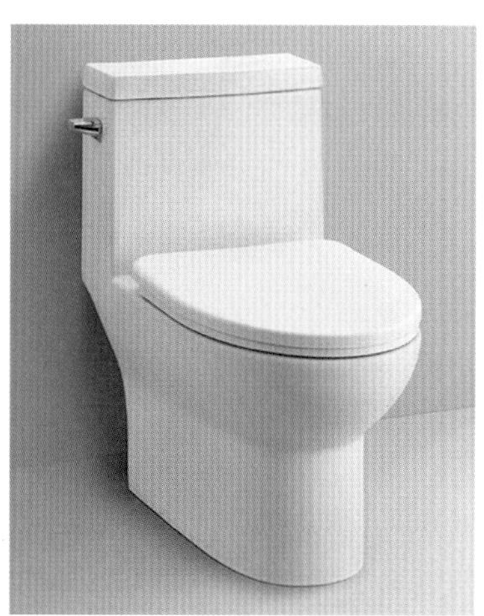

〈대림바스 CC-282 VS 계림요업 C-993F〉

(2) 원피스-로우탱크 양변기

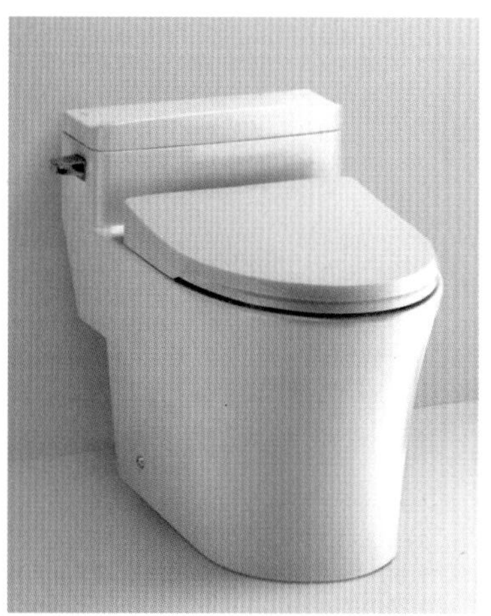

〈대림바스 CC-214 VS 계림요업 C-603〉

(3) 벽걸이형 변기

벽배수를 전제로 한 양변기로서, 세련된 분위기를 연출할 수 있어 최근 선호하고 있는 디자인입니다.

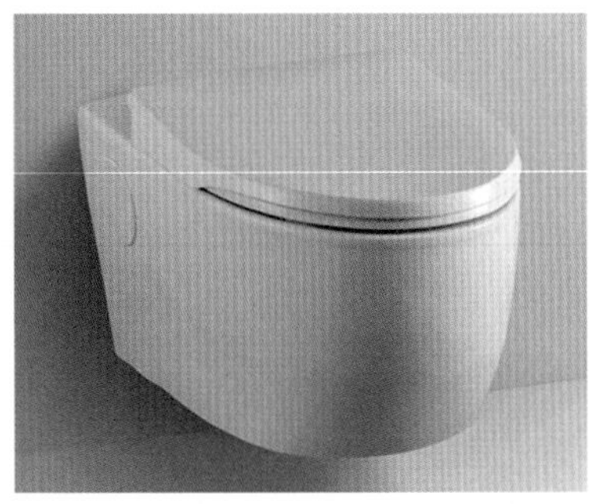

〈대림바스 CC-420P VS 계림요업 C-710〉

(4) 비데일체형 변기

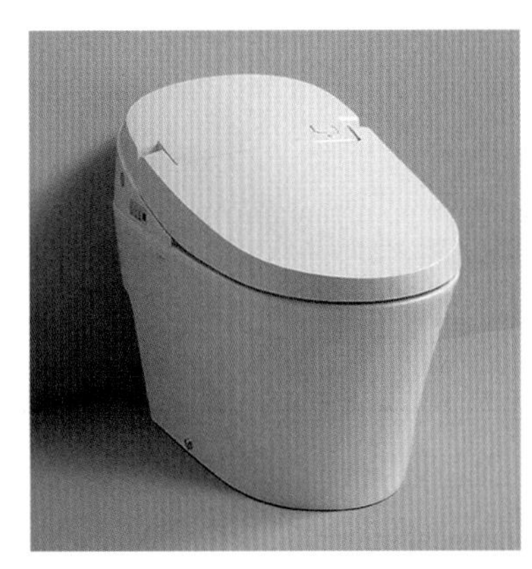
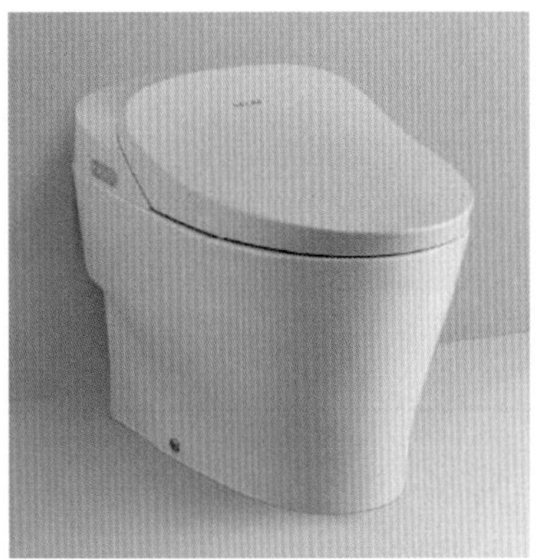

〈대림바스 SMARTLET 830 VS 계림요업 BC-216J〉

2) 투피스 양변기

양변기의 물탱크와 바디가 분리되어 있는 형태로 부품 교환이나 부분 교체가 용이하다는 장점이 있으며, 미관을 해치는 요소인 (물탱크와 바디의) 연결부위는 비데를 설치할 경우 잘 보이지 않게 되기에 최근에도 많이 이용되고 있습니다. 연결부위의 청소는 비데 설치와는 무관하게 신경 써야 한다는 단점이 있습니다.

〈대림바스 CC-730 VS 계림요업 C-7401〉

양변기는 국산이 좋은가요 외국 것이 좋은가요?

국산과 외국산 모두 제품군이 다양하고 기능과 디자인에 따라 가격대가 천차만별이기에 일률적으로 어느 쪽이 더 낫다고 규정하기는 어렵습니다. 다만 우리나라는 위생기기에 대한 기준이 까다롭기에 여기에 부합하는 제품을 오랫동안 국내에서 생산하고, 우리나라 소비자들의 니즈에 부응하는 제품을 끊임없이 개발해 온 국내 업체들의 제품은, 전체적인 수준이 일반적인 외국 제품들을 상회할 수 있게 되었습니다.

물론 일본의 'TOTO'나 미국의 'KOHLER'와 같은 뛰어난 품질을 자랑하는 하이엔드 브랜드도 있는데, 주의하셔야 할 점은 외국 브랜드를 달고 있다고 해서 전부 높은 수준의 좋은 제품이라는 것을 보장하지는 않는다는 점입니다. 무엇보다 A/S가 제대로 이루어지는지 여부를 체크하셔야 하고, 해당 브랜드의 생산 제품이 양질의 브랜드로 인식되고 있는 본국에서 공급되는 제품인지, 제3국에서 공급되는 제품인지 여부를 반드시 체크하셔야 합니다. 전자의 경우 위생도기는 '기능'이 무엇보다 중요한데 이는 A/S가 얼마나 신속하고 편리하게 이루어지는지에 따라 좌우될 수 있는 사항이기에 그렇고, 후자의 경우 현지화에 따른 특화 가능성을 배제하는 것이 아니라 예컨대 OEM 방식으로 상표만 가져다 붙이는 경우에는 사람들이 인식하고 있는 해당 회사의 브랜드 가치에 상응하는 퀄리티를 기대하기 어려울 수 있다는 것입니다.

보다 간명하고 명확한 바로미터가 있다면 아마도 국내 특급호텔 납품 실적이라 할 것입니다. 이제부터 5성급 호텔을 방문하실 기회가 있으실 때마다, 아마 예전에는 큰 관심을 갖지 않았던 양변기 브랜드를 유심히 살펴봐 주시면 좋을 것 같습니다.

양변기를 선택하는 데 있어 주의해야 하는 점은 무엇일까요?

① 양변기는 하자요인이 많은 마감재에 해당하기에 KS규격을 잘 지킨 부품을 사용하는 것이 중요합니다. 이는 고장의 가능성뿐만 아니라 A/S에 따른 문제 개선의 용이성과도 관련되어 있는 것으로, 국내 유수의 업체들의 경우 대부분 이러한 요건을 충족시키고 있긴 하지만 계약 체결 시 면밀히 체크하시는 것이 필요합니다. 국내 브랜드 중 유일하게 대림바스의 경우 양변기에 들어가는 모든 부품을 전부 직접 국내에서 제작하고 있어 이러한 규격 및 품질 관리에 있어 특히 우수하다고 평가받고 있습니다.

② 디자인에 있어 로우탱크나 일체형, (라운드형이 아닌) 사각형이 고급스러운 것으로 인식되는 경향이 있습니다. 일단 아래 사진에서 볼 수 있는 것처럼 로우탱크(왼쪽)는 오래 전 제작된 제품들에 적용되었던 1회 물내림 시 물 사용량 기준인 12L가, 절반에 해당하는 6L로 하향된 것에 맞추어 물탱크의 용량을 줄여 제작된 것이고, 제한된 욕실 공간을 효율적으로 사용할 수 있도록 해 주고 있다는 측면에서는 장점이 있다고 할 수 있습니다. 예컨대 로

우탱크를 설치하는 경우 탱크 윗부분을 수납장 설치 공간으로 활용할 수 있게 됩니다.

그러나 같은 브랜드에서도 로우탱크 제품이 하이탱크 제품보다 항상 고급이라거나 비싼 것이라고 할 수는 없는데, 아래 제품을 예를 들자면 오른쪽 제품이 5만 원 정도 더 비쌉니다. 그 이유는 로우탱크의 물내림이 하이탱크를 아직까지는 따라잡지 못하고 있기 때문입니다. 특히 '원피스-로우탱크'의 경우 약한 물내림에 더해 직수와 담수를 겸용으로 사용하는 구조로 인하여 부속에 무리가 가 잔고장이 잦은 편이고, 수리비용이 비싸다는 단점까지 있어 일부 모델만 남기고 거의 단종된 바 있습니다. 따라서 미관상 또는 공간 활용 등의 이유로 로우탱크를 선택하셔야 하는 경우라면 물내림 성능과 관련하여 업체와 심도 있는 대화를 나누실 것을 적극 권유드립니다.

〈계림요업의 C-600(좌), C-7950(우)〉

라운드, 사각과 같은 양변기 모양은 고급화와는 별로 관계가 없으며 취향의 영역이라고 보시면 될 것 같습니다. 참고로 사각 양변기는 앉았을 때 다리를 너무 많이 벌리게 되어 불편하다는 평가를 하는 사람들도 있습니다.

③ 양변기의 크기는 많은 분들이 잘못 이해하고 있는 대표적인 영역입니다. 예전에는 양변기가 크면 클수록 비싸고 좋은 것이라는 지금 기준으로는 이해하기 어려운 인식이 팽배해 있었으며, 아주 드물긴 하지만 최근에도 일부 조합에서는 이러한 기준을 적용하여 브랜드, 제품을 선택하는 경우가 있습니다.

이것이 '틀렸다'고 단언할 수 있는 가장 큰 이유는 욕실 공간의 고정 면적입니다. 거의 대부분의 아파트는 욕실 공간을 1500㎜×2500㎜ 정도로 맞추고 있는데, 그 이상의 공간을 할당하는 것은 효율적이지 않기 때문입니다. 대부분의 사람들은 만약 여유 공간이 있다면 거실이나 방을 크게 하지 화장실을 넓히는 데 쓰고 싶어 하지는 않습니다. 따라서 커다란 양변기는 한정된 공간을 최대한 효율적으로 사용할 수 있도록 진화하고 있는 욕실 인테리어 트렌드에 역행하는 것이라 할 수 있습니다.

두 번째는 사람이 착석하는 데 사용되는 양변기 면적은 생각보다 좁다는 것입니다. 즉 양 허벅지 일부와 엉덩이 일부가 변좌 일부에 걸쳐지게 되는데, 실제로 신체와 접촉되며 신체를 떠받치는 데 필요한 이 면적은 양변기의 크기와는 상관없이 일정하기에 이 부분을 제외한 나머지 부분을 최소화하더라도 사용의 편의성 측면에서는 지장이 없는 것입니다. 나아가 양변기의 기능이 유지될 수 있는 범위 내에서 최대한 크기를 작게 하는 경우 공간 활용의 효율성이 제고될 수 있다 할 것입니다.

마지막으로, 집에서 양변기에 앉아 있는 상태로 욕실 문을 열어 본 경험이 누구나 한 번씩 있을 것입니다. 예전 제품들은 변기의 세로 길이가 물탱크 포함 720㎜ 정도였기에 키가 큰 분들은 욕실 문을 여는 경우 문이 무릎에 걸려 다리를 양옆으로 벌리거나 무릎을 위로 올리는 등으로 뜻하지 않게 불편한 자세를 취해야만 했을 것입니다. 그러나 기술의 발전으로 변기의 세로 길이는 약 600㎜까지 짧아질 수 있게 되었으며 이로써 훨씬 편리한 이용이 가능하게 되었습니다.

림리스 양변기는 물내림이 약하지 않은가요?

예전 양변기는 위 그림과 같은 형태로, 화살표가 둘러싸고 있는 부분을 림이라고 합니다. 림 아래쪽 구멍에서 물이 나와 수세를 하는 방식인데, 일단 구멍이 많기도 하고 구멍이 있는 면은 눈에 잘 보이지 않아 청소하기도 쉽지 않았습니다(엄밀히 말하면 청소를 해야 하는 때를 알 수가 없다고 하는 것이 정확할 것 같습니다).

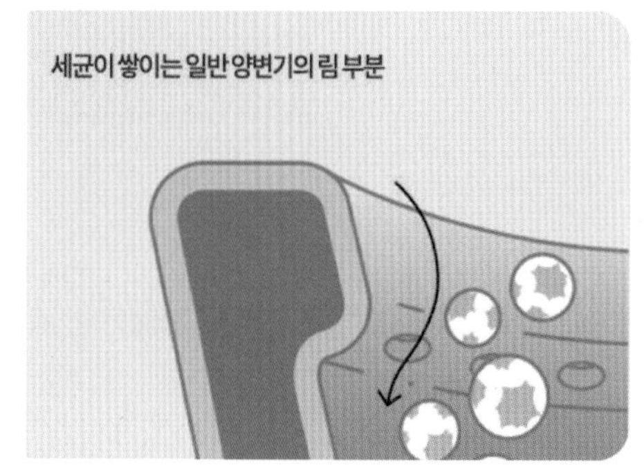

〈대림바스 제공〉

이후 개발된 림리스 타입은 위 사진과 같이 양변기의 가장자리 테두리를 제거하여, 오물과 세균이 쌓이지 않아 위생적이며 양변기를 청소하고 관리하기 용이합니다. 림리스 방식은 물의 회전을 유도하여 수세하는 방식으로, 기존 림방식보다 세척이 강합니다.

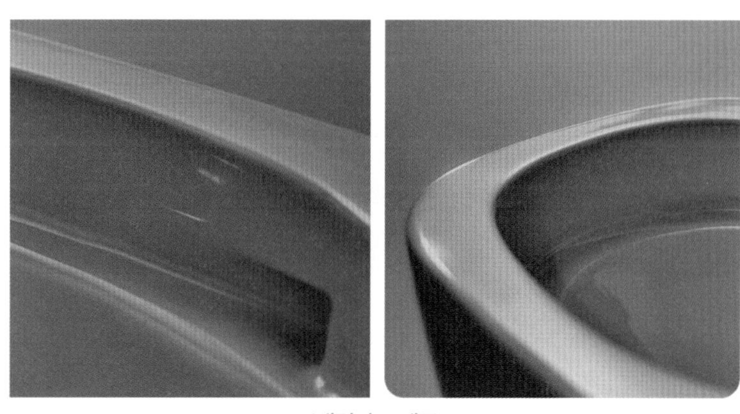
〈대림바스 제공〉

수로노출형 양변기가 무엇인가요?

수로노출형은 왼쪽 사진과 같은 형태의 양변기를 의미하며, 변기 하부 뒤쪽 청소가 어려울 것이라는 것을 직관적으로 이해하실 수 있을 것입니다. 이러한 단점을 보완한 것이 오른쪽 수로밀폐형, 즉 치마형 양변기인데 사실

치마형도 뒤쪽이 뚫려 있으며 물이 안 들어가게 설계해 놓은 것뿐입니다. 다시 이러한 점을 보완하여 뒤쪽을 거의 다 막아 버린 제품도 나오고 있는데, 이러한 제품들도 그들만의 청소 사각지대가 존재합니다.

〈대림바스 CC-750 VS 대림바스 CC-740〉

변기의 절수 기능은 얼마나 중요한 것인가요?

십수 년 전, 우리나라가 물 부족 국가이기에 물을 절약해야 한다는 경고성 캠페인을 기억하시는 분들이 있을 것입니다. 당시에는 모두들 위기감을 느끼며 물탱크에 벽돌을 넣고 소변의 경우 2회 이상 일을 본 후 물을 내리는 등 지금 기준으로는 이해하거나 감내하기 어려운 자구책이 이루어지기도 했습니다. 이것이 아무 근거 없는 가짜뉴스임이 밝혀진 이후에도, 수도세 절약을 생각하시는 분들은 여전히 변기의 절수 기능을 강조하고 있습니다.

과거에는 12L의 물로 수세를 하였지만 변기 내부 구조와 수세 방식의 개선으로 현재는 6L 이하의 물로도 수세가 가능하게 되었습니다. 즉 (일부 초절수 기능 제품을 제외한다면) 6L 정도의 물은 필요하며 최근 공급되고 있는 제품들은 대부분 이 기준에 맞추어 제작되고 있기 때문에 제품에 따른 절수 효과의 차이는 크다고 보기 어렵고, 양변기 물을 내리는 데 지출되는 수도세는 신축된 새 아파트의 마감재를 선택하는 기준으로 고려하기에는 다소 어울리지 않아 보이는 것도 사실입니다.

1회 물내림에 4L 정도의 물만 사용하는 변기들(절수 1등급)도 있으니, 절수에 방점을 두고 계실 경우 고려해 보시면 좋을 것 같습니다.

벽배수는 무엇이고 바닥배수는 무엇인가요?

양변기에 있어 벽배수는 배수구가 중간에 꺾여 벽으로 이어지는 형태이고, 바닥배수는 아래 바닥 하수구 그러니까 아랫집 천장으로 이어지는 형태입니다. 바닥배수는 예전에 지어진 아파트에 주로 사용되었는데 물이 빠르게 잘 빠지는 장점이 있습니다. 벽배수는 외관이 좋고 청소가 용이하며 무엇보다 층간소음을 줄일 수 있는 효과가 있어 최근 신축되는 아파트는 다수 벽배수 형태를 검토하고 있습니다. 특히 층간소음과 관련하여, 천장고(바닥 마감면으로부터 천장 하면까지의 높이)와 천장 두께 변경에 제한이 있는 리모델링의 경우 벽배수 형태가 필수적인 요소로 고려되고 있습니다.

한편 벽배수 시공의 경우 정밀한 기술과 작업을 요하며 여기에 특화되어 있는 업체는 많지 않다는 점, 특히 배관과 관련된 영역은 KS규격에 위반된 제품이 사용되는 경우 사후 심각한 문제가 발생할 수 있다는 점을 고려하여 업체 선정에 만전을 기하셔야 합니다.

원피스 양변기와 투피스 양변기 중 어느 것이 더 좋은 것인가요?

물탱크와 하부가 분리되어 사이에 이음새가 있으면 투피스 양변기이고 하나의 통으로 된 구조인 경우 원피스 양변기입니다. 즉 외관상의 차이가 가장 크다고 볼 수 있는데, 비데를 설치하는 경우 이음새가 보이지 않게 되면서 그 차이도 식별하기 어려워지게 됩니다.

투피스 양변기와 '하이탱크-원피스' 양변기는 높이의 차이가 5~10㎝가량 나는 것을 제외하고는 기능적인 측면에서는 거의 동일하다고 보셔도 무방합니다('로우탱크-원피스' 양변기의 경우 특히 물내림 성능에 있어 차이가 있다는 점을 앞서 설명드린 바 있습니다). 다만 유사한 제원이라면 조립식이 완제품보다 제작과 시공이 쉽기 때문에 가격은 (하이탱크) 원피스 양변기가 투피스 양변기보다 다소 높고, 시공하는 입장에서도 투피스 양변기를 선호하는 경향이 있습니다.

자동물내림 일체형비데 양변기를 택하는 경우 주의할 사항이 있을까요?

타일을 제외하고 욕실 인테리어에 있어 가장 사치품이 될 수 있는 것이 있다면 자동물내림 일체형비데 양변기일 것입니다. TOTO(일본)의 경우 천만 원에 육박하는 제품을 판매하고 있으며 그 외 초고가 외국 브랜드 제품도 많이 존재하고 있습니다. 이는 어디까지나 취향과 예산의 영역이라 볼 수 있지만, 자동물내림 일체형비데 양변기는 로우탱크 양변기보다 물탱크 높이가 더 낮기 때문에 로우탱크와 동일한 구조로 작동하는 '담수형' 방식의 양변기는 물내림이 매우 약할 수밖에 없다는 점을 고려하여 선택을 지양하는 것이 좋을 것 같습니다. '직수형' 방식은 일정 수준 이상의 수압이 보장되어야 작동될 수 있는데, 이 책은 재개발·재건축·리모델링 예정인 아파트 조합원 등을 대상으로 한 것이기에 당연히 준수한 수압 조건은 충족되는 것을 전제하고 있습니다.

그렇다면 '담수형-자동물내림 일체형비데' 양변기를 선택하는 조합은 어디에도 없을 것 같지만, 담수형이 직수형보다 가격이 다소 저렴하다는 점 때문에 간혹 이러한 판단미스가 이루어지는 경우가 있습니다.

왜 양변기는 흰색 도기만 사용하는 것인가요?

양변기는 그 활용 빈도에 비해 생각보다 단가가 저렴한데, 싼 제품의 경우 몇만 원이면 구매할 수 있습니다. 양변기를 구성하는 도기(세라믹)는 충격에는 약하지만 인체의 하중을 버티는 경도(硬度)가 매우 우수한 것은 물론 표면이 미려하면서도 소수성(물과 화합되지 않고 물을 밀어내는 성질)이 높아 청결 유지에 용이하다는 등의 많은 장점이 있는데, 유사한 성능을 도기에 준하는 단가로 구현할 수 있는 대체재를 아직 발견하지 못하였기에 '양변기 = 도기'의 공식은 아직까지 깨지지 않고 있습니다.

플라스틱 사출 방식으로 조립 제작하는 대안이 제시되기도 하였지만, 상용화는 아직까지는 요원한 상황이라 보셔도 무방할 것 같습니다.

세면기를 고를 때에도 KS규격 준수 여부를 면밀히 살펴야 하나요?

양변기와 같이 '기능'이 특히 중요시 되는 제품은 KS규격을 충족하는 제품 사용이 매우 중요합니다. KS규격 충족은 해당 부품 또는 부속의 구동 자체뿐만 아니라 고장, 그리고 수리의 빈도 및 용이성 등과 직결되는 문제이기 때문입니다. 반면 세면기의 경우 양변기에 비해서는 상대적으로 KS규격 충족의 중요도가 낮다고 볼 수 있습니다. 예컨대 아래 사진과 같이 상하부가 분리되어 있지 않은 일체형세면기를 페데스탈 일체형세면기라고 합니다. 모양이 예쁘고 세면대 틈이나 연결부위가 없기에 청소가 편리하다는 등의 장점이 있어 많이 사랑받고 있습니다. 다만, 상하부가 분리되어 있지 않아, 파손 등의 문제 발생 시 세면기 전체를 교체해야 하는 단점이 있기는 합니다.

〈대림바스 CL-355 페데스탈 일체형세면기〉

참고로 페데스탈(pedestal)은 '받침대'라는 의미로, 바닥배수인 경우에 사용하는 ① 페데스탈 긴다리세면기, 벽배수인 경우에 사용하는 위 ② 페데스탈 일체형세면기, 외관은 일체형과 비슷하지만 상부와 하부가 분리되는 ③ 페데스탈 반다리세면기로 구분됩니다.

세면기에는 어떤 종류가 있나요?

근래에 신축되는 아파트에서 왼쪽과 같은 형태의 일반형 세면기는 찾아보기 어렵습니다. 세면기 유형 중 가장

〈대림바스 CL-423(일반형) VS CL-336W(반다리형) VS CL-755(긴다리형)〉

저렴한 것으로 분류되지만, 아래 노출된 배관이 결코 아름답다고 보기는 어렵다는 단점 때문입니다. 한편 오른쪽과 같은 긴다리형 세면기의 경우 바닥으로 S자 모양의 S트랩 배수관이 연결되는 바닥배수에 사용되는 것으로서 벽배수가 적용되는 신축 아파트에는 적용되지 않기에, 이 책을 보시는 분들에게는 해당사항이 없다 할 것입니다.

〈LAUFEN社의 'SONAR' (좌) / 'VAL'(우) 세면기〉
사진제공 : 「넥서스(NEXUS)」

다만 최근에는 위와 같이 노출된 배관이나 긴다리 도기의 디자인 또는 채색에 변화를 주어 멋진 분위기를 연출하는 경우도 있지만, 신축 아파트에 공통적으로 적용시키기에는 가격이 너무 비싸고 호불호가 갈릴 수 있다는 리스크도 있습니다.

〈대림바스 CL-384 : 일체형 세면기 VS 계림요업 L-212UF : 일체형 세면기〉

〈대림바스 CL-757 : 반다리 세면기 VS 계림요업 L-206 : 반다리 세면기〉

신축 아파트의 경우 층간소음이나 배관(또는 배관을 가리기 위한 긴다리)으로 인한 공간 차지와 미관 저하 등의 문제가 있는 바닥배수 대신에 P 자 모양의 P트랩을 사용되는 벽배수를 적용하게 됩니다. 벽배수는 말 그대로 벽 속으로 배관이 연결되기 때문에 세면기와 바닥을 연결할 필요가 없어, 벽에 붙이는 형태의 세면기 설치가 가능해 집니다.

벽에 붙이는 형태에는 위와 같은 일체형과 아래와 같이 상부와 하부가 나누어지는 반다리형이 있는데, 최근에는 디자인이 매끄럽게 떨어지는 일체형 세면기를 선호하는 추세입니다.

〈대림바스 CL-822 : 탑카운터 VS CL-341 : 세미카운터 VS CL-610 : 언더카운터〉

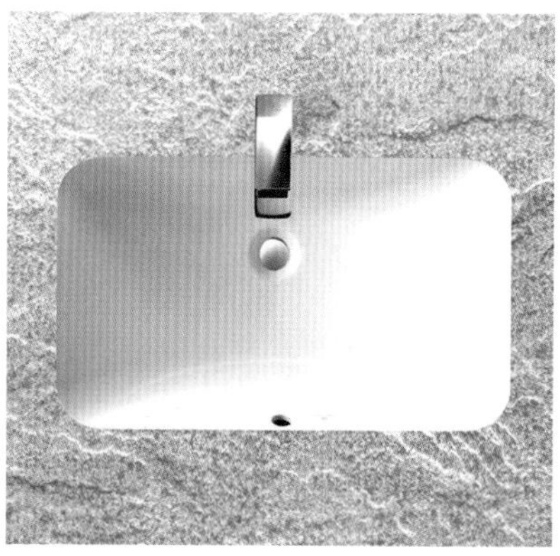

〈계림요업 L-948F : 탑카운터 VS L-903F : 세미카운터 VS L-570 : 언더카운터〉

세면기는 하부장 위에 올리는 형태의 탑카운터형, 외관상 반 정도 걸친 것같이 보이는 세미카운터형, 아예 매립된 형태의 언더카운터형과 같이 다양한 형태로 전화(轉化)하였습니다. 이러한 세면기의 형태에 따라 가격 차가 많이 나지는 않으며, 프리미엄 브랜드나 제품을 선택하는 경우에는 배 이상으로 뛸 수 있습니다.

〈LAUFEN社의 'ILBAGNOALESSI_ONE' 탑카운터 세면기〉
사진제공 : 「넥서스(NEXUS)」

카운터타입의 세면기는 일반 세면기와 비교했을 때 기능면에서 차이가 있나요?

앞서 언급한 바와 같이 욕실의 공간은 제한되어 있으며, 최근에는 기존에 거대한 상태로 사용되어 왔던 오브제들을 보다 작고 효율적으로 변모시켜 공간 활용을 하는 것이 트렌드라고 할 수 있습니다. 아래 사진과 같은 카운터타입의 세면기 역시 전혀 활용이 이루어지지 않았던 세면기 아래 부분에 수납 기능이 있는 하부장 등을 설치하여 공간 활용을 극대화하면서 나아가 인테리어 효과까지 낼 수 있다는 장점이 있는 제품입니다. 그러나 비용이 추가된다는 점과, 틈날 때마다 샤워기로 온 사방을 뿌리며 청소를 해야 속이 시원한 분들에게는 카운터타입 세면기 아래 설치되는 하부장이나 수납공간은 행동에 제약이 되는 것을 넘어 욕실 전체를 건식화한다는 점에서 매우 불편하게 느껴지는 제품일 수도 있습니다.

다만 기능 자체는 다른 형태의 세면기와 비교했을 때 특기할 만한 차이가 없다고 보셔도 무방합니다.

〈대림바스 CL-470 탑카운터용 세면기(하부장 포함) VS 계림요업 L-903F 탑카운터용 사각세면기〉

욕실 상부 슬라이드장 거울에 김서림이 너무 심한데, 어떻게 해야 할까요?

최근에는 김서림방지 기능이 있는 제품도 나오고 있고, 필름을 부착하는 경우도 있습니다. 하지만 한겨울 문을 닫고 20분 이상 뜨거운 물로 샤워를 하면서 맨 마지막에 면도를 하는 경우를 가정했을 때, 이러한 경우에도 100%의 시야를 확보할 수 있도록 하는 제품은 아직까지는 존재하지 않는다 해도 과언이 아닐 것입니다. 이는 김서림의 조절은 환풍기가 담당하는 부분이 더 크기 때문인데, 결국 성능이 뛰어난 최신형의 환풍기를 설치하는 것이 더 효과적이라 할 수 있습니다. '김서림으로 인하여 겪는 불편'은 손으로 거울을 슥슥 닦으며 해도 별 문제가 없는 샤워 중 면도나 기타 미용행위보다, 전 이용자의 샤워 후 수증기가 가득 차 있는 욕실로 들어가는 다음 사람의 이용에 있어 더 크게 작용한다는 점을 고려한다면 더욱 그렇습니다.

참고로 욕실타일, 욕조, 샤워부스, 환풍기는 건축품목에 해당하고, 변기나 세면대, 수전은 설비품목에 해당하며, 본 파트에서 소개하고 있는 대림바스나 계림요업과 같은 업체들은 건축품목이 아닌 설비품목만을 제작·공급하고 있습니다.

좋은 수전을 고르는 기준은 무엇이 있나요?

수전은 첫째는 브랜드, 둘째는 디자인입니다. 일단 수전은 일체형 비데에 이어 욕실 내 사치를 가능케 하는 또 하나의 설비품목 영역으로서 결국에는 수도꼭지에 불과한 것이 하나에 수백만 원을 호가하는 제품들이 즐비한데, 욕실을 사용하는 경우 거의 대부분 세면기를 이용하게 되고 세면기를 이용할 때면 수전의 디자인과 새겨져 있는 상표는 예외 없이 시야에 들어오게 됩니다. 이런 프리미엄 제품까지는 아니더라도 수전은 메이저 브랜드 제품을 사용하시는 것이 좋은데, 메이저 브랜드 제품은 내구성이 강하고 도금이 쉽게 벗겨지거나 광이 떨어질 가능성이 현저히 낮기 때문입니다.

다음으로, 수전의 디자인과 색상에 따라 욕실의 분위기는 완전히 달라질 수 있습니다. 때문에 최근에는 수전에 컬러 도금을 적용하거나 특수한 소재를 사용하고 기존과 다른 형태를 채택하면서 다양한 효과를 연출하고 있습니다.

〈대림바스 프리미엄브랜드 'FÜLEN'의 수전〉

〈GESSI社의 'ELEGANZA' 수전〉
사진제공 : 「넥서스(NEXUS)」

여기에 더해 디지털 기술을 적용하여 수온을 색상(빛)으로 표시해 주거나 센서 기능, 음성인식 기능을 탑재한 제품들도 출시되고 있으나, 재개발·재건축·리모델링으로 신축되는 아파트(특히 대단지)에 동시 시공하는 것은 무리가 있을 것으로 보입니다. 비단 비싼 가격뿐만이 아니라, 이런 첨단기기의 경우 일반 수전에 비해 고장이나 오작동의 리스크가 크기에 입주 후 제대로 사용할 수 있는 세대가 얼마나 될지 장담할 수 없기 때문입니다. 이러한 우려는 외국 제품의 경우 더욱 클 수밖에 없는데, 특히 A/S를 유통업체가 담당하는 경우가 많다는 점을 고려한다면 더욱 그러합니다.

 # 수전의 종류에는 어떤 것이 있나요?

샤워수전의 경우 기본적으로 파이프의 노출을 최소화한 매립형의 가격이 더 높으며 시공 과정 또한 복잡하다고 할 수 있습니다. 최근에는 혁신적 디자인이나 컬러도금을 통해 다양한 느낌을 연출하고 있으며, 이 경우 가격은 다소 상승할 수 있습니다.

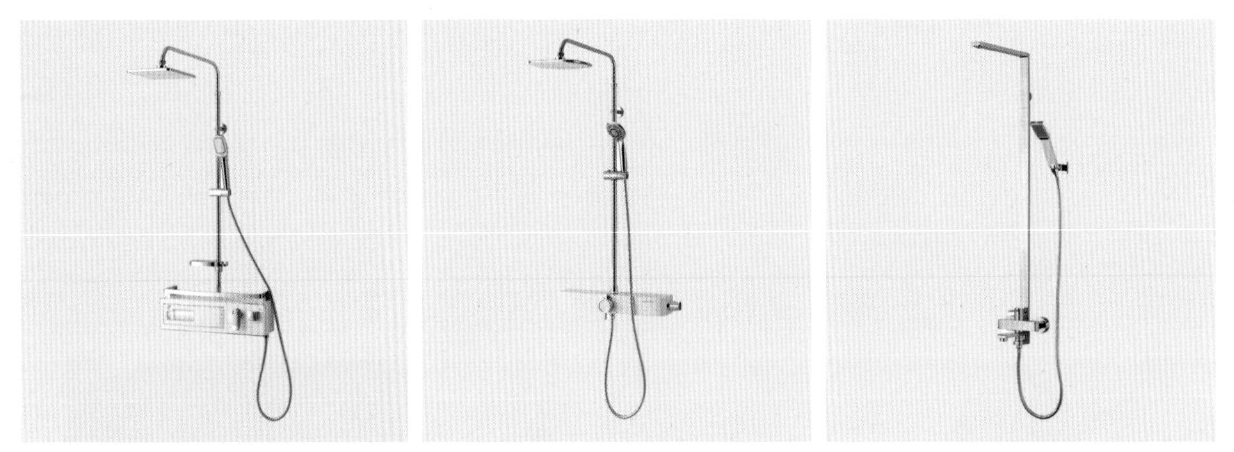

〈대림바스 DL-B8110 VS DL-B6510 VS DL-B7611〉

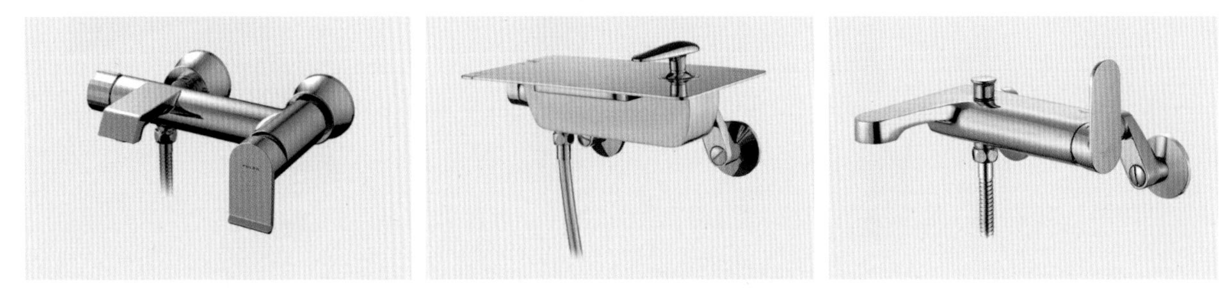

〈대림바스 BC633WA VS DL-B8513W VS DL-B5612W〉

〈대림바스 LC630A VS DL-L8510 VS DL-L5610〉

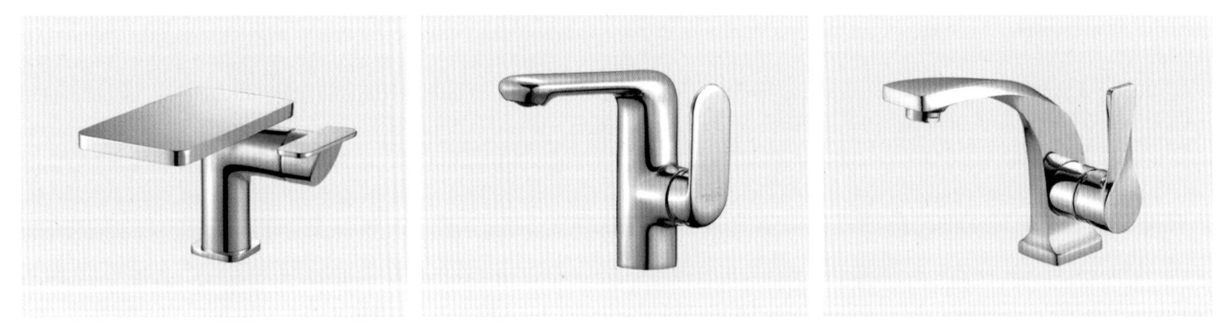

〈대림바스 DL-L8011 VS DL-L5910 VS DL-L7610〉

〈계림요업 KR-5000 VS KRT-4000W VS KBT-7500〉

〈계림요업 KBK-1100S VS KBP-050C VS KBD-800C〉

〈계림요업 KLK-1100S VS KLB-1000C VS KLI-070C〉

〈계림요업 KLY-030C VS KLK-1190S VS KLA-190C〉

3. 바닥재

바닥재를 선택하는 기준은 다양하지만, 얼마나 아름답고 멋진 분위기를 연출하는지가 단연 최우선적으로 고려될 것입니다. 미관의 영역 외에도 기능적인 측면에서 고려해야 할 부분들이 있는데, 여느 마감재와 마찬가지로 이러한 사항들을 충족시키는 정도에 따라 가격이 비싸지기 때문에, 조합은 분담금을 상승 정도와 해당 아파트 단지에 걸맞는 제품 퀄리티를 신중히 고려하여 선택을 하게 됩니다.

예컨대(이하 가격은 참고를 위한 대략적인 수치입니다), 30평 기준 최고급 자재인 원목을 시공할 경우 약 750만 원이 드는 데 반해 PVC장판을 쓰는 경우 5분의 1정도인 150만원밖에 들지 않는다면, 조합 입장에서는 기본을 PVC장판으로 설정하고 옵션을 제공하는 방식을 취하는 것이 더 합리적일 수 있는 것입니다. 그럼에도 불구하고 고가의 자재를 기본 구성으로 하는 경우는 대다수의 조합원들이 원하고 있는 경우 또는 아파트의 가치 상승 때문이라 할 것인데, 후자의 예를 들자면 '이탈리아 어느 지역에서만 생산되는 최고급 대리석 적용'과 같은 프로필의 획득은 해당 아파트의 가치를 제고하여 결국 집값을 견인하는 요소로 작용하는 것을 의미합니다.

아래에서 언급할 바닥재의 기능들은 실생활과 매우 밀접한 관련이 있고 중요하다 할 것이지만, 바닥재의 재질

〈LX Z:IN : 디자인 바닥재 '에디톤(EDITONE)'〉

과 패턴, 컬러는 실내 인테리어의 근간이라 할 정도로 다른 요소들에 미치는 영향이 지대한바, 조합 임원들께서는 마감재 선택 전 업체들의 쇼룸을 방문하시고 제품을 직접 눈으로 확인한 뒤 선택하실 것을 권유드립니다.

〈한솔홈데코 : SB마루 리얼텍스처 '더블티크'(좌), SB마루 스톤 '피에트라 블랙'(우)〉

어린아이가 두 명이나 있어서 아랫집의 층간소음 클레임이 걱정되는데, 어떤 바닥재를 고르는 것이 좋을까요?

2023. 1. 1.부터 층간 소음의 기준(공동주택 층간소음의 범위와 기준에 관한 규칙)이 강화되었으나, 위반 행위를 효과적으로 제재할 수 있는 방안이 없는 이상 무슨 의미가 있나 싶기도 합니다. 예컨대 피해 발생에 따른 대응 방안으로는 ① 관리사무소에 민원 제기, ② 민사소송 제기, ③ '층간소음 이웃사이센터'의 중재 상담 등을 대표적으로 꼽을 수 있는데, 우선 민사소송을 통해 받을 수 있는 배상액은 매우 낮아서 변호사 선임료를 충당하기도 어려울 정도라 사실상 유명무실하며, 다른 방안들의 경우 강제성을 부여할 수 있는 법적 근거가 없기에 실효성이 떨어진다고 할 수 있습니다.

아파트 건축 단계에서 이를 효과적으로 방지할 수 있는 기술은 이미 존재하지만 여러 가지 이유로 전면적 적용이 쉽지 않습니다. 무엇보다 공사비가 상승한다는 문제가 있는데, 특히 층간소음의 발생은 영구적인 것이 아니며(예컨대 층간소음 중 가장 많은 비율을 차지하는 아이들로 인한 소음은, 아이들이 무심코 뛰어다니는 생활을 영위하는 몇 년의 아동기에 집중됩니다) 의외로 많은 사람들이 층간소음에 대하여 큰 의미 부여를 하지 않고 있기에 조합 입장에서 층간소음을 방지하기 위한 분담금의 가시적 상승을 설득하는 것은 매우 어려운 일이라 할 것입니다.

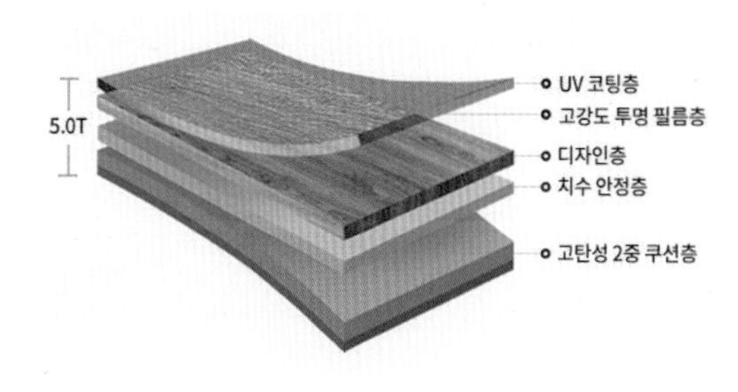

〈LX Z:IN : 엑스컴포트〉

이러한 상황에서 층간소음 방지에 특화된 제품이 출시되는 것은 어쩌면 당연한 것이라 할 것입니다. 바닥재를 공급하는 유수의 업체들은 각자의 노하우가 담긴 특화 상품들을 공급하고 있는데, 그중 대표적인 방법은 두껍고 푹신한 쿠션층을 넣어 보행 등 바닥과의 접촉에서 유발되는 충격을 흡수하는 것입니다. 일례로 LX하우시스의 '엑스컴포트'는 고탄성 2중 쿠션을 적용하여 일반적인 바닥재에 비해 두 배가량 두꺼워진 제품으로, 자사 제품들 중 생활소음과 경량충격음(작은 물건이 떨어지는 소리나 가구를 끄는 소리를 의미하며, 충격력이 적고 지속시간이 짧습니다. ⇔ 사람이 걷거나 뛸 때 저주파 진동에 의해 전달되는 소리는 중량충격음이라 하며, 충격력이 크고 지속 시간이 깁니다.)을 저감하는 데 가장 탁월한 성능을 발휘하고 있습니다.

바닥재의 종류에는 어떤 것이 있나요?

일반적으로 '바닥재'와 '마루'를 혼용하여 사용하고 있는데, 사실 바닥재에는 나무 소재를 이용한 바닥재를 의미하는 '마루'뿐만이 아니라 타일, 장판, 대리석 등 많은 종류가 있습니다. 다만 신축 아파트에 사용되는 바닥재 중 마루의 비율이 압도적으로 높기에 이렇게 된 것으로 보이는데, 최근에는 대리석이나 샌드스톤 등 다양한 소재의 활용 또는 복합시공이 이루어지고 있기 때문에 위와 같은 등가식은 점점 어색해지고 있다 할 것입니다.

〈한솔홈데코 : 우드와 스톤마블 패턴의 혼합(좌) / 헤링본과 스톤마블 패턴의 혼합(우)〉

1) 마루

합판 위에 0.2㎜ 정도로 자른 원목을 붙여서 만든 '합판마루'가 과거에 사용되기도 하였지만 현재 신축 아파트에는 사용되고 있지 않으며, 강화마루, 강마루, 원목마루 이렇게 3강체제를 구축하고 있습니다.

(1) 원목마루

합판 위에 원목을 붙이는 구조 자체는 합판마루와 유사하나, 원목층(약 0.2㎜)이 너무 얇아서 찍히면 합판층이 드러나 버리는 합판마루보다 원목층(약 1.2㎜~4㎜)이 훨씬 두껍습니다. 원목층은 이보다 더 두꺼울 경우 나무 특유의 뒤틀림 현상이 발생할 수 있다는 제약이 있습니다.

외국산 하이엔드 바닥재의 대명사로 꼽히는 이탈리아의 '리스토네 조르다노', 'FD'가 제공하는 제품이 바로 이 원목마루이며, 인조대리석이 천연대리석의 느낌을 완전히 대체하기 어렵듯이 다른 소재로 구현하기 힘든 진짜 나무의 촉감과 외관을 향수할 수 있다는 점에서 가장 비싼, 최고급 바닥재에 해당합니다. 특히 시간이 지날수록 색이 자연스럽게 바뀌고 광택이 생긴다는 점은 원목마루만의 특징이라 할 수 있습니다.

그러나 원재료를 그대로 사용하는 소재의 공통적인 숙명과도 같은 단점으로, 스크래치나 찍힘 등 외부의 충격으로부터 취약합니다.

〈한솔홈데코 : 원목마루 '브라운오크'〉

〈FOGILIE D'ORO(FD)社의 원목마루〉
사진제공 : 「넥서스(NEXUS)」

〈LX Z:IN : 지아마루 원목 '애쉬'〉

(2) 강화마루

얇게 켠 나무 널빤지를 나뭇결이 서로 엇갈리게 여러 겹 붙여 만든 합판이 아니라 목재에서 추출한 섬유질을 압축해 만든 보드위에 나무 무늬의 필름을 씌우는 방식으로, 마루 중에서는 가격이 가장 저렴한 편에 속합니다. 바닥에 접착을 시키는 것이 아니기에 접착제를 사용하지 않으며, 합판보다 밀도가 높은 보드를 사용하여 표면의 강도가 강하기에 긁힘이나 찍힘 등의 스크래치가 쉽게 발생하지 않는다는 특징이 있습니다.

그러나 바닥과의 완전 접착이 아니기에 난방효율이 떨어지고 소음이 발생할 수 있으며, 습기에 취약하다는 단점이 있어 잘 사용되고 있지 않습니다.

〈한솔홈데코 : 강화마루 '겐트멀바우'〉

(3) 강마루

합판 위에 나무 무늬 필름을 씌워서 만든 마루를 접착제를 사용하여 바닥에 붙이는 방식으로, 마루 중에서는 가장 많이 사용되고 있는 소재입니다. 강화마루와 비교했을 때 가격이 비싸다는 것 외에는 내찍힘성, 내충격성, 내수성 등 모든 항목에 있어 우위를 점하고 있으며, 특히 접착 방식에 해당하기에 난방효율이 좋고 소음 발생이 적습니다.

메이저 업체들의 핵심 공급 제품인 만큼 가장 많이 공을 들이고 신경을 쓰고 있기에 대부분 충족되고 있기는 하지만, 조합에서 강마루를 선택하는 경우 마루 시공 시 친환경 접착제를 사용하는지 여부를 체크해 주시면 좋을 것 같습니다.

〈LX Z:IN : 와이드 12c 강마루 '로스티드티크'〉

〈한솔홈데코 : SB마루 강 '딥그레이워시오크 헤링본'(좌) / SB마루 리얼텍스처 '던내츄럴오크'(우)〉

최근에는 합판이 아닌 섬유판(MDF, 종이 또는 대나무 펄프를 주원료로 하여 고온에서 해섬 과정을 거친 후 접착제와 결합시켜 열압한 고밀도 보드)을 베이스로 한 강마루 제품도 공급되고 있는데, 특히 내수성이 뛰어나고 합판 강마루보다 다소 저렴(합판이 보드나 섬유판보다 비싸기 때문)하다는 장점과 함께 넓이의 한계가 없어 광폭마루를 만드는데 유리하다는 특징이 있습니다. 다만 섬유판 강마루는 합판 강마루처럼 취급하는 업체가 많지 않고 동화기업과 한솔홈데코 등 관련 기술을 보유하고 있는 소수의 업체가 제작·공급하고 있습니다.

한편 섬유판 위에 나무 무늬가 아니라 스톤 필름을 씌운 제품도 출시되고 있는데, 일반 제품 이상으로 강마루의 기능을 발휘하면서도 대리석 등의 느낌을 연출할 수 있어 주목받고 있으며, 최근에는 신축 아파트에 기본 시공이 이루어지는 경우도 있습니다.

〈한솔홈데코 : SB마루 스톤 '카라라'(좌) / LX Z:IN : 강그린 프로맥스 '헤이즈 마블'(우)〉

2) PVC장판

누구나 한 번쯤 어린 시절 내가 살던 집의 모습을 회상해 본 적이 있을 것입니다. 그 공간의 바닥에는 누런색 또는 네모 알갱이 모양이 촘촘하게 박힌 패턴의 모노륨이 깔려 있었고, 밟았을 때 뭔가 푹신한 느낌이었던 것 같습니다. 이것은 염화비닐수지(PVC)를 재료로 하는 PVC장판의 한 종류이며, 기억 속의 그 촌스러운 모습이 아니라 진화를 거듭해 새로운 모습으로 변모하여 현재에도 많이 사용되고 있습니다. 예컨대 최근 사용되고 있는 PVC장판은 시트 표면에 디자인을 인쇄하는 방식이라 색상이나 패턴 등이 강마루보다 다양하여 인테리어 측면에서 선택의 폭이 넓다는 장점이 있습니다.

〈한솔홈데코 : '하이륨 HS2112'(좌) / '파인륨 HS3102'(우)〉

PVC장판의 최대 장점은 가격이 강마루의 60~80% 정도로 저렴하면서 난방효율이 좋다는 점이고, 내수성이 강하며 오염물의 제거가 쉽다는 특징도 있습니다. 나아가 우리의 기억 속 푹신한 그 느낌은 현재에도 그대로 유지되고 있으며, 이는 충격 흡수에 따른 소음저감 효과를 발휘하고 있기도 합니다(다만 4.5㎜ 이상은 되어야 확연히 체감할 수 있는 방음 효과를 기대할 수 있습니다). 이러한 이유로 어린이집의 경우 일반 가정집에 사용되는 2.2~2.4㎜(장판의 두께를 표시하는 단위는 'T'이지만 이해를 돕기 위하여 밀리미터로 표시하였으며, 1T = 1㎜입니다)보다 2~3배가량 두꺼운 4.5~6.0㎜ 장판을 사용하고 있는데, 4.5㎜면 밟았을 때 누구라도 물렁물렁하다고 느낄 수 있는 정도라고 이해하시면 될 것 같습니다. 그렇다면 PVC장판을 최대한 두껍게 시공해 놓으면 집 안에서 걸어다닐 맛이 나지 않을까 생각하실 수도 있는데, 4.0㎜를 넘어가면 강마루와 비슷한 정도로 가격이 비싸지고 무엇보다 보행 시 물렁거리는 느낌을 싫어하시는 분들이 생각보다 많습니다.

반면 무거운 물건을 올려놓으면 눌린 자국이 그대로 남기 쉽고 날카로운 물건에 의해 찢어지는 경우도 있는데 해당 부분만을 티 안 나게 보수하는 것은 어려우며, 오래 사용하는 경우 보기 좋지 않게 변색이 되고 내부에는 곰팡이가 생길 가능성이 크다는 단점이 있습니다.

3) 데코타일

데코타일은 PVC를 재료로 한 장판을 일정한 크기로 조각내 바닥에 접착시키는 바닥재입니다. 가격이 상당히 저렴하고 장판보다 찍힘이나 눌림에 강하며 디자인이 매우 다양하다는 장점이 있으나, 여러 장을 이어붙이는 방식이라 난방에 의해 열이 가해지면 수축 및 팽창할 수 있고 습기에 취약하다는 단점이 있습니다.

데코타일은 신축 아파트 시공 시 적용되는 경우는 없다고 보아도 무방하며, 주로 상가나 사무실 등의 상업공간이나 셀프 인테리어를 하는 경우에 사용됩니다.

〈LX Z:IN 데코타일 '그레이크리트 + 화이트베실리우스'(좌) / '내추럴 쏘우 오크'(우)〉

4) 자기질타일

점토 등의 원료를 고온으로 구워 만드는 자기질타일은 크게 약간은 거친 느낌의 무광인 포세린타일과, 포세린타일을 연마해 천연대리석과 같은 느낌으로 표면을 매끄럽게 만든 폴리싱타일로 구분됩니다. 자기질타일은 열전도율이 높아 난방을 하면 금방 따뜻해지고 강도가 높으며 내수성이 강하다는 장점이 있지만, 일단 마루에 비해 차갑고 딱딱하기 때문에 신축 아파트에 기본 시공되는 경우는 거의 없습니다. 다만 마루에 싫증이 난 사람들에게는 모던하고 새로운 디자인을 연출할 수 있다는 점 때문에 선호되고 있는 추세라, 최근에는 시공자가 유상 옵션(주로 포세린타일)으로 제공하는 경우가 많아지고 있습니다.

그러나 유상 옵션은 시공자가 제시하는 제품 또는 영역이라는 제약하에 이루어지는 것이기에, 주거공간을 다른 세대와 차별화될 수 있도록 자유롭게 재창조할 수 있는 것을 의미하는 것은 아닙니다. 또한 어린아이나 어르신들이 있는 세대에서는 (폴리싱타일은 물론이고) 포세린타일 시공이 되어 있는 집 매수를 꺼리는 경향이 있다는 점은 기억해 두시면 좋을 것 같습니다.

자기질타일을 비롯하여 대리석과 같은 유상 옵션에 대한 설명은 향후 심화편에서 다루도록 하겠습니다.

〈폴리싱타일(좌상) / 포세린타일(우상) / 대리석(하)〉
사진제공 :「줄눈은 창조N」

바닥재를 고를 때 고려해야 하는 사항은 무엇이 있을까요?

1) 열전도성

우리나라 아파트는 보일러로 물을 데워 온수를 만든 후 그 온수를 방바닥에 매설한 관으로 순환시켜 바닥을 데우는 온돌난방 방식이기에 외국과는 달리 '열전도성'이 매우 중요한 의미를 가집니다. 열전도성이 낮을 경우 바닥이 데워지기까지 많은 시간이 걸리게 되어 그만큼 난방비가 올라가게 되기 때문입니다.

최근 기술과 공법의 발전으로 대부분의 제품들은 바닥 난방을 중요시하는 우리나라의 특수성을 충족시킬 수 있도록 출시되고 있어 그 차이는 크다고 보기 어려우나, 강화마루의 경우에는 콘크리트 바닥에 접착을 하는 방식이 아니기에 상대적으로 열전도성이 떨어질 수밖에 없습니다.

2) 내구성

작년인가 레이지보이 리클라이너를 혼자 옮기다가 떨어트려 나무 받침대 모서리로 바닥을 찍었는데 그 상흔(傷痕)이 생각보다 깊게 남게 되었습니다. 깊지만 파인 면적 자체는 넓지 않기에 범행 당시에는 대수롭지 않게 생각했으나, 아직까지도 제 눈에는 너무나도 잘 띄고 신경이 많이 쓰이고 있습니다.

강화마루, 강마루, 자기질타일, 대리석 모두 좋은 내구성을 가지고 있습니다. 다만 필자의 집에도 강마루가 깔려 있는데 1m 높이에서 낙하하는 20kg의 무게에 파손된 것처럼, 내구성이 좋다고 하여 모든 충격으로부터 자유롭다는 것을 의미하는 것은 아닙니다. 따라서 내구성에 특히 방점을 두고 계시다면, 큰 차이는 아니지만 이 부분에 특히 기술력이 집중된 제품을 선택하시는 것이 좋을 것입니다.

현재는 잘 사용되고 있지 않는 합판마루나 아파트 신축 시 적용되는 경우가 거의 없는 데코타일을 제외하면, 원목마루와 PVC장판의 내구성은 위 바닥재에 비해서 낮다고 볼 수 있습니다.

3) 소음발생

앞서 설명드린 바와 같이 PVC장판(데코타일 포함)은 시공하는 두께에 따라 소음방지 효과는 천차만별이고, 소음방지 효과를 제대로 느끼기 위해서는 이 부문에 있어 특화되어 있는 두꺼운 PVC장판 제품을 사용하시는 것이 좋습니다. 비접착식이라 1980년대 교실 마루바닥을 떠올리신다면 이해하기 쉬운(물론 그 정도로 심하지는 않습니다) 소음이 발생하게 되는 강화마루를 제외한 다른 바닥재들은 대부분 비슷한 수준이라고 할 수 있을 것입니다.

아파트 신축 시 45㎜ PVC장판을 기본 사양으로 시공하는 것은 아무래도 어렵다는 점을 고려한다면, 결국 층간소음 문제는 바닥재보다는 '차음재'의 선택으로 접근하는 것이 좋을 것 같습니다. 아파트 신축 시 차음재는 보통 30㎜짜리를 사용하고 있는데 이것만으로는 특별한 효과를 보기 어려우며 '1등급'을 표방하는 제품이라 해도 상황은 크게 다르지 않습니다. 그런데 최근 하이엔드 브랜드 적용단지들을 중심으로 60㎜ 차음재를 선택하는 현장이 증가하고 있고 메이저 건설사들의 특화된 기술까지 접목되어 상당한 효과를 거두고 있습니다. 물론 공사비가 상당히 올라가기는 하지만 층간소음을 저감시킨 아파트는 당연히 준공 이후 그 가치가 매매가에 반영되기에, 최근에는 일반 브랜드 단지에도 조합원들을 설득하여 이를 적용하는 예가 생기고 있습니다. 대표적인 차음재는 EPS코리아가 한화건설, 한화솔루션과 공동하여 개발한 'EK-바론60'으로 자동차 범퍼에 사용되는 소재인 EPP(발포 폴리프로필렌)를 소재로 한 제품이며, 비싸긴 하지만 현존하는 제품 중 가장 뛰어난 성능을 보이고 있다고 평가받고 있습니다.

특히 리모델링의 경우는 신축에 비해 슬래브 두께가 얇아서 층간소음 솔루션에 더욱 불리할 수밖에 없기에(즉 바닥을 두껍게 하려면 천장고가 낮아지게 됩니다), 이 부분에 있어 특화된 기술을 보유하고 있는 건설회사 및 차음재의 선택이 중요할 것으로 보입니다.

4) 오염 방지 및 오염 제거

밝은 계열의 자기질타일이나 대리석을 시공한 집에 사는 분들의 공통적인 하소연은, 먼지가 조금이라도 쌓이거나 머리카락 한 올이 떨어져 있어도 너무나 잘 보이고 유독 눈에 띈다는 것입니다. 사실 이것은 보호색 효과가 있는지 여부에 대한 것으로, 바닥재 소재의 특질과 관련하여 오염 물질이 얼마나 잘 침투하고 닦일 수 있는지 여부와는 무관하다고 할 수 있습니다.

대부분 바닥재 제품들의 오염과 관련한 퀄리티는 큰 편차가 있다고 보기는 어려우며, 이음매와 틈새 사이로 유색 액체가 스며들 경우 제거가 어렵다는 점을 고려한다면 제품 자체보다는 시공상의 완성도가 더 중요하다고 볼 수도 있을 것입니다.

한편 최근에는 반려동물을 키우는 세대가 늘어나면서 배설물 중 냄새의 원인 물질이 이음매와 틈새를 통해 내부로 침투하지 못하도록 하는 기술이 적용된 제품도 출시되고 있으나, 아무래도 가격대가 높기에 신축 아파트에 기본 시공되는 것에는 무리가 있을 것으로 보입니다.

〈한솔홈데코 : 한솔펫마루 '쏠티쥬메라'(좌) / 한솔펫마루 '쵸콜렛오크'(우)〉

바닥재와 관련하여 접착제를 친환경 제품으로 해야 하나요?

강화마루를 제외한 거의 모든 바닥재는 접착제(본드)를 사용하여 바닥에 부착시킵니다. 이 때 사용되는 본드에 라돈이나 포름알데히드와 같은 발암물질이 포함되어 있는 경우 새집증후군의 원인이 되는 것은 물론, 아이들뿐만 아니라 어른들의 건강에도 매우 안 좋은 영향을 미치게 됩니다. 따라서 이유를 막론하고 최근 이루어지는 재건축·재개발·리모델링 아파트 바닥재 시공에 화학성분의 본드가 사용된다는 것은 어울리지 않으며, 이는 공사비를 절감할 수 있다는 명분으로도 결코 합리화될 수 없다 할 것입니다.

강마루 기준으로 3.3㎡당 약 5kg 정도의 본드가 사용되는데, 이후 바닥 난방이 이루어지면 그 아래 부분에서 열이 가해진다는 점을 고려할 경우 이러한 본드는 한 번 바르면 끝이 아니라 지속적으로 마루 위쪽에 영향을 미치게 된다는 것을 쉽게 이해할 수 있습니다. 우리나라에서는 포름알데히드 방출량을 기준으로 SE0(0.3㎎/l 이하), E0(0.5㎎/l 이하)과 E1(1.5㎎/l 이하) 등급까지를 친환경자재라 부르는데(미국이나 유럽은 E0까지만), E1의 경우 방출량이 E0의 3~5배에 달할 수 있어 완전히 '안전하다'고 하기에는 무리가 있어 보입니다. 그런데 마루의 경우 코어가 되는 합판이나 보드를 제작을 할 때 접착제를 사용하기에 반드시 E0등급 이상의 제품인지를 확인하셔야 하며, 메이저 업체들의 경우 거의 대부분 E0 자재를 주력 상품으로 공급하고 있습니다.

〈건축자재 관련 인증마크〉

종류	환경표지	탄소성적표지	친환경건축자재	대한아토피협회추천
인증마크				
특징	• 친환경 제품을 생산한다는 인증 • 환경부, 한국환경산업기술원	• 생산과정에서 발생하는 온실가스 발생량을 이산화탄소 배출량으로 환산한 값을 기재 • 환경부, 한국환경산업기술원	• 친환경 자재를 사용한다는 인증 • 한국공기청정협회	• 아토피 환자도 안심하고 사용할 수 있다는 인증 • 대한아토피협회

한편 마루를 바닥에 붙이는 데 사용하는 접착제의 경우 예전에는 에폭시 본드를 많이 사용하였는데 유해 물질을 다량 함유하고 있어 '친환경 에폭시'로 대체되고 있습니다. 그러나 화학물질인 것은 변함이 없기에 최근 신축 아파트에서는 조금 비싸더라도 황토본드를 주로 사용하고 있으며, 더욱더 친환경을 지향할 경우 황토본드보다 더 고가인 독일 바커社의 T3000과 같은 인증제품을 사용하기도 합니다.

최근 걸레받이 트렌드는 어떠한가요?

걸레받이는 바닥과 만나는 벽의 하단부를 따라 보호대 겸 장식용으로 몰딩이나 테돌림을 한 것으로, 원래는 걸레가 벽에 부딪힐 때 벽지나 페인트를 보호하기 위한 목적의 마감재에 해당하며 일반적으로 마루와 함께 시공됩니다. 그런데 최근 사람들의 실내인테리어 지식과 수준이 제고되면서 천편일률적인 형태와 소재는 물론이고, 걸레받이의 필요성 자체에 대해서까지 의문이 제기되면서 색상과 디자인이 다변화되고 목재·석재·타일 등 다양한 재료가 사용되는 등 변화가 생기고 있습니다. 참고로 '굽도리(또는 노본)'는 몰딩 대신 바닥재와 벽지의 이음새를 막는 PVC스티커인데, 저렴하고 시공이 간편하다는 장점이 있지만 비주얼도 저렴하기 때문에 신축 아파트와는 어울리지 않는 마감재라 할 것입니다.

〈원목 걸레받이〉
사진제공 : 「보강우드」

최근에는 섬유판(MDF)에 랩핑을 한 '랩핑몰딩'이 가장 많이 사용되고 있는데 랩핑할 수 있는 패턴과 색상이 매우 다양하긴 하지만 취향이 극명하게 갈리는 영역 중 하나이기에, 신축 아파트의 경우 마루와 색을 맞추거나 흰색 계열로 기본 세팅을 하는 경우가 많습니다. 높이는 점점 작아지는 추세이며 현재는 걸레받이로서 기능을 발휘할 수 있는 최소한이라 할 수 있는 약 3㎝ 정도로 수렴하고 있습니다.

〈무걸레받이 방식의 시공사례〉
사진제공 : 「LX Z:IN」

한편 걸레받이가 얇아지고 작아질수록 집안이 더욱 넓어 보일 수 있기에 위 사진과 같이 걸레받이를 없애버리는 '무걸레받이' 방식이나, 걸레받이의 높이와 두께만큼 벽을 파서 그 속에 걸레받이를 넣어 버리는 '마이너스몰딩(또는 히든몰딩)'방식의 인기도 높아지고 있습니다. 다만 시공 난이도와 시공 비용의 문제, 무엇보다 이러한 새로운 방식에 대한 조합원들의 선호도 차이로 인해 아직까지 기본 시공이 이루어지는 경우가 많다고 보기는 어렵습니다.

4. 엘리베이터

르네상스호텔이 철거되고 그 자리에 신축된 조선팰리스호텔에 방문해 보셨다면 위 사진의 엘리베이터를 타보셨을 것입니다. 호화로움의 끝판왕이라 할 수 있는 최근 시공된 특급호텔 엘리베이터의 모습을 (아무리 신축이라 하더라도) 아파트에 곧바로 대입하는 것은 그다지 적절하지 않은 것일 수도 있으나, 엘리베이터가 선사하는 해당 건축물 전체에 대한 이미지 제고 효과를 말로 설명하는 것은 불여일견(不如一見)이기에 이렇게 서두부터 소개를 하게 되었습니다.

〈TKE : 조선팰리스강남 호텔〉

〈TKE : 래미안 A-type. 버튼들이 있는 부분을 'COP(운전반)'라고 하는데 특히 측면 COP 관련하여 TKE는 위 사진과 같은 '형태의 정제(整齊)'를 넘어(위 사진은 종이를 삽입하는 방식), 게시판 자체를 디지털화하는 전자 인포메이션보드 개발을 삼성물산과 공동으로 진행하고 있습니다.〉

신축 아파트에 실제 적용된 바 있는 고급스러운 엘리베이터의 모습이라고 한다면 위와 같은 예를 들 수 있는데, 호텔과 동일한 수준이라고 할 수는 없겠지만 그래도 일반적인 구축 아파트에서는 경험하기 힘든 고급스러움과 품격을 느끼기에 충분하다 할 것입니다. 필자는 커다란 기계이고, 안전상의 문제없이 상용(常用)되어야 하며, 첨단 기술의 적용까지 이루어진다는 점에서 이 엘리베이터가 한 기당 십수억 원에 이를 것이라 혼자서 착각을 해왔으나, 인터뷰 과정에서 25층 아파트 기준 한 기당 2억 원(권상기, 로프 등 부품 포함) 정도면 극상 퀄리티의 연출이 가능하다는 것을 알게 되었습니다.

즉, 다른 마감재에 비하여 그렇게 높지 않은 가격을 투하하게 되면서, 소유자뿐만 아니라 아파트를 방문하는 모든 이들에게 깊은 인상을 심어줄 수 있다는 점에서 엘리베이터는 고급화 구현에 있어 가성비가 매우 좋고 명분도 있는 마감재에 해당합니다.

한편 엘리베이터는 건물에 출입하여 세대로 이동할 때 꼭 들르게 되는 이동수단일 뿐만 아니라 건물 전체의 인상을 좌우하게 되는 공간이라는 측면에서, 무엇보다 디자인이 중요하다고 할 수 있습니다. 따라서 본 편에서는 전문적이고 복잡한 설명보다는 유명 아파트 단지와 호텔들에 기 적용된 디자인 소개에 특히 방점을 두고 있으며, 이를 통해 독자분들이 안목과 감각을 제고하시는 데 조금이나마 도움이 될 수 있기를 기대해 봅니다.

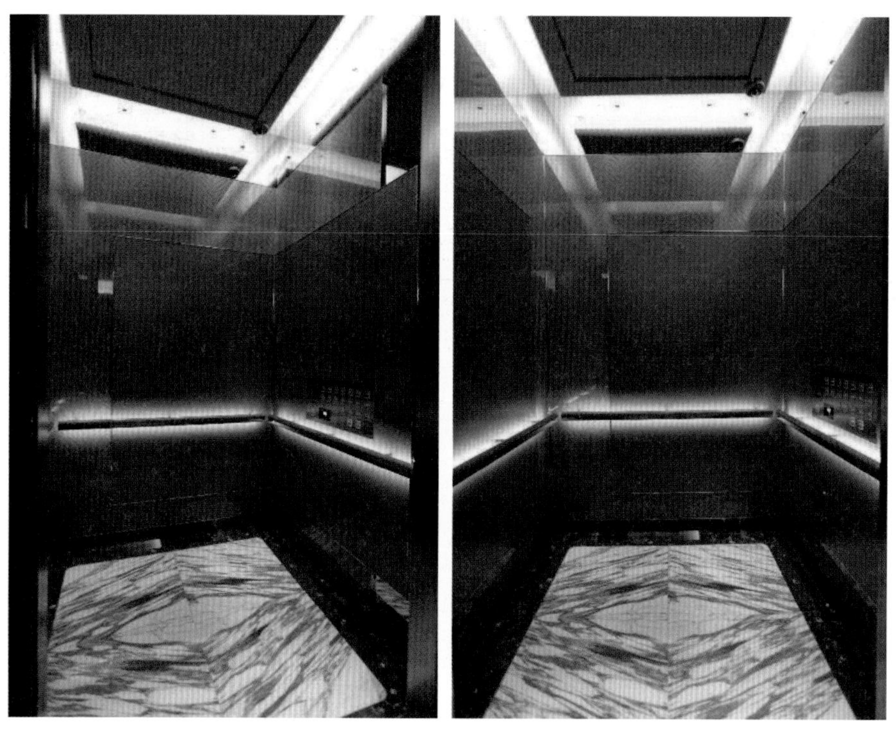

〈미쓰비시엘리베이터 : 시그니엘호텔 서울〉

〈미쓰비시엘리베이터 : 시그니엘호텔 부산〉

엘리베이터 속도는 어느 정도가 되어야 하나요?

일반적인 아파트의 경우 120~150m/m, 신축되는 아파트라면 35층짜리를 기준으로 최소 150m/m 정도의 속도는 나와야 이용에 불편이 없다고 할 것입니다. 건축물의 높이 또는 용도에 따라 요구되는 속도도 달라지는데, 앞서 소개되었던 조선팰리스호텔 강남(지상 37층)의 경우 240m/m, 해운대 LCT(랜드마크 타워 지상 101층, 레지던스 타워 지상 83층, 85층)의 경우 600m/m 속도로 엘리베이터가 가동되고 있습니다.

'엘리베이터가 빠를수록 좋을 테니 우리 아파트도 240m/m짜리를 설치하면 좋은 것 아닌가'라고 생각하실 수 있는데, 당연히 빠를수록 제품의 기계값이 비싸고 유지·관리비용도 많이 들게 되기에 다수의 인원들이 많은 이용을 하는 경우나 50층에 근접한 고층이 아니라면 아파트에서 '속도'는 상향을 위해 많은 비용을 투하할 사항은 아닙니다.

'아파트 엘리베이터 속도'와 관련하여 메이저업체들의 기술력은 비슷한 수준으로 수렴하였다고 해도 과언이 아닐 것입니다. 현대엘리베이터가 금속로프가 아닌 탄소섬유벨트를 적용하여 세계 최초로 1260m/m, 그러니까 산술적으로 1초에 21m를 움직일 수 있는 초고속 엘리베이터를 개발하기는 하였지만, 최대 49층(50층 이상 건축이 불가능한 것은 아니지만, 49층을 초과하거나 200m를 넘는 순간 초고층아파트로 분류되어 화재안전설비 설치와 같은 각종 제한이 더해지면서 사업성이 떨어지게 됩니다) 정도인 아파트에 적용하기에는 너무나 고차원적 기술에 해당합니다. 결국 신축 아파트에 필요한 150m/m 이상의 속도를 내면서 소음과 진동을 최소화할 수 있고 고장 또는 오작동을 발생시키지 않는 것이 큰 맥락에서 반드시 필요하다고 할 수 있는 엘리베이터의 주된 기능이라 할 것입니다.

엘리베이터 디자인은 어떻게 하는 것이 좋은가요?

디자인은 취향의 영역이라고 할 수 있으나, 많은 조합원들의 기호를 충족시키기 위해서는 고급화 트렌드에 부합하도록 하는 것이 가장 안전한 방법이라고 할 수 있을 것입니다. 그런데 비전문가가 비싼 자재와 현란한 디자인을 임의대로 적용·조합하는 경우 아파트의 품격에 걸맞는 좋은 결과물이 나올 가능성은 매우 희박하며, 바닥·벽면·조명·내장재 등의 전체적인 조화와 가격까지 종합적으로 고려한 콤비네이션이 요구된다고 볼 수 있습니다. 이러한 이유로 메이저 건설회사들은 자신들이 시공하는 아파트의 콘셉트와 부합하는 표준디자인(컨소시움인 경우 새로운 디자인이 제시되기도 합니다)을 마련해 놓고 있으며, TKE가 처음 선보인 이래로 대부분의 메이저 엘리베이터 업체들도 이러한 표준디자인과 연계되었거나 자신들만의 철학이 담긴 패키지 디자인을 제공하고 있습니다. 다만 이것은 어디까지나 기본 틀의 개념이고, 조합의 선택에 따라 변형을 하고 특화시키는 것은 당연히 가능하다고 이해하시면 좋을 것 같습니다.

그러나 가장 중요한 것은 건축 인테리어와 잘 어울릴 수 있는 디자인이며, 건물 전체와 통일성과 조화를 이룰 수 있도록 해야 합니다.

〈TKE : 보급형 디자인 T301(좌상), 래미안 B-type(우상), 프리미엄패키지 A-type(좌하), 최고급인테리어 A-type(우하)
오른쪽 위와 아래 사진의 각 정면 운송반(COP)은 숫자 조합을 통해 층수를 직접 입력하는 '텐키' 방식으로,
일반적인 COP보다 고가 제품에 해당합니다〉

〈미쓰비시엘리베이터 : 자이 표준디자인이 적용된 과천자이(상), 롯데캐슬 표준디자인이 적용된 롯데캐슬 베네루체(하)〉

우선 조명의 경우 직접조명보다는 간접조명, 밝은 조명보다는 호텔에 적용되는 낮은 조도의 은은한 조명, 흰 조명보다는 노란 조명이 선호되고 있기는 하지만 어느 한 쪽이 보다 멋진 분위기 연출의 필수 요건인 것은 아닙니다. 예컨대 다음 사진에서 보시는 것과 같이 래미안 첼리투스는 다운라이트 조명을 사용하였고, 나인원한남의 경

우 흰색계열 조명을 사용하였지만, 너무나도 멋진 분위기가 구현되고 있습니다.

한편 조명의 형태 자체는 심플하게 구성하는 것이 대세이며, 엘리베이터 내부에 설치되는 거울을 이용해 내부를 넓게 보이도록 하는 효과 외에도 조명이 연출하는 효과를 극대화시킬 수 있도록 하고 있습니다.

〈미쓰비시엘리베이터 : 나인원한남〉

〈미쓰비시엘리베이터 : 래미안 첼리투스〉

엘리베이터에는 문을 제외하고 총 5개의 면이 있는데, 이 면들 중 디자인적 측면에서 가장 많이 공을 들이는 부분은 탑승하면서 정면으로 보이는 면입니다. 이 부분은 좋은 자재를 사용하는 것은 물론 특수한 디자인을 적용하여 차별화를 시키거나, 반대로 One Material 적용으로 통일성 있는 느낌을 연출하는 경우도 있습니다.

〈미쓰비시엘리베이터 : 아크로 서울포레스트〉

〈TKE : 해운대 아이파크〉

벽면의 컬러는 밝은색보다는 무게감 있고 모던·심플한 브라운, 블랙 계통이 최근 급부상하고 있습니다. 이러한 컬러는 액상으로 착색시키는 것이 아니라 전기로 이온 증착하여 색을 입히고 있는데, 이러한 공정을 거치더라도 스크래치가 날 수 있다는 문제가 있습니다. 벽면을 글라스판넬로 하는 경우 스크래치 걱정을 가장 덜할 수 있기는 하지만, 자재 자체의 가격도 비싼 것은 물론 인테리어 시공 비용이 추가로 들게 됩니다.

〈미쓰비시엘리베이터 : 평촌 어바인퍼스트〉

바닥의 경우 고급화의 대명사라고 할 수 있는 천연대리석이 가지고 있는 특유의 마블링과 느낌은 아직까지 다른 소재로 완전히 대체하는 것이 불가능하다고 해도 과언이 아닙니다. 그런데 일단 천연대리석은 매우 비싸며, 충격에 강한 편이 아니라 예컨대 이삿짐이나 택배를 운송하는 과정 또는 아이들이 킥보드와 같은 용품을 사용하는 과정에서 긁히거나 깨지는 일이 발생하기 쉽고 이 경우 많은 수리비를 발생시킬 수 있습니다. 따라서 신축되는 아파트에서는 비슷한 느낌을 주는 인조대리석을 사용하거나, 내구성이 뛰어난 화강석을 이용하는 경우가 많습니다.

호텔 엘리베이터 디자인에는 아파트와 달리 특별한 무엇인가가 있는 것인가요?

호텔, 그중에서도 특급호텔의 엘리베이터는 호텔의 품격을 나타내는 지표 중 하나라고 할 수 있습니다. 그래서 거의 대부분 천연대리석이나 천연 석재를 바닥재로 사용하고 있는데, 나인원한남과 극소수 고급 아파트를 제외하고는 이러한 선택을 하는 경우는 거의 찾아보기 어렵습니다. 나아가 엘리베이터 디자인과 내장재, 조명, COP 역시도 최고급을 사용하며, 에어컨과 공기청정기 또한 좋은 브랜드의 제품으로 설치되어 있습니다. 기실 엘리베이터 디자인의 고급화라는 것은 얼마나 고급화된 자재들로 구성되어 있는지에 따라 결정되는 부분이 크다고 볼 수 있으며, 결국 설치와 관리에 책정된 예산의 문제로 귀결된다 할 것입니다.

그런데 최근에는 '최대한 호텔 느낌이 나도록' 연출해 줄 것을 요구하는 조합이 많아지면서, 메이저업체들은 비슷한 느낌을 줄 수 있는 대체 소재를 활용하고 각 요소의 새로운 조합을 통해 그 간극을 좁힐 수 있는 연구를 거듭하였고 그 노력은 어느 정도 결실을 맺을 수 있게 되었습니다.

건설회사가 보유하고 있는 표준디자인이나 엘리베이터 업체의 패키지 디자인에도 불구하고, 조합은 엘리베이터 인테리어를 선택하는 것뿐만 아니라 창조할 권한도 있으므로, 충분한 능력과 식견을 보유한 경우에는 독창적인 설계와 자재의 조합을 제언(提言)하여 보다 개성 있고 멋진 결과물을 도출할 수도 있을 것입니다.

〈미쓰비시엘리베이터 : JW메리어트 서울〉

〈TKE : 페어몬트 호텔〉

〈미쓰비시엘리베이터 : 소피텔 앰배서더 서울〉

〈TKE : 동부산 힐튼호텔〉

〈미쓰비시엘리베이터 : 호텔신라 서울〉

〈TKE : 제주 그랜드하얏트 호텔〉

〈미쓰비시엘리베이터 : 쉐라톤 그랜드 워커힐〉

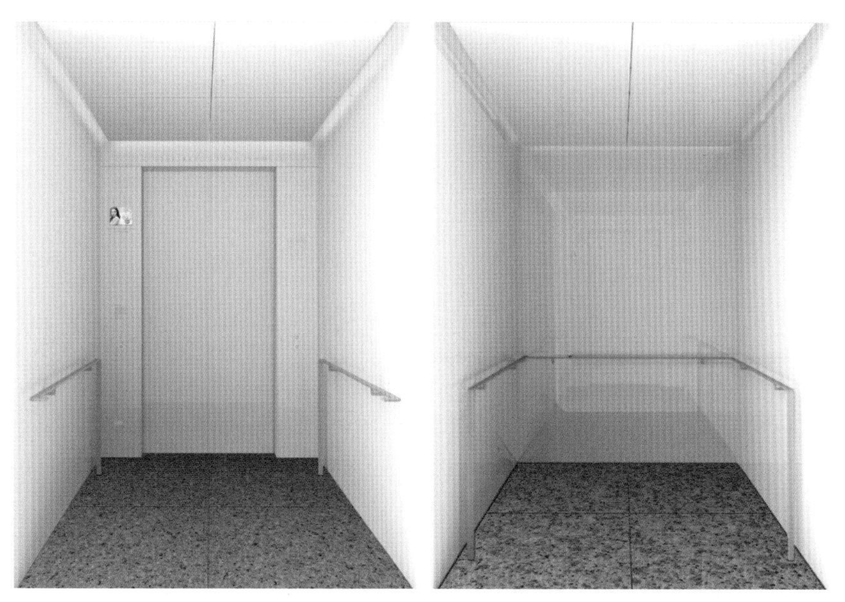

〈TKE : 아모레퍼시픽 신사옥〉

〈미쓰미시엘리베이터 : 래미안 원베일리〉

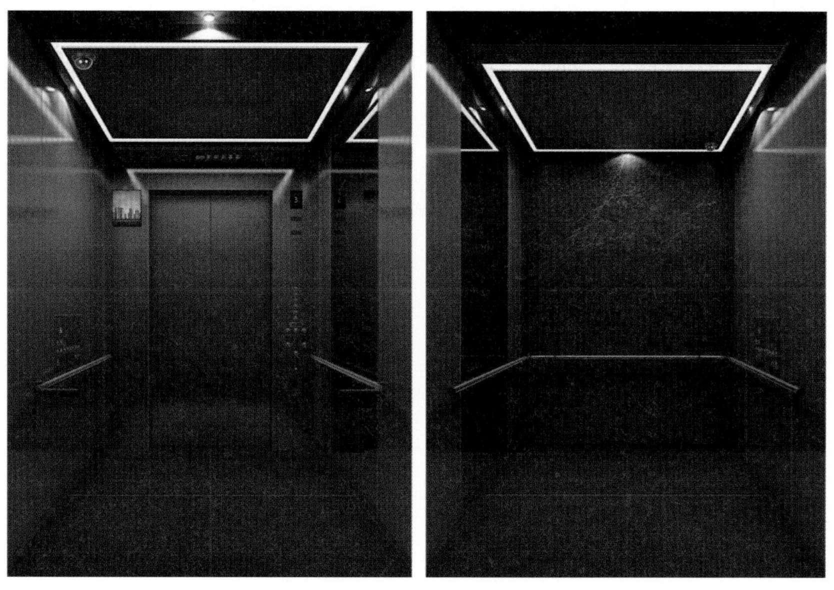

〈미쓰미시엘리베이터 : 개포 프레지던스 자이〉

〈미쓰미시엘리베이터 : 포시즌스호텔 서울〉

〈미쓰미시엘리베이터 : 반포 아크로리버파크〉

〈미쓰미시엘리베이터 : 한남더힐〉

〈미쓰미시엘리베이터 : 르엘대치〉

〈미쓰미시엘리베이터 : 과천주공2단지 위버필드〉

〈미쓰미시엘리베이터 : 반포래미안 퍼스티지〉

〈미쓰미시엘리베이터 : 아르테온〉

〈미쓰미시엘리베이터 : 웨스틴 조선호텔〉

 # 구축 아파트들을 보면 엘리베이터가 고장 나서 계단으로 걸어다니는 경우가 자주 있는데, 신축도 마찬가지인가요?

사용량이 몰리는 시간대가 있기는 하지만 엘리베이터는 24시간 풀가동되고 경우에 따라 1톤이 넘는 하중을 견디기도 하는, 많이 시달릴 운명을 타고난 기계입니다. 한편 신축 아파트의 엘리베이터는 예전보다 많은 첨단 장치가 적용되면서, 역설적으로 오작동 또는 고장의 빈도를 엘리베이터 그 자체가 진화된 만큼 낮춰지지 못하게 방해하는 요소로 작용하고 있습니다. 민감한 디지털 장치를 불특정 다수가 빈번하게 사용하게 되면 고장은 피할 수 없는 숙명이 된다는 것을 이미 많은 분들이 인지하고 계실 것입니다. 결국 아무리 신축이고 많은 공사비가 투하된 아파트라도 '고장이 절대 안 나는 엘리베이터'라는 것은 지구상에 존재하지 않는다고 보아도 무방할 것입니다.

〈미쓰비시엘리베이터 : 1969년부터 2012년까지 웨스틴조선호텔에서 43년간 사용된 권상기. 엘리베이터 권상기의 평균 수명은 17년입니다〉

따라서 AS를 위해 적시에 출동할 수 있는 인력을 충분히 보유하고 있고, 부품을 적시에 조달할 수 있는 시스템을 갖추고 있는 메이저업체의 제품을 선택하는 것은 필수적인 사항에 해당합니다. 기술력의 발전과 AS 자원의 확충으로 메이저업체들의 고장률과 AS 서비스에 대한 만족도는 비슷한 수준으로 수렴하게 되었으나, 잔고장이 안 나는 것으로 정평이 나 있는 일본차와 같이 미쓰비시엘리베이터의 고장률은 특히 낮은 것으로 유명합니다. 그 비결로는 예컨대 커넥터에 니켈도금 대신 금도금을 하여 부식 및 오동작을 방지하고, PCB 기판보호막을 사용하여 습기, 먼지, 열화를 최소화하는 등 비용 절감을 위해 품질과 타협할 생각 자체를 하지 않는다는 점이 널리 알려져 있습니다.

한편 충분히 사용되어 수명을 다한 제품들은 주기적으로 교체를 해 주어야 하는데, 이러한 노후화는 고장의 영역에 해당되지 않습니다. TKE의 경우 MAX라는 유지관리 소프트웨어가 부품 교체 시기를 알려 주는데, 프로그램 알람에 따라 적시에 부품이 교체될 수 있다면 고장 발생에 따른 수리와 테스트 운행으로 인한 불편을 줄일 수 있을 것이라 생각됩니다.

엘리베이터에 투하되는 비용을 낮출 수 있는 방법이 있을까요?

앞서 언급한 바와 같이 (예컨대 천연대리석을 인조대리석으로 대체하는 것과 같이) 스펙을 하향시키면서 가격을 낮추는 방법이 가장 확연한 차이를 가능하게 한다고 할 것입니다. 또한 공기청정기, 인포메이션보드, 미세먼지 저감장치, 에어컨과 같은 옵션적 성격이 강한 요소를 배제하는 것도 방법이 될 수 있는데, 다만 에어컨의 경우 가동 시 관리비로 부담하게 되는 전기세가 꽤 많이 나옴에도 불구하고, 예전에 비해 설치비용이 많이 저렴해지고 시공에서 빠지는 경우 조합원들이 심하게 반발하는 예가 점점 늘어나면서 어느덧 필수요소의 영역으로 진입이 이루어지고 있습니다.

또한 1층에서 보는 엘리베이터 도어(밖에서 보이는 부분)와 층수가 표시되는 디지털 패널 등은 통상적으로 2층 이상에 설치되는 것들보다 많은 비용을 들여 제작·설치하게 되는데, 만일 전 층을 동일하게 고급화하는 경우라면 비용은 훨씬 상승할 수밖에 없습니다.

이외에도 엘리베이터 인테리어 시공을 담당하는 업체가 직접 독점 수입을 하거나 다른 독점 업체가 수입하는 외국산 인테리어 자재를 포함시키는 경우가 있는데, 이러한 자재가 국산 제품으로 대체 가능한 경우라면 향후 AS까지 고려했을 때 국내 제품을 스펙인 하는 것이 비용 절감이나 효율성 측면에서 바람직하다고 할 수 있습니다. 지금까지는 조합에서 엘리베이터 인테리어 자재의 조달 부분까지 신경 쓰는 경우는 거의 없었다 해도 과언이 아닐 것입니다.

모든 마감재에 공통적으로 적용되는 대명제는 '싸고 좋은 것은 없다'이며, 지불한 가격에 상응하는 가치가 충분히 발현된다면 그것으로 충분하다고 할 수 있습니다. 다만 지불한 가격이 합리적인지 여부에 대하여 충분한 정보 제공이 이루어지지 못한 경우라면 이러한 대명제는 성립하기 어렵기에, 조합에서는 마감재 선택 단계에서 이러한 정보 수집을 위하여 많은 노력을 기울일 필요가 있습니다[가장 대표적인 것으로 CM(Construction Management) 계약을 통한 조력을 예로 들 수 있습니다].

엘리베이터에서 다른 단지와 차별화가 가능한 부분이 있을까요?

최근 몇 년간 강남지역 대단지 구축(舊築)아파트들은 재건축을 통해 최고급 아파트로 탈바꿈하고 있고, 2023년 기준 한강변에 늘어선 신반포, 압구정 대장주들은 신속통합기획의 수혜를 받으며 한강변 49층(첫 주동은 20층 이하) 아파트가 과연 어떤 모습으로 탄생할지 많은 사람들의 기대감을 증폭시키며 그 위용을 공개할 준비 작업을 시작하고 있습니다. 그다음으로는 은마, 반포미도와 같은 많은 후발주자들이 태동을 시작하고 있습니다(사실 은마 아파트에게 후발주자나 태동(胎動)과 같은 표현이 적절한 것인지는 모르겠습니다).

이 단지들 조합장님들의 숨겨진, 어떤 경우에는 당당한 고민 중 하나는 신축 이후에 자신의 아파트 가치가 다른 신축 아파트들과 비교했을 때 어떤 위치를 점하느냐입니다. 이러한 이유로 보통은 시공자가 제시한 선택지를 지칭하는 '특화설계'가 현상공모를 통한 외국 탑티어 건축사무소의 외관 디자인 적용으로 그 의미가 전화(轉化)되기도 하고, 신축 기준 2천 세대 이상 단지의 경우 단지 내 젊은 부부들이 안심하고 아이를 맡길 수 있는 어린이집 또는 영어유치원을 유치(誘致)하여 입주민들에게 우선권을 부여하는 방식이 고안되는 등 듣기만 해도 가슴을 설레게 하는 아이디어가 창출되고 있습니다.

엘리베이터의 경우 외부로 공개되는 마감재가 아니기에 현재로서는 멋진 디자인이나 고급 자재들을 제외한다면 텐키, 인포메이션보드 또는 접촉 없이도 버튼을 누를 수 있는 터치리스제품의 적용 정도가 특화 선택지에 해당된다고 볼 수 있습니다. 미쓰비시엘리베이터의 경우 한국 최초로 롯데월드타워에 더블데크(Double-deck) 엘리베이터를 시공했는데, 이는 엘리베이터 1대에 2개의 카를 배치하여 동시에 운행할 수 있도록 하여 2배의 수송능력을 발휘할 수 있도록 한 것으로 사실 유동인구가 그렇게 많지 않은 아파트에는 전혀 필요 없는 기술이라 할 것입니다. 한편 TKE가 발명하고 특허까지 보유하고 있는 트윈(Twin) 엘리베이터는 하나의 승강로에서 두 대의 엘리베이터가 상호 독립적으로 운행할 수 있도록 한 것으로 수송능력뿐만 아니라 공간효율을 극대화할 수 있는 신기술에 해당하지만 자신의 집과 1층 또는 지하주차장만을 이동하는 데 사용되는 아파트 엘리베이터에 적용될 여지가 없는 점은 매한가지라 할 것입니다.

〈TIME지 선정 2017년 최고의 발명품인 TKE의 'MULTI' 엘리베이터〉

그런데 TKE의 멀티(Multi) 엘리베이터는 다르다고 생각됩니다. 멀티는 로프 없이 자기부상 방식으로 운행되는 엘리베이터로 수직왕복뿐만 아니라 수평으로도 운행할 수 있는 최첨단 기술의 집약체이며, 2017년 6월 독일에서 시제품 운행이 성공한 이후 아직 상용화된 바는 없습니다. 만약 한강변 수백 미터에 걸쳐 늘어서 있고 신속통합기획에 따라 한강둔치와의 연계성이 극대화되는 대단지 아파트에, 수백 미터 떨어져 있는 커뮤니티 시설이나 주차장으로의 편안한 이동은 물론이고 그 과정에서 스카이브릿지를 관통하면서 한강뷰를 감상할 수 있는 미음(ㅁ) 자, 또는 밭 전(田) 자로 움직이는 엘리베이터가 설치된다면 어떨까요. 많은 비용이 투하될 것이고 유지비용 또한 어마어마하겠지만, 만약 현실화되기만 한다면 한국을 넘어 세계 최고의 랜드마크 아파트가 되는 것은 너무도 확실할 것이기에 간혹 이러한 공상(空想)에 빠져 보곤 합니다.

5. 주방가구

재건축·재개발·리모델링되는 아파트 마감재 선택이 이루어질 때 가격이 상승함에 따른 저항감이 가장 적은 마감재가 주방가구입니다. 즉, 보급형 제품과 외국산 하이엔드 제품의 가격은 10배 이상 차이가 나는데, 보통 이 정도면 싼 것으로 하자고 하거나 중간 타협 지점을 찾는 것이 일반적이겠지만 주방가구의 경우 하이엔드 제품이 선택되는 경우가 생각보다 많습니다.

그 가장 큰 이유는 가정주부의 자존심 또는 품격에 있습니다. 필자도 요리를 즐겨 주말마다 주방을 독차지하고 있기 때문에 격하게 공감이 가는 부분이기도 한데, 요리를 하는 공간이 멋지면 요리를 하는 사람 입장에서 신이 나고 그 과정이 더욱 즐겁습니다. 약간은 결이 다른 이야기지만, 필자의 주방 벽에는 한 장에 7만 원짜리 스페인산 타일 120장이 붙어 있는데 신혼 초기에는 도대체 무엇에 쓰는 물건인지 이해를 할 수가 없었습니다. 그러나 현재는 요리할 때마다 마치 스페인 에어비앤비에 와 있는 듯한 느낌을 받고 있으며 엄청나게 만족을 하고 있습니다.

〈Dada社의 'VVD'〉
사진제공 : 「넥서스(NEXUS)」

요컨대 주방이라는 공간은 일상적으로 이용되지만, 그곳에서 작업하는 사람 입장에서는 특별한 의미를 부여할 수밖에 없는 공간이기도 하기에 그 감성과 분위기를 더욱 배가시킬 수 있는 고급 제품이 너그러이 수용될 여지가 크다고 할 수 있습니다. 나아가 외국산 하이엔드 제품이 (옵션이 아니라) 기본 시공되는 경우 이로 인한 신축 아파트의 명성이나 가치 상승 효과는 거의 예외 없이 향수할 수 있다 할 것입니다.

현재 국내의 신축 아파트 주방가구는 천편일률적인 형태와 디자인에서 탈피하여 진화와 발전이 이루어져야 할 때라고 생각합니다. 그러기 위해서는 수요자들의 심미안(審美眼)과 기준이 상향되는 것이 필수적인 첫 단계일 것이기에, 외국산 하이엔드 제품과 국내 최고 수준의 제품을 소개하며 이를 도모하고자 합니다.

외국 주방가구가 국산보다 더 좋다고 할 수 있나요?

주방가구로 유명한 이탈리아, 독일의 유명 회사 중에서도 하이엔드 제품들은 시각적인 측면의 디자인이나 색상뿐만 아니라 기능성 및 편의성과 관련된 하드웨어에 있어서도 아직은 앞서 있다고 보는 것이 맞을 것입니다.

〈Dada社의 'VELA'〉
사진제공 : 「넥서스(NEXUS)」

그런데 우리나라 업체도 이러한 프리미엄 제품에 대한 수요를 인지하고 고급화 제품을 출시하고 있으며, 끊임없는 기술개발과 디자인 혁신을 통해 외국산 제품과의 간극을 좁혀 가고 있습니다.

A/S와 관련하여서는, 비축물량이 있는 경우라면 국산과 외산이 동일하지만 없는 경우라면 외산의 경우 부품 공수에 4~6주 정도가 걸리는데, 만약 외산 부품을 사용한 국산 제품의 경우라면 (비축물량이 없는 경우) 비슷한 시일이 소요된다 할 것입니다. 그런데 만약 외산 제품을 수입하는 회사가 망하게 되면 A/S는 매우 힘들어지며, 특히 초고가의 제품이라면 더욱 그러하다고 볼 수 있습니다. 따라서 A/S를 고려하시는 경우라면 외산 고가 제품을 구매하실 때 수입·공급하는 국내 회사의 안정성을 반드시 확인하셔야 합니다.

〈LX Z:IN 프리미엄 브랜드 제니스9의 '마이 갤러리'〉

싱크대 상판 재료는 뭐가 좋은가요?

'싱크대 상판'은 쿡탑(또는 가스레인지)과 싱크볼을 제외한 부분을 의미하는데 특히 'ㄱ' 자나 'ㄷ' 자 주방 또는 아일랜드 조리대와 같이 상판 부분인 넓은 형태의 경우 소재가 가지는 중요성이 크다고 할 수 있습니다. 상판은 미학적인 측면에서뿐만 아니라 기능적인 측면에서도 다른 특징을 가지기에 취향에 따른 선택이 이루어지게 됩니다.

1) 천연대리석

우선 천연대리석은 다른 소재로 완전히 똑같이 구현하기 어려운 자연스러운 무늬와 아름다운 컬러가 특징이지만, 눈에 보이지 않은 작은 공기구멍이 있어 오염에 취약하고 특히 포도주나 식초와 같은 산성액체를 흘렸을 때 변색이 될 수 있는 등 유지 관리가 어렵다는 단점이 있습니다. 다른 마감재에서와 마찬가지로 천연대리석은 최고급 소재로서 비싼 가격을 자랑하기에 아파트보다는 고급빌라에서 많이 사용되고 있습니다.

2) 인조대리석

천연대리석 가루와 수지를 결합하여 내구성과 내오염성을 높인 소재이며, 열가공으로 원하는 형태로 만들기 쉽기에 다양한 디자인의 구현이 가능하다는 특징이 있습니다. 다만 고온에 장시간 노출될 경우 변색될 수 있고, 오염물에 지속적으로 노출되면 얼룩이 생길 수 있습니다.

〈LX Z:IN 인조대리석 상판이 적용된 '쿡 플레이'〉

3) 우드

바닥재와 마찬가지로 원목의 질감을 느낄 수 있다는 장점이 있긴 하지만 습기나 열에 약하여 관리가 어렵습니다. 이러한 단점을 보완할 수 있도록 여러 장의 판재를 접착제를 사용하여 압착시킨 집성재를 사용하는 경우가 있으나 유지 관리의 어려움으로부터 해방될 수 있는 것은 물론 아니기에, 신축 아파트에 기본 시공되는 경우는 거의 없다고 보아도 무방할 것입니다.

4) 스테인리스 스틸

식당 주방에는 보통 스테인리스 스틸로 되어 있는 조리대가 설치되어 있으며, 이는 스크래치가 잘 나기는 하지만 관리가 쉽고 물에 강하다는 장점이 있기 때문입니다. 미끄럼틀의 은색 하강 레일을 손으로 눌렀을 때 꿀렁꿀렁 눌리는 느낌을 알고 계실 것 같은데 이 정도의 퀄리티였던 예전에는 당연히 저렴한 소재의 상판으로 분류되었습니다. 그러나 최근 심플하고 모던한 느낌이 각광받으면서 금속 소재에 대한 수요가 늘게 되었고, 이에 발맞추어 좀 더 두껍게 하고 강도를 높이면서 색상도 세련되게 연출하여 고급 소재의 영역으로 진입하게 되었습니다.

더 나아가 금속의 아름다움과 기능성을 극대화시킬 수 있는 티타늄알루미늄, 백랍(perter)과 같은 소재를 사용하는 경우가 있는데, 아직까지 외국 업체들만이 제작·공급하고 있고 이 경우 가격대는 최고 수준까지 치솟게 됩니다.

〈Dada社 'HI-LINE'의 티타늄알루미늄 상판〉
사진제공 : 「넥서스(NEXUS)」

〈Dada社 'VELA'의 스테인리스 스틸 상판〉
사진제공 : 「넥서스(NEXUS)」

5) 콘크리트

최근 정제되지 않은 투박한 느낌의 소재 또는 디자인이 주목받고 있는데, 아마 천장에 배관이 노출되어 있고 콘크리트 마감이 그대로 드러난 공장형 카페를 가 보신 분이라면 쉽게 이해하실 수 있을 것입니다. 싱크대 상판에도 UHPC 고강도 콘크리트 소재를 적용하여 이러한 분위기를 연출하는 경우가 있는데 가격대도 높고 호불호가 갈려 아파트에 기본 시공된 사례는 찾아보기 어렵습니다.

6) 엔지니어드 스톤

매우 단단한 천연석영(Quartz)을 90% 이상 베이스로 하여 수지와 같은 기타 재료와 함께 압축 성형한 소재로, 인조대리석보다 천연대리석의 느낌을 자연스럽게 구현하고 있습니다. 천연대리석과 같은 공기구멍이 없기에 오염에 강하면서 내구성과 내열성까지 강해 천연대리석의 대체재로 전혀 손색이 없다고 볼 수 있지만, 이러한 우수성에 걸맞게 가격대는 높은 편입니다.

〈LX Z:IN 엔지니어드 스톤이 적용된 '셰프 다이닝(상)' / '마이 갤러리(하)'〉

7) 박판세라믹

도자기, 유리, 석영 등에서 추출된 천연광물(100%)을 배합하고 고온, 고압으로 만든 소재로서, 표면이 매우 강하여 부엌칼로 내려치면 흠집 없이 칼만 부러뜨릴 정도입니다. 내수성도 좋고 오염에도 강한 것뿐만 아니라 무엇보다 금속이나 스톤, 심지어 원목까지 다양한 질감과 색상을 연출할 수 있다는 측면 때문에 최근에는 엔지니어드 스톤보다 선호되고 있는 추세입니다.

 # 조합에서 제가 선택한 평형에는 아일랜드 키친이 설치되지 않는다고 하는데 방법이 없을까요?

아파트 조경설계의 기본 개념은 세대 내 주방에도 일부 적용되고, 그 요체(要諦) 중 하나는 바로 '동선'입니다. 요리뿐만 아니라 주방을 이용하는 모든 행위는 반복적 이동을 수반하게 되고, 그 동선에 장애물이 존재하는 경우 경로 연장에 따른 시간의 지체가 이루어질 뿐 아니라 '불편함'을 느끼게 됩니다. 이러한 불편한 인테리어나 설계는 일시적 감흥과는 어울릴지언정 일상을 영위하는 주거 생활공간에는 부합되지 않는다 할 것입니다.

'ㄱ' 자 아일랜드 키친이 신축 아파트의 기본 제공 품목이 되는 것은 공급면적 84㎡(34평)부터 가능한데, 이는 어디까지나 기본 시공을 전제로 한 것으로 20평대에서도 개별 시공하는 것은 가능하다 할 것입니다. 다음 사진에서 음식 접시가 놓여 있는 아일랜드 부분은 조리대로 사용할 수 있고 식탁으로도 활용이 가능한데 상당한 편익(便益)에 비해 동선을 방해하는 정도는 미미하여 오히려 20평대 아파트에서 더 많이 (개별) 시공되고 있습니다.

〈LX Z:IN '휘게 가든'의 ㄱ 자 아일랜드 키친〉

다만 'ㄷ' 자의 경우 20평대 아파트는 무리이고, 특히 독립형 아일랜드 키친은 50평대 이상에 적합하다 할 것입니다. 물론 크기를 줄이고 공간 설계를 효율적으로 잘하여 평수와 상관없이 시공을 하는 경우도 있지만, 일반적으로 평수에 맞지 않는 아일랜드 키친의 설치는 동선을 저해하고 과도하게 공간을 할애하여 시간이 지날수록 오히려 불편해지고 뭔가 어울리지 않는다는 느낌을 받기 쉽습니다.

〈Dada社의 'VVD' 아일랜드 키친(좌) / LX Z:IN '오브제 살롱' 아일랜드 키친(우)〉
사진제공(좌) : 「넥서스(NEXUS)」

 # 주방가구를 선택할 때 디자인 외에 또 고려해야 하는 사항에는 무엇이 있을까요?

1) 상부장 및 하부장

싱크대 상판 못지않게 상부장, 하부장의 디자인, 색상 등도 중요하다고 생각하실 것입니다. 그런데 상부장, 하부장 또한 소재를 먼저 고려해야 하는데, 소재에 따라 색상 및 디자인을 원재료의 모습 그대로를 보여 줄 수 있는지, 코팅을 해야 하는지, 필름을 붙일 수 있는지, 칠해야 하는지가 정해지게 되는 것입니다. 이것은 재건축·재개발·리모델링되는 아파트의 경우 마감재 비용은 분담금과 직결되기 때문에 가격대의 큰 단위 수를 좌우하는 요소를 먼저 결정해야 하는 것과도 관련이 있다 할 것입니다.

한편 레이아웃(설계 또는 배치)도 동일하다고 보시면 될 것 같습니다. 상부장, 하부장의 경우 국내 유수의 상위 업체들에게 맡길 경우 레이아웃은 거의 비슷하게 나오는데, 이는 동선의 최적화와 이용의 편의성에 대한 고민이 반영된 러프한 모범답안이 이미 존재하기 때문입니다. 여기에 많은 조합원들의 기호를 동시에 충족시키기 위해서는 호불호가 갈릴 수 있는 선택지는 배제할 수밖에 없으며, 비용을 증가시키는 새로운 시도는 아무래도 조심스러울 수밖에 없다는 점을 더한다면, 신축 아파트의 상부장, 하부장은 레이아웃에 따른 차이는 크지 않고 대신 소재에 따른 차별화가 이루어지게 된다는 결론에 이르게 됩니다.

〈LX Z:IN '오브제 살롱' 가구 도어에 적용된 페닉스 소재〉

최근 상부장, 하부장 내부에 조명을 설치하는 것이 유행하고 있는데, 큰 비용이 추가되지 않음에도 고급스러운 분위기를 연출할 수 있다는 장점이 있습니다. 이는 방에 설치된 붙박이장 또는 신발장도 마찬가지인데, 사실 조합원들을 상대로 설문조사를 할 때 이런 디테일한 부분까지 물어보는 것은 현실적으로 어렵기 때문에 조합 임원분들이 이러한 점을 미리 파악하시고 시공자와 논의할 때 반영하시는 것이 바람직합니다.

〈Dada社 'PRIME'의 상부장과 하부장〉
사진제공 : 「넥서스(NEXUS)」

2) 하드웨어

최근 주방가구에는 위와 같이 버튼 하나로 들어갔다 나왔다 하는 후드, 사용하지 않을 때는 싱크대와 상판 부분을 가리는 도어와 같이 새로운 하드웨어의 적용이 이루어지고 있습니다. 그런데 이러한 것들은 고가에 해당하여 선택 옵션으로 들어가는 경우는 있어도 통상적으로 기본 시공이 이루어지는 사항이라고 보기는 어려울 것입니다.

〈LX Z:IN '소셜 라운지'에 적용된 다운 드래프트 후드(상) / '셰프 다이닝'에 적용된 시크릿 히든 키친(하)〉

〈Dada社 'VELA'의 스윙 악세사리〉
사진제공 : 「넥서스(NEXUS)」

〈LX Z:IN '오브제 살롱'에 적용된 이지 포켓 드로어 / '홈 비스트로'에 적용된 리프트업 하드웨어〉

반면 위와 같은 하부장 속 수납 선반이나 서랍, 들어올리는 방식의 상부장은 거의 대부분의 주방가구에 적용되는 것들이며, 디자인의 아름다움과 사용의 편의성이 중요하다는 것은 원칙적으로 동일하다고 할 것입니다. 다만 이러한 부분은 기능적인 측면이 특히 강조되는 영역으로서, 고장이 나거나 문제가 발생하는 경우 많은 불편과 짜증을 동시에 유발하게 되기에 특별히 과격한 사용이나 과도한 충격이 없는 경우라면 장기간 정상적인 사용이 가능한 제품 컨디션이 요구됩니다. 아무래도 많이 저렴한 제품일수록 이러한 고장의 상황에 처할 가능성이 높다고 할 것이고, 그보다 더 중요한 것은 시공 전문가들이 초기부터 투입되어 작업을 해야 이러한 문제를 방지할 가능성이 현격이 높아진다는 것입니다.

3) 새로운 디자인

새로운 디자인이 적용된 신제품을 기본 시공 품목으로 설정하는 것은 신중할 필요가 있는 것이, 파격의 정도가 크지 않으면서 모던하고 세련된 느낌을 주는 경우라면 아파트의 가치를 상승시킬 수 있겠지만, 실제로 존재하는 반대 사례로서 많은 비용을 들여 도입한 야심작이 '놀림감'이 되는 경우도 있습니다. 그런데 연접해 있는 복수의 재개발구역 또는 비슷한 시기에 재건축·리모델링이 추진되는 아파트 단지들 중 단순히 '다시 짓는 것'만이 아니라 명품 단지를 조성하고자 하는 목표가 설정되어 있는 조합이라면 비슷한 시기에 준공될 옆 단지보다 낫거나 보다 특별하게 만들어 줄 무엇인가를 궁구(窮究)할 수밖에 없고, 주방가구는 마감재 중에서도 이러한 고민에 빠지지 않고 등장하는 대상이라 할 것입니다.

이 고민에 대한 정답에 가까운 해법은 바로 조합원 설문조사입니다. 이는 단순히 조합원 다수의 선택에 따라 진행을 할 수 있다는 의미뿐 아니라 해당 아파트 단지에 거주하고 있는 세대의 기호와 성향(특히 고급화에 대한 열망의 정도)을 파악할 수 있다는 점에서도 의미가 있으므로 조합에서는 적극 활용하시면 좋을 것 같습니다.

 # 마감재에 대한 설문조사 결과가 나왔는데, 조합 임원들이 알아서 그 결과대로 진행하면 되는 것인가요?

다른 마감재도 마찬가지지만, 위에서 언급된 바와 같이 '주방가구'라는 카테고리 안에는 선택이 필요한 많은 요소들이 있습니다. 이러한 요소들 전부에 대하여 선택에 따른 분담금의 변동까지 반영한 설문조사를 진행하는 것은 불가능에 가깝기 때문에, 설문조사를 통해 얻을 수 있는 정보는 당연히 한계가 있을 수밖에 없습니다. 따라서 일정 부분 조합 임원들이나 대의원들이 결정을 해야 하는 부분은 존재하고, 이 과정에서는 반드시 전문가와 함께 어느 부분에 힘을 주고 뺄 것인지, 현재 트렌드를 좇는 것이 바람직한 것인지, 무엇을 기본 제공하고 무엇을 옵션으로 뺄지에 대하여 많이 이야기를 나누고 도움을 받아야 합니다.

이제까지 설명한 주방가구 외에 또 다른 가구들을 예로 들어보자면, ① 신발장의 경우 200백만 원 정도면 국산 제품으로 더할 나위 없이 멋지게 만들 수 있기에 훨씬 비싼 외국 제품을 쓸 이유가 없다는 것, ② 흔히 'TV장'이라고 불리는 거실장은 유행이 지났고 특히 외국 제품에 대한 선호 비율이 떨어진다는 것, ③ 드레스룸은 설계와 납품이 같이 이루어질 수 있기에 요구사항을 구체적으로 알려 주는 경우 원하는 분위기를 구현할 수 있으며, 84㎡ 기준 300~400만 원 정도의 생각보다 적은 금액으로 대다수의 조합원들이 대만족 할 수 있는 결과물의 도출이 가능하다는 것 등이 있습니다.

6. 조경설계

조경설계라는 개념이 우리에게 낯선 이유는 실제로 아파트 신축 단계에서 조합원이 조경설계에 간예(干預)할 수 있는 여지가 매우 적으며, 분양을 받거나 아파트를 매수하는 경우라면 더욱 그러하기 때문입니다. 하지만 최근에는 양상이 달라지고 있는데, 예컨대 조합 총회에서는 '옆 단지에서는 3억짜리 나무를 심었다', '옥상정원 꼭 해야 하는 것인가' 와 같은 유형의 질문이 심심치 않게 나오고 있고, 이러한 질문들 모두 조경설계와 관련된 내용이라 할 수 있습니다.

아파트 단지에서 조경설계의 의미를 쉽게 풀어보자면, 아파트 주변을 미학적으로 아름답게 하면서 동시에 어떻게 활동하고 즐길 수 있도록 하는지, 직접 아파트에 거주하는 사람 입장에서의 환경과 동선을 조성하는 것입니다. 즉 '보는 것'만이 아니라 '이용하는 것'에 대한 고려까지 이루어지는 것이며, 공간의 구획 및 설계와 함께 배치까지 포함하는데 그 대상에는 데크, 인도, 벤치와 같은 구조물은 물론, 수목과 석재, 미술품 등도 전부 포함됩니다.

거시적 측면에서 전체 환경을 아우를 수 있는 전문적인 지식이 필요한 영역이기에 조합이나 조합원이 직접 조경설계를 좌우할 수 있다고 보기는 어렵습니다. 그러나 조경설계는 시공자의 의지가 가장 중요하기에(조경설계를 실제로 행하는 것은 조경설계업체이나, 시공자가 주관하며 주요 콘셉트를 결정하고 구도를 잡는 것으로 이해하시면 좋을 것입니다) 보다 멋지고 특색 있는 경관을 강력히 주문한다거나, '이것은 빼고 이것은 넣어 달라'는 정도의 작용은 가능하며 이에 따라 달라질 수 있는 사항은 생각보다 적지 않다고 할 수 있습니다.

한편 조경설계와 관련하여 투하되는 공사비의 상당 부분이 나무 식재에 소용되는 것에서 알 수 있듯이 조경수는 조경설계에 있어 매우 큰 비중을 차지하고 있으며, 이러한 현실을 반영하여 본 편에서는 조경수의 소개에 상당한 지면을 할애할 예정입니다.

최근 조경설계 트렌드는 어떠한가요?

2022~2023년 조경설계는 '열린공간', '미니멀', '가든 특화'가 강세를 보이고 있는데, 건설회사들이 아파트 단지 컨디션과 조합원들의 니즈에 부합하도록 정하는 부분이 크기에 일률적인 내용이라고 보기는 어렵습니다. 포스코이앤씨의 '철의 정원', GS건설의 '고급리조트', 현대건설의 '미술관'과 같이 메이저 건설회사들은 저마다의 특화된 조경설계 콘셉트를 가지고 있지만 항상 이것을 적용하는 것은 아니며, 조합의 요구에 따라 '모던하게 현대적으로', '공원 느낌으로', 또는 '유럽풍으로' 스타일을 세팅하는 것은 얼마든지 가능하다고 할 것입니다.

한 가지 주목할 만한 것은 '중국스러운 느낌의 배제'인데, 대표적인 예로 '석가산'을 들 수 있습니다. 석가산은 암석을 쌓아 작은 산 모양을 만들고 아래에는 연못을, 경우에 따라 작은 물줄기의 폭포까지 설치하는 것으로서, 중국 고유의 것은 아니지만 뭔가 과하지 않고 모던한 분위기를 선호하는 인식의 변화에 따른 현상으로 해석할 수 있을 것입니다. 아파트가 대단지로 형성되는 것은 우리나라와 중국 정도이며(특히 유럽에서 아파트는 최고급 주거공간과는 거리가 멀다고 할 수 있습니다) 상황이 이렇다 보니 우리나라 아파트 단지를 조성할 때 중국의 사례를 참고하기도 하였는데, 화려하고 큰 스케일의 설계는 대부분 여기서 비롯되었다고 볼 수 있습니다. 석가산의 진짜 문제는 바로 관리인데, 일단 아파트 단지 내 '물'이 들어가는 모든 조형물이나 시설들은 상시 관리가 필요하고 유지·가동하는 데 있어서 상당히 많은 비용이 발생하게 됩니다. 이러한 이유로 한시적으로 운영을 하며 비시즌에는 물을 빼놓기도 하는데, 이렇게 되면 바닥이 드러난 연못 자체가 보기 안 좋은 것은 물론 여기에 쓰레기와 나뭇잎이 어지럽게 흩날리기까지 한다면 더욱 을씨년스러운 분위기를 연출하게 됩니다.

'파고라(pergola)'는 '투 머치'의 또 다른 예라 할 수 있을 것입니다. 단지 내 수목이 있는 공간 등에 기둥을 세우고 지붕을 얹은 뒤 소파와 탁자를 설치한 구조물을 보신 적이 있을 텐데, 생각보다 설치비용이 비싸고 관리가 잘되지 않으며 이용빈도도 떨어진다고 합니다. 보통 파고라에는 푹신한 패브릭 소파가 설치되는데, 여기에 뭔가를 깔지 않고 선뜻 그대로 앉는 분들이 얼마나 계실지 모르겠습니다. 여하튼 파고라로 연출하고자 하는 분위기는 다른 방식으로도 그 이상을 충분히 구현 가능하다고 하니 참고해 주시면 좋을 것 같습니다.

옥상도 조경설계에 포함되나요?

조경설계에는 옥상이 포함되며, 대표적인 옥상 조경의 예가 바로 옥상정원일 것입니다. 옥상정원은 생태면적 충족을 위해 설치하는 경우도 있으며 일단 환경적인 측면에서는 긍정적으로 평가할 수 있습니다. 그러나 특히 유지·관리가 어려우며 준공 이후 수년이 흘러 관리가 제대로 이루어지지 않는 옥상정원은 말 그대로 흉물스러움 그 자체이며 관리비를 투하하여 재단장하는 경우도 있지만 옥상을 폐쇄해 버리는 결단을 내리는 단지도 상당히 많습니다. 또한 큰 나무는 심을 수 없고, 생명력이 강한 키 작은 수목만을 식재할 수 있다는 한계도 있습니다.

사례를 하나 들자면 압구정 현대백화점 옥상정원은 꽤 괜찮은 비주얼을 자랑하며, 특히 초여름 어둑어둑해지는 7시 무렵 조명이 켜지면 훌륭한 가든 분위기가 연출됩니다. 그러나 압구정 현백은 지상 5층에 불과하며 아파트는 재개발·재건축이 아니라 리모델링되는 경우라도 최소 16층(필로티 포함) 이상인데, 높이에 따라 부는 바람의 세기는 현저한 차이가 납니다. 따라서 아파트 옥상에는 센 바람에 견딜 수 있는 수목만을 식재할 수 있는데, 통상적으로 바람에 강한 식물은 그렇지 못한 것보다 아름답기가 매우 어렵습니다. 무엇보다 꽃잔디와 같이 관리가 용이한 종(種)이 아니라면 지속적인 관심과 노동력 투하가 필요한데 이는 결국에는 비용으로 귀결될 수밖에 없는 문제이기에 필연적으로 소홀해질 수밖에 없는 가능성을 내포하고 있고, 종국에는 포기로 이어지기도 하는 것입니다. 즉 압구정 현백과 같은 옥상정원이 신축 아파트에서 '유지되는 것'을 기대하기는 어렵다고 할 수 있습니다.

옥상정원의 대안으로 논의되는 것 중 하나가 '파티공간'인데, 이 또한 관리·감독의 어려움으로 쉽게 선택되지 못하고 있습니다. 파티를 하든 바비큐를 굽든 청소를 하고 정리를 해야 하는데, 성숙한 시민의식에 기반한 자율성에는 분명한 한계가 있다는 것은 이미 대다수가 경험적으로 인지하고 있기 때문입니다.

단지 내 나무는 어떤 것을 심어야 하나요?

아파트 단지 내 나무는 어떤 종류를 얼마만큼 심어야 하는지 법제화되어 있으며, 정해진 주수를 초과하여 식재하는 부분에 있어서는 자율성이 인정됩니다. 예컨대 국토교통부가 고시한 조경기준에 따르면, 주거지역에서는 1㎡당 교목(8m 이상 자라는 나무)은 0.2주 이상, 관목(다 자라도 높이 2m 이하인 나무)은 1주 이상 식재를 하여야 하며 그중 20% 이상은 상록수이어야 합니다. 그런데 나무의 크기에 따라 식재되는 주수를 달리 산정하는 것은 물론 기타 부수적인 조건들까지 반영되어 계산이 매우 복잡하기에 정확한 수치는 전문가들에게 맡기시는 것이 좋습니다.

그런데 교목과 관목의 의무 식재 주수는 정해져 있지만 어떤 나무를 심을지는 선택이 가능하며, 단지 특화에 활용되는 대형목이나 소나무와 같은 '포인트목'은 나무 값만 수억 원 이상이기에 보통 조합 임원분들이 시공자와 함께 장기간에 걸쳐 신중한 선택 과정을 거치게 됩니다. 래미안 퍼스티지의 1,000년 된 느티나무가 몇 해를 못 넘기고 죽으면서 억 단위 나무의 공수 유행은 잠시 주춤해지기도 했는데, 이를 대신해 여러 그루의 고급 나무를 '모아심기' 하면서 지속 가능하고 안정성 있는 효과를 누리고 있기도 합니다.

일반적으로 시공자가 수종(樹種)과 나무의 크기를 정하면 조경설계자는 다양한 종류의 수목을 조합·배치하여 시공자가 설정한 콘셉트를 구현할 수 있도록 하는데, 이 과정에서 필요한 디테일한 세부사항의 결정은 시공자에 의해 이루어집니다.

A급 수목(⇔ B급 수목)이 무엇인가요?

농장에서 잘 관리된 나무를 의미하며, 이것을 결정함에 있어 '높이'는 절대적인 기준이 아닙니다. 예컨대 사이프러스계열(유럽식)의 나무는 수고(樹高, 나무의 높이)가 중요하여 높이에 따라 가격이 달라지지만 그렇지 않은, 그러니까 키가 클수록 좋은 것이 아닌 수종도 많이 있기 때문입니다(이로 인해 감리 시 규격미달이라고 지적받는 경우도 있는데 이것은 문제가 아닌가 생각됩니다).

A급, B급과는 구별되는 개념으로서 '공사목'은 임야에서 바로 캐서 가져오는 것으로, 나무뿌리가 좋지 않으면 잎이나 외형에 영향을 미치고 생명력이 약해질 수 있기에 이식 후 따로 생육 관리를 하기도 하는데 이를 '양생목' 또는 '조형목'이라 합니다. 아파트 조경에는 두 종류 모두 사용되며, 조형목(양생목)은 공사목보다 2~3배 정도 가격이 비쌉니다.

한편 병충해의 경우 주로 '관리'의 영역이라고 보아야 하는데, 하자담보책임 기간 내라면 시공자가 다시 식재를 하지만 관리주체의 유지·관리 소홀이 인정되는 경우 또는 하자담보책임 기간 도과 이후에는 시공자가 아니라 아파트에서 수목 고사에 대한 책임을 지게 됩니다. 이로 인해 준공 이후 조경수에 대한 관리계약을 미리 체결하는 경우도 있는데(예 : LH) 아직까지 흔한 경우는 아니며, 이는 사업주체(조합)와 관리주체(입주자대표회의)의 연속성 부재(不在)에 따른 한계에 기인한다고 볼 수 있습니다. 그러나 진정한 명품 단지를 조성하고자 한다면 조합에서 조경수 조성과 함께 사후 관리에 대한 플랜까지 마련하는 것이 필요하다고 생각됩니다.

조경수로 할 수 있는 나무에는 어떤 것이 있나요?[1]

아파트 단지에서 식재되고 있는 수종은 수백 가지에 이르기에 지면상 전부 소개하는 것은 불가능할 것으로 보입니다. 따라서, 이번에는 유실수(과일나무)와 꽃을 제외한 조경수 중 많이 활용되고 있는 대표적인 수종과 간략한 특징을 전달해 드리고자 하며, 향후 심화편에서는 보다 다양하고 심도 있는 소개가 이루어질 수 있도록 하겠습니다.

아파트 단지에 식재가 가능한 아름다운 나무들은 많이 있지만, 봄에는 꽃을 볼 수 있고 여름에는 그늘을 제공해 주며 가을에는 곱게 단풍이 드는 나무를 아파트 조경수를 선택함에 있어 좋은 나무라고 평가하고 있습니다.

---

1) 이하 삽입되어 있는 모든 사진은 '우림원예종묘(우림원예가든센터)'에서 제공해 주셨습니다.

명칭	외형	특징
청단풍		평소에는 청색이다가 가을에는 빨갛게 단풍이 들며, 홍단풍보다 성장 속도가 빠릅니다.
소나무		최근 트렌드가 변하는 것 같기도 하지만 여전히 조경수 선택지에 있어 부동의 1위인 수종입니다.
스트릭타 (이태리향나무)		위로 곧게 뻗는 특징을 가지고 있으며 키는 10~15m, 폭은 3m까지 자랍니다.
홍단풍		7~13m까지 자라며 형태와 빛깔이 아름다운 대표적인 조경수입니다. 병충해와 추위에 강하며, 공해에도 잘 견디는 특징을 지닙니다.
갤더랜드 (웨스턴서양측백)		일반 측백나무보다 잎의 질감이 더 좋고 반질반질하며, 고급스러운 분위기를 낼 수 있습니다.

잭큐몬티 도랜보스		현존하는 자작나무 중 가장 아름다운 수종이며, 3~4년 정도 되면 수피가 형광색에 가까운 특이한 색상을 보입니다. 가을에는 잎이 노란 색으로 단풍이 들어 매우 유니크한 느낌을 받게 됩니다.
상수리나무		참나무 또는 도토리나무라고 부르며, 높이는 20~25m까지 자라게 됩니다.
직립꽃복숭아 (홍도화)		복숭아가 열리는 것은 아니고, 이름만 이렇습니다. 5~10m까지 자라며 아름다운 꽃이 피는 데 반해 병충해와 추위에 강하여 관리가 쉽습니다.
일본목련 (후박나무)		높이는 20m까지 자라고, 꽃이 아름다운 것은 물론 잎이 커서 녹음수로 활용됩니다.
층층나무		이름과 같이 수형이 계단식으로 자라는 나무로, 5월에 흰색 꽃이 피는데 무척 아름답습니다.

홍매화 (홍설매)		3~4월에 붉은 꽃이 피고, 열매는 우리가 알고 있는 매실로 매실주를 담그거나 잼을 만들어 먹을 수 있습니다.
꽃사과 (애기사과)		여름에 열리는 열매는 식용이 아니라 그 자체로 관상용으로 활용됩니다. 기후나 토양에 관계없이 잘 자라는 키우기 쉬운 나무입니다.
서부해당화 (수사해당)		4월에 꽃이 피며, 실처럼 늘어져 피는 모양 때문에 수사해당화라는 이름이 붙게 되었습니다. 병충해에 강하며 전국 어디에서나 생육이 가능합니다.
샌더스블루		특히 봄에 선명한 푸른빛을 띠며, 원뿔 형태로 1~2m 정도까지 자랍니다. 은청색의 잎이 몽환적인 느낌을 선사하는 수종입니다.
공작단풍		수양버들처럼 늘어지는 단풍나무로, 일반단풍에 비해 성장이 더디기는 하지만 매우 아름답기에 그 정도는 단점이 될 수 없을 것입니다.

비자나무		8~15m까지 자라지만 생장이 느린 편입니다. 씨앗은 아몬드같이 생겼는데 구충제 또는 변비 치료제로 쓰기도 하지만 독성을 함유하고 있어 함부로 먹지 않도록 주의해야 하며, 줄기는 고급 바둑판의 재료로 쓰이는 나무입니다.
복자기단풍		단풍나무 중 색이 가장 곱고 진한 것은 물론 단풍의 지속되는 기간도 길어 많은 아파트단지에서 선택받은 수종입니다.
히버니카		영하 34도까지 버틸 수 있어 전국 어디에서나 월동이 가능하며, 토질을 가리지 않고 성장속도가 빠르다는 특징이 있습니다.
문그로우		4~5m까지 자라며, 전정을 하지 않아도 아름다운 수형을 유지합니다.
서양측백		전지를 하지 않아도 자연적으로 둥근 수형을 유지하는 특성이 있으며, 일반 측백보다 잎의 질감이 더 좋습니다.

노각나무		한여름(6~7월)에 피는 흰색 꽃은 동백꽃과 비슷하여 하동백이라는 별칭이 있으며, 특히 수형이 단아하다는 장점이 있습니다.
조선측백		우리 고유의 수종으로 추위와 공해에 매우 강한 수종입니다. 생장 속도가 빠르고 수형이 좋습니다.
오엽송		수형과 잎이 아름다운 고급 수종으로, 이식에 강하고 군집성이 있어 집단 식재에 좋다는 특징을 가집니다.
청대나무		최대 10m까지 자라며, 비옥한 토양과 양지를 좋아하는 습성을 가집니다.
가이즈카 향나무		10~15m까지 자라며, 공해에 강하고 이식력이 좋으며 수형 조절이 자유롭습니다. 정식명칭은 '나사백(螺絲栢)'이나 일본명인 '가이즈카 향나무'로 더 많이 불리고 있습니다.

향나무		20m 이상 자라며, 목재는 향의 재료로 쓰일 만큼 향기가 좋습니다.
황금측백		황금색의 화려한 잎과 향기를 지니고 있으며, 산성 토양에 잘 견디고 성장 속도가 빠르다는 특징을 지닙니다.
에메랄드그린		잎이 조밀하고 향기가 좋으며, 자연스럽게 자라는 원추형의 수형이 아름답습니다.
에메랄드골드		추위와 병충해에 강하고 3m 정도까지 자랍니다. 에메랄드그린과 비슷한 원추형의 수형이며, 잎이 밝은 황금색을 띱니다.
사철나무		누구나 아파트 단지에서 한 번은 본 적이 있을 정도로 활용도가 높은 수종입니다. 전지나 전정을 통해 수형을 원하는 대로 만들 수 있다는 특징이 있는데, 만약 계속 자라게 둔다면 6~9m까지 자랄 수 있습니다.

구상나무		15m까지 자라며 수형이 아름다워 크리스마스트리의 재료로 많이 이용됩니다. 크리스마스트리의 재료가 되는 나무들은 태생적으로 원추형으로 자라기에, 따로 전정을 할 필요가 없습니다.
스트로브잣나무		고속도로 주변에 식재될 정도로 공해에 강하고, 매우 뛰어난 이식력을 자랑하며 키우기가 쉬워 하자 발생률이 현저히 떨어지는 수종입니다.
잣나무		생육이 좋고 관리가 쉬워 아파트뿐만 아니라 다양한 장소에서 조경수로 활용되고 있습니다. 높이는 20~30m, 지름은 1m까지 이를 수 있는 큰 나무입니다.
전나무		최대 40m까지 자라며, 수형은 원추형이고 잎의 형태가 정제되어 있어 크리스마스트리의 재료로 사용됩니다. 다만 공해에 약하다는 단점이 있습니다.
편백나무		아토피에 좋다고 알려져 있으며 피톤치드가 많이 나와 삼림욕장에 많이 식재된다고 합니다. 높이는 40m에 이르며, 원추형으로 성장합니다. 일본어로 '히노끼'라고 하는데, 많이 들어보셨을 것입니다.

블루엔젤		흰색과 청록색을 띠고 있으며 부드러운 질감과 색감이 좋은 고급 조경수입니다. 비옥한 땅에서 자라는 경우 더 아름다운 수형이 나온다는 특징이 있습니다.
금송		그늘을 좋아하며 어린 묘목일 때는 더디게 자라나 10년차부터는 급속히 성장하게 되며 15m 정도까지 클 수 있습니다. 수형과 질감이 좋아 고급 정원수로 활용됩니다.
황금반송		잎이 5~9월 사이에는 연한 녹색이다가 10~4월에는 아름다운 황금색으로 변하는 특징을 가지는 수종입니다.
산딸나무		6월에 흰색 꽃이 하늘을 향해 개화하는 것이 특징이며, 공해에 강하고 생장속도가 빠릅니다.
이팝나무		낯선 이름과는 달리 아파트 조경수 베스트 5 안에 드는 수종으로, 여름에 눈이 온 것처럼 아름다운 꽃이 피는 것이 특징입니다. '이팝'은 '쌀밥'을 의미합니다.

산수유		3월에 황금색 꽃이 약 40일간 피며, 5~10m까지 자랍니다. 추위와 공해에 강하여 많이 식재되는 수종에 해당하는데, 열매가 겨울에 떨어지지 않고 계속 달려 있는 것이 특징입니다.
백목련		크고 아름다운 흰 꽃은 우리나라 사람이라면 누구나 익숙할 것이며, 조경수로 많이 알려진 수종 중 하나입니다.
메타세콰이어		30m까지 자라며, 매우 빨리 성장하는 수종입니다. 전정 없이도 피라미드 형태가 유지되어 아파트단지에 많이 식재되고 있습니다.
마가목		가을에는 잎에 붉은 단풍이 들며, 전체적으로 아름다운 수형을 가지고 있습니다.
팥배나무		5월에 피는 흰색 꽃과 대비되는, 9~10월에 열리는 적색 열매가 팥알과 같다고 하여 이러한 이름을 가지게 되었습니다. 꽃, 단풍, 열매 모두가 아름다우며, 병충해와 공해에 강한 특징을 가지고 있습니다.

왕벚나무		한국인이 가장 사랑하는 나무 중 하나로, 높이는 15m까지 자랍니다. 4~5월에 피는 꽃은 더할 나위 없이 매우 아름다우며, 조경수 베스트 5 안에 드는 수종입니다.
칠자화		한 줄기에 꽃이 7송이가 피어 이런 이름이 붙게 되었으며, 가을에 드는 단풍도 매우 아름답습니다. 1.8m까지 자라며, 따로 관리하지 않아도 좋은 수형을 유지합니다.
대왕참나무 (핀오크)		참나무류 중 가을 단풍이 가장 아름다운 수종이며, 공해와 병충해는 물론 추위에도 강합니다.
회화나무		높이 30m, 직경 2m까지 자라며, 8월에 흰색 꽃이 피게 됩니다. 집 마당에 심으면 선비가 나온다고 하여 '선비나무'라는 별칭을 가지고 있기도 합니다.
마로니에 (칠엽수)		대학로 마로니에 공원에 식재되어 있는 수종으로, 6월에 아름다운 꽃이 핍니다. 30m까지 자라며 수형이 웅장하기에 녹음수에 적합하다고 할 수 있습니다.

은행나무		과거에는 가을의 아름다움에 현혹된 많은 사람들이 선택하였으나, 최근에는 여러모로 스트레스를 주는 '열매'로 인하여 점차 아파트 조경수 순위가 하락하고 있습니다. 한편 은행나무가 '시목(市木)'에 해당하는 지역에서는 원치 않아도 의무적으로 심어야 하는 경우가 있는데, 이때는 가급적 외곽쪽으로 빼서 피해를 최소화할 수 있도록 하고 있습니다.
느티나무		식물에 조예가 깊지 않은 일반 사람들에게는 낯설 수도 있는데, 실제로는 소나무와 함께 아파트 조경수로 가장 많이 식재된 수종입니다. 웅장하면서 단정한 수형과 멋진 가을 단풍이 오랜 기간 많은 사랑을 받아 온 가장 큰 이유라 할 것입니다.
팽나무		높이 20m, 지름 1m까지 자라며, 1,000년을 사는 느티나무 정도는 아니지만 500살은 가뿐히 넘기는 장수 수종입니다.
자작나무		자작나무를 선택하는 이유는 분명한데, 백색 수피의 유니크함은 조경설계에 있어 활용가치가 무궁무진하기 때문입니다. 실제로 조경수 베스트 5 안에 들 정도로 많이 사랑받고 있는 수종입니다.
계수나무		가을의 오색 단풍이 매우 아름다운 계수나무의 껍질은 우리가 알고 있는 '계피'인데, 계피의 인지도에 비해서는 우리에게 별로 익숙하지 않은 나무인 것 같습니다.

자귀나무		6~7월에 피는 연분홍 꽃이 마치 공작새의 날개와 같은 자태를 뽐내는 수종입니다. 건조하거나 척박한 환경에서도 잘 자라는 강한 생명력을 지니고 있습니다.
화살나무		3m 정도까지 자라며, 가을에 불타듯이 물드는 단풍이 특히 유명한 수종입니다. 줄기에 화살 모양의 날개가 있어 이러한 이름이 붙여지게 되었습니다.
황금사철나무		화사한 황금색 잎이 특징이며, 볕을 잘 받고 자랄수록 색감이 뚜렷해집니다. 특히 병충해에 강해 아파트 화단에 많이 식재되고 있습니다.
주목		높이 10m까지 자라며, 병충해에 강하고 관리하기가 쉬운 우리나라 고유 수종입니다. 열매가 달콤한 맛이 나 먹는 분도 있는데, 많이 먹으면 설사를 하게 되므로 주의해야 합니다.
홍가시나무		3~5m까지 자라며, 독특한 나뭇잎이 특징인 울타리용 수종입니다.

쥐똥나무		주변에서 흔히 볼 수 있지만 그 이름은 익숙지 않은 또 하나의 수종입니다. 10월경에 열리는 열매가 시간이 지날수록 검게 변하는데, 그것이 마치 쥐똥 같다고 하여 이러한 명칭을 가지게 되었습니다.
회양목		한국인이라면 누구나 본 적 있고, 그 이름까지도 익숙한 수종이라 해도 과언이 아닐 것입니다. 척박지에서도 잘 자라고 공해와 병충해에 강해 울타리용 조경수로 많이 사랑받아 왔습니다.
굴거리나무		높이 10m까지 자라며, 앞면이 광택이 나는 두꺼운 잎이 특징입니다.
아왜나무		비슷한 수형의 나무가 많아 어디서 본 듯하다는 생각이 들 수도 있지만, 실제로 아파트에 많이 식재되는 수종은 아닙니다. 높이는 6~9m정도까지 자랄 수 있습니다.
태산목		높이 20m까지 자라며, 잎은 두꺼운 가죽질의 타원형으로 10~23㎝에 이릅니다.

금목서		수형과 흰색의 꽃이 아름다운데, 꽃에 가시가 있는 것이 특징입니다. 잎에도 가시가 있는 것이 금목서이고 없는 것은 은목서라 하는데, 가시 때문인지 식재 빈도는 금목서가 더 높습니다.
치자나무		6월에 피는 흰색 꽃이 아름다운데, 이식력이 좋고 공해에 강하기는 하나 재배와 관리가 쉬운 편은 아닙니다.
천리향 (서향)		봄에 피는 홍자색의 꽃향기가 멀리까지 퍼진다 하여 이러한 이름이 붙게 되었습니다. 추위, 공해, 병충해 모두에 약한 편인 것에 비해서는 활용 빈도가 높은 수종에 해당합니다.
만리향 (돈나무)		5~6월에 피는 꽃이 특히 아름답고 향기가 짙은 것이 특징입니다. 여름에는 습기만으로도 생존이 가능하며, 물을 많이 주게 되면 죽는 수종에 해당합니다.
후피향나무 (목향)		치밀하게 배열되는 잎과 균형 잡힌 우아한 수형이 특징인 수종입니다. 비옥한 토지에서 잘 자라며 추위에 강한 편은 아닙니다.

가시나무		이름에서 연상할 수 있는 이미지와는 무관한, 참나무과의 상록 교목으로 15m 정도까지 자랄 수 있습니다.
무늬호랑가시		감탕나무과로 참나무과인 '가시나무'와는 특별히 유사점이 없으며, 무늬호랑가시(무늬 있음)와 호랑가시나무(무늬 없음)는 잎 가장자리에 가시를 가지고 있습니다. 높이 2~3m까지 자랄 수 있습니다.
광나무		공해에 대한 저항성이 강하며, 특히 수명이 길고 소금 성분을 많이 함유하여 죽어도 썩지 않는 특징을 가진 수종입니다. 겨울에도 잎이 녹색으로 붙어 있어서 조경적 가치가 높다고 할 수 있습니다.
먼나무		특히 9월부터 봄까지 볼 수 있는 열매의 관상가치로 인해 조경수로 이용되는 수종이며, 10m 정도까지 자랄 수 있습니다.
동백나무		겨울에 피는 붉은 꽃과 상록의 광택나는 잎이 특징인 수종으로 상당히 많은 아파트에 식재되어 있습니다.

황금소나무		잎이 평소에는 연녹색을 띠다가 5월부터 중간에 흰색 무늬가 생기고, 8월부터 2월까지는 황금색을 띠는 매우 유니크한 고급 수종입니다.

리모델링주택조합설립을 위한 참고서

- 공동주택리모델링사업 과정에 실제로 적용되는 주택법령 조항들만 추출한 법령집

0. 선행학습 : 정의규정의 이해

[주택법]

제2조(정의)

이 법에서 사용하는 용어의 뜻은 다음과 같다.

1. “주택”이란 세대(世帶)의 구성원이 장기간 독립된 주거생활을 할 수 있는 구조로 된 건축물의 전부 또는 일부 및 그 부속토지를 말하며, 단독주택과 공동주택으로 구분한다.

3. “공동주택”이란 건축물의 벽·복도·계단이나 그 밖의 설비 등의 전부 또는 일부를 공동으로 사용하는 각 세대가 하나의 건축물 안에서 각각 독립된 주거생활을 할 수 있는 구조로 된 주택을 말하며, 그 종류와 범위는 대통령령으로 정한다.

6. “국민주택규모”란 주거의 용도로만 쓰이는 면적(이하 “주거전용면적”이라 한다)이 1호(戶) 또는 1세대당 85제곱미터 이하인 주택(「수도권정비계획법」 제2조 제1호에 따른 수도권을 제외한 도시지역이 아닌 읍 또는 면 지역은 1호 또는 1세대당 주거전용면적이 100제곱미터 이하인 주택을 말한다)을 말한다. 이 경우 주거전용면적의 산정방법은 국토교통부령으로 정한다.

11. “주택조합”이란 많은 수의 구성원이 제15조에 따른 사업계획의 승인을 받아 주택을 마련하거나 제66조에 따라 리모델링하기 위하여 결성하는 다음 각 목의 조합을 말한다.

주택법에 있는 주택조합 관련 내용은 전부 공동주택 리모델링에도 적용되는 것인가요?

주택법, 동법 시행령, 동법 시행규칙(이하 ‘주택법령’)에서 말하는 ‘주택조합’은 원칙적으로 지역주택조합, 직장주택조합, 리모델링주택조합을 통칭하는 개념입니다. 주택법령의 각 조항에서는 각각의 형태의 조합에 따라 달리 적용되는 경우와 공통적으로 적용되는 경우를 구분하여 적시하고 있기에 이를 잘 살피셔야 합니다.

다. 리모델링주택조합 : 공동주택의 소유자가 그 주택을 리모델링하기 위하여 설립한 조합

12. “주택단지”란 제15조에 따른 주택건설사업계획 또는 대지조성사업계획의 승인을 받아 주택과 그 부대시설 및 복리시설을 건설하거나 대지를 조성하는 데 사용되는 일단(一團)의 토지를 말한다. 다만, 다음 각 목의 시설로 분리된 토지는 각각 별개의 주택단지로 본다.
    가. 철도·고속도로·자동차전용도로
    나. 폭 20미터 이상인 일반도로
    다. 폭 8미터 이상인 도시계획예정도로
    라. 가목부터 다목까지의 시설에 준하는 것으로서 대통령령으로 정하는 시설

하나의 아파트 단지가 2개의 필지로 나누어져 있다면 조합설립에 있어 문제가 있을까요?

주택법 시행령 별표 4에 따르면 공동주택 리모델링은 주택단지별 또는 동별로 실시할 수 있도록 되어 있습니다. 따라서 주택법 제2조 제12호 각목에 해당되는 경우가 아니라면 필지와는 무관하게 1개 주택단지로서, 해당 아파트 구분소유자 전체를 대상으로 하여 동의율을 산정하게 됩니다. 참고로 ‘도시계획예정도로’는 현재의 지목은 농지, 임야 또는 대지이지만, 장차 도시계획시설 중 도로로 설치 예정되어 있는 토지를 의미합니다.

13. “부대시설”이란 주택에 딸린 다음 각 목의 시설 또는 설비를 말한다.
    가. 주차장, 관리사무소, 담장 및 주택단지 안의 도로
    나. 「건축법」 제2조 제1항 제4호에 따른 건축설비
    다. 가목 및 나목의 시설·설비에 준하는 것으로서 대통령령으로 정하는 시설 또는 설비
14. “복리시설”이란 주택단지의 입주자 등의 생활복리를 위한 다음 각 목의 공동시설을 말한다.
    가. 어린이놀이터, 근린생활시설, 유치원, 주민운동시설 및 경로당
    나. 그 밖에 입주자 등의 생활복리를 위하여 대통령령으로 정하는 공동시설
15. “기반시설”이란 「국토의 계획 및 이용에 관한 법률」 제2조 제6호에 따른 기반시설을 말한다.
16. “기간시설”(基幹施設)이란 도로·상하수도·전기시설·가스시설·통신시설·지역난방시설 등을 말한다.
17. “간선시설”(幹線施設)이란 도로·상하수도·전기시설·가스시설·통신시설 및 지역난방시설 등 주택단지(둘 이상의 주택단지를 동시에 개발하는 경우에는 각각의 주택단지를 말한다) 안의 기간시설을 그 주택단지 밖에 있는 같은 종류의 기간시설에 연결시키는 시설을 말한다. 다만, 가스시설·통신시설 및 지역난방시설의 경우에는 주택단지 안의 기간시설을 포함한다.
18. “공구”란 하나의 주택단지에서 대통령령으로 정하는 기준에 따라 둘 이상으로 구분되는 일단의 구역으로, 착공신고 및 사용검사를 별도로 수행할 수 있는 구역을 말한다.
19. “세대구분형 공동주택”이란 공동주택의 주택 내부 공간의 일부를 세대별로 구분하여 생활이 가능한 구조로 하되, 그 구분된 공간의 일부를 구분소유 할 수 없는 주택으로서 대통령령으로 정하는 건설기준, 설치기준, 면적기준 등에 적합한 주택을 말한다.

25. "리모델링"이란 제66조 제1항 및 제2항에 따라 건축물의 노후화 억제 또는 기능 향상 등을 위한 다음 각 목의 어느 하나에 해당하는 행위를 말한다.
가. 대수선(大修繕)
나. 제49조에 따른 사용검사일(주택단지 안의 공동주택 전부에 대하여 임시사용승인을 받은 경우에는 그 임시사용승인일을 말한다) 또는 「건축법」 제22조에 따른 사용승인일부터 **15년**[15년 이상 20년 미만의 연수 중 특별시·광역시·특별자치시·도 또는 특별자치도(이하 "시·도"라 한다)의 조례로 정하는 경우에는 그 연수로 한다]이 지난 공동주택을 **각 세대의 주거전용면적(「건축법」 제38조에 따른 건축물대장 중 집합건축물대장의 전유부분의 면적을 말한다)의 30퍼센트 이내(세대의 주거전용면적이 85제곱미터 미만인 경우에는 40퍼센트 이내)**에서 증축하는 행위. 이 경우 공동주택의 기능 향상 등을 위하여 공용부분에 대하여도 별도로 증축할 수 있다.

 # 리모델링조합설립을 추진하고 있는데, 재건축을 하자는 의견도 나오고 있습니다. 우리 아파트 재건축이 가능한가요?

재건축 추진 가능 여부는 일률적인 기준이 있다기보다는 제반 요소를 종합적으로 고려해야 하며, 우선 ① 안전진단 D등급이 나올 만큼 건물이 노후되었는지 여부, ② 현재 용적률이 200% 이상이거나 여기에 근사한 수치인지 여부를 파악해야 할 것입니다. 한편 ②와 관련, 용적률이 높다고 하여 재건축이 절대적으로 불가능한 것은 아니고, 사업성이 떨어지면서 조합원의 분담금이 과도하게 증대되거나 평수가 오히려 줄어들게 된다는 점에서 실질적으로 추진의 실익이 낮아지는 것을 의미합니다. 통상적으로 1990년~2000년 사이에 건축된 아파트들의 경우 높은 용적률로 인하여 재건축이 어렵다고 볼 수 있습니다.

 # 주거전용면적 합계의 30%(또는 40%, 이하 생략) 내에서 증축할 수 있다고 하는데, 공용부분의 면적 증가도 여기에 포함되는 것인가요?

리모델링에 의한 증축은 공동주택 각 세대의 주거전용면적 합계의 10분의 3 이내의 범위에서 행할 수 있는 것이며, 복도 등 공용면적과 발코니 등을 포함하여 늘어나는 부분(주거전용면적의 증가에만 국한되는 것이 아니라)의 총면적이 이 범위로 제한되는 것입니다. 즉 증축할 수 있는 총량을 '산정하는 기준'이 주거전용면적이며, '10분의 3'에는 증축되는 부분이 전부 포함되는 것입니다. 주택법에서는 연면적의 최대 증가범위를 정하고 있지만, 용적률에 대한 별도의 기준은 두고 있지 않으며 이는 자치구(또는 시) 건축위원회에서 완화범위를 심의하여 승인하게 됩니다.

한편 지구단위계획에서 정해진 용적률에도 불구하고 리모델링 행위허가 등으로 해당 지역에 적용되는 용적률을 완화할 수 있는 것은 아니라 할 것이기에(법제처 2009. 12. 31. 자 법령해석, 안건번호 09-0380), 지구단위계획으로 정한 용적률 완화를 위해서는 해당 지구단위계획의 변경이 이루어져야 합니다.

다. 나목에 따른 각 세대의 증축 가능 면적을 합산한 면적의 범위에서 **기존 세대수의 15퍼센트 이내**에서 세대수를 증가하는 증축 행위(이하 "세대수 증가형 리모델링"이라 한다). 다만, 수직으로 증축하는 행위(이하 "수직증축형 리모델링"이라 한다)는 다음 요건을 모두 충족하는 경우로 한정한다.

1) **최대 3개 층 이하**로서 대통령령으로 정하는 범위에서 증축할 것

수직증축으로 리모델링을 계획하고 있는데, 1층을 필로티로 만들면 결과적으로 4개 층까지 올릴 수 있는 것인가요?

필로티도 증축 층수에 포함되는데, 예컨대 기존 15층인 아파트를 수직증축 하면서 1층을 필로티로 하는 경우에 최대 18층까지 할 수 있는 것입니다. 한편 수평증축의 경우에는 1층을 필로티로 하면 1층을 위로 올릴 수 있는데, 기존 15층인 아파트는 16층이 될 수 있다고 이해하시면 됩니다.

2) 리모델링 대상 건축물의 구조도 보유 등 대통령령으로 정하는 요건을 갖출 것

26. "리모델링 기본계획"이란 세대수 증가형 리모델링으로 인한 도시과밀, 이주수요 집중 등을 체계적으로 관리하기 위하여 수립하는 계획을 말한다.

27. "입주자"란 다음 각 목의 구분에 따른 자를 말한다.

가. 제8조·제54조·제57조의2·제64조·제88조·제91조 및 제104조의 경우 : 주택을 공급받는 자

나. 제66조의 경우 : 주택의 소유자 또는 그 소유자를 대리하는 배우자 및 직계존비속

[주택법 시행령]

제5조 (주택단지의 구분기준이 되는 도로)

① 법 제2조 제12호 라목에서 "대통령령으로 정하는 시설"이란 보행자 및 자동차의 통행이 가능한 도로로서 다음 각 호의 어느 하나에 해당하는 도로를 말한다.

1. 「국토의 계획 및 이용에 관한 법률」 제2조 제7호에 따른 도시·군계획시설(이하 "도시·군계획시설"이라 한다)인 도로로서 국토교통부령으로 정하는 도로
2. 「도로법」 제10조에 따른 일반국도·특별시도·광역시도 또는 지방도
3. 그 밖에 관계 법령에 따라 설치된 도로로서 제1호 및 제2호에 준하는 도로

② 제1항에도 불구하고 법 제15조에 따른 사업계획승인권자(이하 "사업계획승인권자"라 한다)가 다음 각 호의 요건을 모두 충족한다고 인정하여 사업계획을 승인한 도로는 주택단지의 구분기준이 되는 도로에서 제외한다.

1. 인근 주민의 통행권 확보 및 교통편의 제고 등을 위해 기존의 도로를 국토교통부령으로 정하는 기준에 적합하게 유지·변경할 것
2. 보행자 통행의 편리성 및 안전성을 확보하기 위한 시설을 국토교통부령으로 정하는 바에 따라 설치할 것

제6조 (부대시설의 범위) 법 제2조 제13호다목에서 "대통령령으로 정하는 시설 또는 설비"란 다음 각 호의 시설 또는 설비를 말한다.

1. 보안등, 대문, 경비실 및 자전거보관소
2. 조경시설, 옹벽 및 축대
3. 안내표지판 및 공중화장실
4. 저수시설, 지하양수시설 및 대피시설
5. 쓰레기 수거 및 처리시설, 오수처리시설, 정화조
6. 소방시설, 냉난방공급시설(지역난방공급시설은 제외한다) 및 방범설비
7. 「환경친화적 자동차의 개발 및 보급 촉진에 관한 법률」 제2조 제3호에 따른 전기자동차에 전기를 충전하여 공급하는 시설
8. 「전기통신사업법」 등 다른 법령에 따라 거주자의 편익을 위해 주택단지에 의무적으로 설치해야 하는 시설로서 사업주체 또는 입주자의 설치 및 관리 의무가 없는 시설
9. 그 밖에 제1호부터 제8호까지의 시설 또는 설비와 비슷한 것으로서 사업계획승인권자가 주택의 사용 및 관리를 위해 필요하다고 인정하는 시설 또는 설비

제7조 (복리시설의 범위) 법 제2조 제14호나목에서 "대통령령으로 정하는 공동시설"이란 다음 각 호의 시설을 말한다.

1. 「건축법 시행령」 별표 1 제3호에 따른 제1종 근린생활시설
2. 「건축법 시행령」 별표 1 제4호에 따른 제2종 근린생활시설(총포판매소, 장의사, 다중생활시설, 단란주점 및 안마시술소는 제외한다)
3. 「건축법 시행령」 별표 1 제6호에 따른 종교시설
4. 「건축법 시행령」 별표 1 제7호에 따른 판매시설 중 소매시장 및 상점
5. 「건축법 시행령」 별표 1 제10호에 따른 교육연구시설
6. 「건축법 시행령」 별표 1 제11호에 따른 노유자시설
7. 「건축법 시행령」 별표 1 제12호에 따른 수련시설
8. 「건축법 시행령」 별표 1 제14호에 따른 업무시설 중 금융업소
9. 「산업집적활성화 및 공장설립에 관한 법률」 제2조 제13호에 따른 지식산업센터
10. 「사회복지사업법」 제2조 제5호에 따른 사회복지관
11. 공동작업장
12. 주민공동시설
13. 도시·군계획시설인 시장
14. 그 밖에 제1호부터 제13호까지의 시설과 비슷한 시설로서 국토교통부령으로 정하는 공동시설 또는 사업계획승인권자가 거주자의 생활복리 또는 편익을 위하여 필요하다고 인정하는 시설

제8조 (공구의 구분기준) 법 제2조 제18호에서 "대통령령으로 정하는 기준"이란 다음 각 호의 요건을 모두 충족하는 것을 말한다.

1. 다음 각 목의 어느 하나에 해당하는 시설을 설치하거나 공간을 조성하여 6미터 이상의 너비로 공구 간 경계를 설정할 것
   가. 「주택건설기준 등에 관한 규정」 제26조에 따른 주택단지 안의 도로

나. 주택단지 안의 지상에 설치되는 부설주차장

다. 주택단지 안의 옹벽 또는 축대

라. 식재 · 조경이 된 녹지

마. 그 밖에 어린이놀이터 등 부대시설이나 복리시설로서 사업계획 승인권자가 적합하다고 인정하는 시설

2. 공구별 세대수는 300세대 이상으로 할 것

[주택법 시행규칙]

제3조 (주택단지의 구분기준이 되는 도로)

① 「주택법 시행령」(이하 "영"이라 한다) 제5조 제1항 제1호에서 "국토교통부령으로 정하는 도로"란 「도시 · 군계획시설의 결정 · 구조 및 설치기준에 관한 규칙」 제9조 제3호에 따른 주간선도로, 보조간선도로, 집산도로(集散道路) 및 폭 8미터 이상인 국지도로를 말한다.

② 영 제5조 제2항 제1호에서 "국토교통부령으로 정하는 기준"이란 다음 각 호의 요건을 모두 갖춘 것을 말한다.

1. 「도시 · 군계획시설의 결정 · 구조 및 설치기준에 관한 규칙」 제9조 제3호다목 또는 라목에 따른 집산도로 또는 국지도로일 것
2. 도로 폭이 15미터 미만일 것
3. 설계속도가 30킬로미터 이하이거나 자동차 등의 통행속도를 30킬로미터 이내로 제한하여 운영될 것. 다만, 유지 · 변경되는 도로가 「도시 · 군계획시설의 결정 · 구조 및 설치기준에 관한 규칙」 제9조 제1호 라목에 따른 보행자우선도로인 경우는 제외한다.

③ 영 제5조 제2항에 따른 도로는 같은 항 제2호에 따라 지하도, 육교, 횡단보도, 그 밖에 이와 유사한 시설을 설치해야 한다. 다만, 설치되는 도로가 「도시 · 군계획시설의 결정 · 구조 및 설치기준에 관한 규칙」 제9조 제1호 라목에 따른 보행자우선도로인 경우에는 예외로 할 수 있다.

1. 기본계획 수립

이 단계에서 추진 주체는 무엇을 해야 할까?

우리 아파트도 리모델링을 할 수 있지 않을까 또는 해야 하는 것 아닌가 이런 생각을 비로소 시작하시는 단계에 해당합니다. 이 단계에서는,

① 리모델링을 추진하는 경우 소유자들의 호응이 있을지 여부를 체크해 보아야 하며 이것은 그다지 어려운 과정이 아닙니다. 예컨대 주차공간이 부족하여 이중, 삼중 주차를 하고 있는지, 배관이 낡아서 종종 녹물이 나오고 있는지와 같이 생활에 직접적인 불편을 느끼게 하는 요인들이 존재하는지를 확인하는 것입니다. 이러한 요인들이 많을 경우 소유자들의 호응을 얻기 좋으며, 향후 조합설립 동의서를 징구함에 있어 훨씬 수월할 수 있습니다. 나아가 주변 단지에서 리모델링이나 재건축을 추진하면서 시세가 어느 정도 상승했는지 확인하는 것도 필요할 것입니다.

② 지구단위계획과 리모델링 기본계획은 해당 아파트단지의 리모델링 추진과는 무관하게 이미 수립되어 있는 경우가 많으며, 이후 단계에서 수립된 계획의 내용을 파악하여 고려하는 과정을 거치게 됩니다.

③ 1976년 개정된 도시계획법 시행령에 따라 아파트 대량 공급을 위하여 도입된(현재는 폐지되었으나 주택법 부칙 경과규정에 따라 아파트지구 개발기본계획의 효력이 유지되고 있습니다) '아파트지구'에 포함되어 있는지 여부도 체크해 봐야 합니다. 아파트지구에 포함되어 있는 경우 많은 제약이 있어 리모델링사업을 효율적으로 추진하기 어렵게 되기에 아파트지구에서의 제척을 추진하셔야 하며, 이촌동현대아파트리모델링조합의 사례를 참고하시면 좋을 것입니다.

[주택법]

제30조(국공유지 등의 우선 매각 및 임대)

① 국가 또는 지방자치단체는 그가 소유하는 토지를 매각하거나 임대하는 경우에는 다음 각 호의 어느 하나의 목적으로 그 토지의 매수 또는 임차를 원하는 자가 있으면 그에게 우선적으로 그 토지를 매각하거나 임대할 수 있다.

1. 국민주택규모의 주택을 대통령령으로 정하는 비율 이상으로 건설하는 주택의 건설

2. 주택조합이 건설하는 주택(이하 "조합주택"이라 한다)의 건설

3. 제1호 또는 제2호의 주택을 건설하기 위한 대지의 조성

② 국가 또는 지방자치단체는 제1항에 따라 국가 또는 지방자치단체로부터 토지를 매수하거나 임차한 자가 그 매수일 또는 임차일부터 2년 이내에 국민주택규모의 주택 또는 조합주택을 건설하지 아니하거나 그 주택을 건설하기 위한 대지조성 사업을 시행하지 아니한 경우에는 환매(還買)하거나 임대계약을 취소할 수 있다.

제71조 (리모델링 기본계획의 수립권자 및 대상지역 등)

① 특별시장·광역시장 및 대도시의 시장은 관할구역에 대하여 다음 각 호의 사항을 포함한 리모델링 기본계획을 10년 단위로 수립하여야 한다. 다만, 세대수 증가형 리모델링에 따른 도시과밀의 우려가 적은 경우 등 대통령령으로 정하는 경우에는 리모델링 기본계획을 수립하지 아니할 수 있다.

1. 계획의 목표 및 기본방향

2. 도시기본계획 등 관련 계획 검토

어떤 아파트는 현재 용적률이 280% 정도인데, 우리 아파트(둘 다 서울시에 위치)는 현재 용적률이 200%가 안 됩니다. 왜 이런 차이가 있는 것인가요?

건설시기에 따라 적용되는 법령 또는 제도가 달라지면서 차이가 발생하게 되었습니다. 예컨대 1990년 이전에 준공된 아파트에는 현재와 비슷한 기준이 적용되었으나, 1990년 이후 건축조례의 개정으로 일반주거지역의 상한용적률은 300%(주거용 건축물 400%)로, 1992년 건축법 시행령의 개정에 따라 일반주거지역 상한용적률은 400%까지 증가하게 되었습니다. 이후 2000년 도시계획법 개정에 따라 도시계획조례에서 이러한 상한용적률에 대한 하향 조정이 이루어지게 되었는데, 결국 1990년~2000년 사이 준공된 아파트는 현행보다 높은 상한용적률을 적용받을 수 있게 되면서 단지 간 차이가 발생하게 된 것입니다.

3. 리모델링 대상 공동주택 현황 및 세대수 증가형 리모델링 수요 예측

4. 세대수 증가에 따른 기반시설의 영향 검토

5. 일시집중 방지 등을 위한 단계별 리모델링 시행방안

6. 그 밖에 대통령령으로 정하는 사항

② 대도시가 아닌 시의 시장은 세대수 증가형 리모델링에 따른 도시과밀이나 일시집중 등이 우려되어 도지사가 리모델링 기본계획의 수립이 필요하다고 인정한 경우 리모델링 기본계획을 수립하여야 한다.

③ 리모델링 기본계획의 작성기준 및 작성방법 등은 국토교통부장관이 정한다.

우리 아파트 단지는 지구단위계획구역에 속해 있는데, 지구단위계획대로 하면 사업성이 나오지 않습니다. 어떻게 해야 할까요?

지구단위계획은 변경이 가능하며 서울의 경우 변경에 대한 심의 주체는 서울시라는 점을 기억하셔야 합니다. 즉 서울시의 경우 지구단위계획구역으로 지정된 지역에서 리모델링을 추진할 때에는, 지구단위계획 수립지침에 따라 지구단위계획 변경 계획을 수립하고 서울시 심의를 받은 후 절차를 진행해야 합니다. 서울시 지구단위계획 수립지침에서는 리모델링형 지구단위계획 수립기준을 제시하고 있는데, 건축법과 주택법 등에 따른 용적률을 적용하기 위하여 '리모델링에 따른 완화계획서'를 작성하여 제출하도록 정하고 있습니다.

이러한 절차를 조합에서 직접 이행하는 것이 불가능한 것은 아니지만, 경험 있는 전문업체를 선정하여 변경을 추진하는 것이 효율적이고 바람직하다고 볼 수 있습니다. 지구단위계획변경은 대관업무를 필연적으로 수반하는 영역이기에, 관련 경험이 충분히 있는지, 경륜 있는 담당 직원이 확보되어 있는지를 우선적으로 체크하여야 하며, 정비사업(재건축, 재개발) 쪽 경험도 별개의 것이 아니기에 충분히 고려될 수 있는 사항이라고 할 것입니다.

한편 서울시에서는 2023년 3월 '공동주택 리모델링 지구단위계획 의제처리 기준'을 마련하였는바, 자치구 도시계획위원회 심의(50세대 미만 증가하는 경우 건축위원회 심의) 이전 단계에서 도시·건축공동위원회 사전자문을 통해 지구단위계획(안)을 먼저 협의하고, 자문을 통해 협의된 안으로 의제처리 신청을 하는 경우 수정 없이 의제처리 하는 것을 주요 골자로 하고 있습니다. 얼핏 순서만 바뀐 것으로 보일 수도 있으나 사업 초반부터 엄격한 심의가 이루어진다는 차원에서 중요한 의미를 가지며, 먼저 사전자문 절차를 끝마친 조합에 문의하여 선례(先例)를 파악하고 조언을 듣는 것이 필수적이라 할 수 있을 것입니다.

제72조 (리모델링 기본계획 수립절차)

① 특별시장·광역시장 및 대도시의 시장(제71조 제2항에 따른 대도시가 아닌 시의 시장을 포함한다. 이하 이 조부터 제74조까지에서 같다)은 리모델링 기본계획을 수립하거나 변경하려면 14일 이상 주민에게 공람하고, 지방의회의 의견을 들어야 한다. 이 경우 지방의회는 의견제시를 요청받은 날부터 30일 이내에 의견을 제시하여야 하며, 30일 이내에 의견을 제시하지 아니하는 경우에는 이의가 없는 것으로 본다. 다만, 대통령령으로 정하는 경미한 변경인 경우에는 주민공람 및 지방의회 의견청취 절차를 거치지 아니할 수 있다.

② 특별시장·광역시장 및 대도시의 시장은 리모델링 기본계획을 수립하거나 변경하려면 관계 행정기관의 장과 협의한 후 「국토의 계획 및 이용에 관한 법률」 제113조 제1항에 따라 설치된 시·도도시계획위원회(이하 "시·도도시계획위원회"라 한다) 또는 시·군·구도시계획위원회의 심의를 거쳐야 한다.

③ 제2항에 따라 협의를 요청받은 관계 행정기관의 장은 특별한 사유가 없으면 그 요청을 받은 날부터 30일 이내에 의견을 제시하여야 한다.

④ 대도시의 시장은 리모델링 기본계획을 수립하거나 변경하려면 도지사의 승인을 받아야 하며, 도지사는 리모델링 기본계획을 승인하려면 시·도도시계획위원회의 심의를 거쳐야 한다.

제73조 (리모델링 기본계획의 고시 등)

① 특별시장·광역시장 및 대도시의 시장은 리모델링 기본계획을 수립하거나 변경한 때에는 이를 지체 없이 해당 지방자치단체의 공보에 고시하여야 한다.

② 특별시장·광역시장 및 대도시의 시장은 5년마다 리모델링 기본계획의 타당성을 검토하여 그 결과를 리모델링 기본계획에 반영하여야 한다.

③ 그 밖에 주민공람 절차 등 리모델링 기본계획 수립에 필요한 사항은 대통령령으로 정한다.

서울에서 리모델링주택조합설립을 추진 중인데, 지구단위계획은 무엇이고 리모델링 기본계획은 또 무엇인가요?

리모델링을 추진하기 위해서는 해당 아파트가 속해 있는 구역이 지구단위계획구역으로 지정되어 있는지 확인해야 하는데, 이는 지구단위계획(리모델링에 대한 기본계획이 수립되어 있는 경우 이를 포함)에서 제시하고 있는 층고, 용적률, 건폐율, 건축물의 배치 등과 같은 중요한 사항들에 대한 기준을 충족시켜야만 하기 때문입니다.

만약 지구단위계획으로 지정되어 있지 않는 경우 주택법에 따른 사업 추진이 가능하나, 국토의 계획 및 이용에 관한 법률의 위임에 따라 제정된 서울특별시 도시계획 조례 제16조 제2항, 서울특별시 도시계획 조례 시행규칙 제4조 제1항에 따라 30세대 이상이 추가되는 리모델링(사업계획승인 대상 리모델링) 중에서 사업구역 면적이 5,000㎡ 이상이거나 건립예정 세대수가 100세대 이상인 경우, 시장은 해당 건축예정부지를 지구단위계획구역으로 지정해야 합니다. 한편, 도시·군관리계획의 하나인 지구단위계획을 수립하기 위해서는 도시·군관리계획수립지침에 따라 기초조사결과서, 토지적성평가검토서, 재해취약성분석 결과서, 교통성검토서(교통영향평가 대상의 경우 교통영향분석 및 개선대책으로 대체 가능), 경관검토서 등이 포함된 계획설명서가 작성되어야 합니다.

리모델링 기본계획은 세대수 증가형 리모델링으로 인한 도시과밀, 이주수요 집중 등을 체계적으로 관리하기 위하여 수립하는 계획을 의미합니다. 특별시, 광역시 및 50만 이상의 대도시에서는 10년 단위로 계획이 수립되며 그 외의 도시는 필요하다고 인정될 경우 수립이 이루어집니다. 리모델링허가(사업계획승인을 포함)는 리모델링 기본계획에 부합되는 범위에서 이루어지기 때문에 사업 추진이 이루어지고 있는 지역의 리모델링 기본계획은 조합설립을 추진할 때부터 선제적으로 체크되어야 합니다.

제74조 (세대수 증가형 리모델링의 시기 조정)

① 국토교통부장관은 세대수 증가형 리모델링의 시행으로 주변 지역에 현저한 주택부족이나 주택시장의 불안정 등이 발생될 우려가 있는 때에는 주거정책심의위원회의 심의를 거쳐 특별시장, 광역시장, 대도시의 시장에게 리모델링 기본계획을 변경하도록 요청하거나, 시장·군수·구청장에게 세대수 증가형 리모델링의 사업계획 승인 또는 허가의 시기를 조정하도록 요청할 수 있으며, 요청을 받은 특별시장, 광역시장, 대도시의 시장 또는 시장·군수·구청장은 특별한 사유가 없

으면 그 요청에 따라야 한다.

② 시·도지사는 세대수 증가형 리모델링의 시행으로 주변 지역에 현저한 주택부족이나 주택시장의 불안정 등이 발생될 우려가 있는 때에는 「주거기본법」 제9조에 따른 시·도 주거정책심의위원회의 심의를 거쳐 대도시의 시장에게 리모델링 기본계획을 변경하도록 요청하거나, 시장·군수·구청장에게 세대수 증가형 리모델링의 사업계획 승인 또는 허가의 시기를 조정하도록 요청할 수 있으며, 요청을 받은 대도시의 시장 또는 시장·군수·구청장은 특별한 사유가 없으면 그 요청에 따라야 한다.

③ 제1항 및 제2항에 따른 시기조정에 관한 방법 및 절차 등에 관하여 필요한 사항은 국토교통부령 또는 시·도의 조례로 정한다.

[주택법 시행령]

제41조 (국·공유지 등의 우선 매각 등) 법 제30조 제1항 제1호에서 "대통령령으로 정하는 비율"이란 50퍼센트를 말한다.

2. 리모델링 추진제안(추진위원회)

이 단계에서 추진위원회는 무엇을 해야 할까?

① 아파트 준공연도와 용적률, 노후도를 체크하면서 시작됩니다. 이 세 가지는 리모델링이 필요한지 또는 가능하지를 확인하기 위한 사전준비사항임과 동시에, 재건축이 현실적으로 어려운 단지에서 재건축을 주장하며 리모델링에 반대하는 인원을 억지(抑止)하기 위한 기본지식에 해당합니다. 이와 함께 이후 당해 아파트 단지가 위치한 지역에 지구단위계획이 존재하는지, 리모델링 기본계획이 수립되어 있는지 확인하고 그 내용을 개략적으로라도 파악하시는 것이 좋습니다.

② 다음으로, 뜻을 함께하는 소유자들을 찾아 추진위원회 구성을 준비해야 하며, 입주자대표회의의 임원과 각 동대표들이 리모델링에 대하여 어떤 입장을 가지고 있는지 파악해 보는 것이 좋습니다. 입주자대표회의의 전폭적인 지지를 받는 경우 그렇지 않은 경우에 비하여 조합설립까지 소요되는 시간이 현저하게 단축될 수 있습니다.

③ 단톡방이나 인터넷카페를 개설할 수 있다면 이 단계부터 진행하시는 것이 좋습니다. 이는 여론 형성의 장 또는 신속한 정보 전달의 창구로서 핵심적인 요소에 해당합니다. 이러한 온라인상에서 또는 오프라인상에서 리모델링 추진에 대한 사전설문조사(동의여부, 희망평형 등)를 진행할 수 있는데, 리모델링에 대한 동의율을 개략적으로 추산해 볼 수 있고 여기서 동의한 소유자들에 대하여는 추진위원 또는 봉사자들이 직접 동의서를 징구할 수 있다고 보아도 무방하기에 OS(홍보요원) 고용 비용을 절감하는 방편이 될 수 있습니다.

④ 추진위원회가 구성이 되었다면, 사업관리사업자(정비사업전문관리업자, 이하 줄여서 '정비업체'), 설계업체, 자문변호사를 선정하고(또는 선정하기 전에) 동의서를 징구하기 시작합니다. 단지별로 차이가 있기는 한데, 동의서를 40% 정도까지는 수월하게 걷을 수 있지만 그 이후부터는 진행 속도가 매우 느려지게 되는데, 위 협력업체들과 함께 주민설명회를 개최하여 동의율을 끌어올리는 방안을 고려해 보실 수 있습니다. 이 때 설명회는 가급적 접근성이 좋은 단지 내에서, 무겁지 않은 축제분위기로 진행하시는 것이 효과적입니다. 만약 해당 단지에 관심을 보이고 있는 건설회사가 있다면 주민설명회에 함께 참여하도록 하여 리모델링사업의 장점과 향후 기대 가치에 방점을 둔 내용을 전달하도록 하는 것이 좋으며, 만일 해당 건설회사가 최상위권에 해당하는 경우 그 효과는 극대화될

수 있습니다.

⑤ 조합설립에 성공 또는 실패하였던 추진위원회들에 대한 사례를 듣고 참고하는 과정은 매우 큰 도움이 될 수 있습니다. 이는 여러 리모델링사업지를 담당하고 있는 협력업체 또는 지역별 리모델링협의회에 문의하시면 쉽게 정보를 얻으실 수 있습니다.

⑥ 징구할 동의서에 첨부될 서류의 구비는 추진위원회도 참여하긴 하지만 주로 정비업체가 수행하게 되며, 이는 누락되거나 오류가 발생하는 경우 절차의 반복이 이루어질 수 있기 때문에 경험이 풍부한 전문가로 하여금 담당하도록 하는 것이 바람직합니다.

⑦ 동의서를 다 징구하였거나 65% 정도 징구하였을 때 창립총회를 준비하게 됩니다. 우선 임원 선출을 위한 선거관리위원 모집 공고를 하여 선거관리위원회를 구성해야 하고, 선관위는 조합임원 입후보 공고를 하게 됩니다. 총회책자 제작, 배포와 총회장소 대관 등 창립총회 개최 제반 과정은 주로 정비업체가 수행합니다.

[주택법]

제66조 (리모델링의 허가 등)

② 제1항에도 불구하고 대통령령으로 정하는 기준 및 절차 등에 따라 리모델링 결의를 한 리모델링주택조합이나 소유자 전원의 동의를 받은 입주자대표회의(「공동주택관리법」 제2조 제1항 제8호에 따른 입주자대표회의를 말하며, 이하 "입주자대표회의"라 한다)가 시장·군수·구청장의 허가를 받아 리모델링을 할 수 있다.

리모델링은 조합설립 방식으로만 추진할 수 있는 것인가요?

주택법 제66조에 따라 조합 외에 '입주자대표회의'도 리모델링허가 신청의 주체가 될 수 있기는 하나 소유자 전원의 동의를 받는 것은 현실적으로 어려우며, 현재 입주자대표회의가 주체가 되어 리모델링사업을 추진하고 있는 단지는 찾아보기 어렵습니다. 다만 조합설립 단계에서 입주자대표회의의 적극적인 협조가 이루어지는 경우 보다 신속하고 효율적인 동의서 징구가 가능하게 된다는 점에 착안하여, 최근에는 동대표와 입주자대표회의 임원들을 리모델링에 우호적인 인물들로 구성한 이후 동의서 징구를 시작하는 추진위원회가 늘어나고 있습니다.

운영규정 같은 것은 없지만 리모델링조합설립을 위하여 추진위원회 활동을 하고 있는데, 이러한 추진위원회의 법적 성격은 어떠한가요?

재개발·재건축의 경우 토지등소유자 과반수의 동의를 받아 설립(도시정비법 제31조 제1항)되는 추진위원회는 법령에서 정한 법정 단체에 해당하나, 리모델링의 경우 아무런 근거 규정이 없는 임의기구에 해당하며 추진위원회를 설립한 이후 비로소 구분소유자들로부터 동의서를 징구하기 시작한다는 점에서 가장 큰 차이가 있습니다.

한편 비법인사단의 지위를 얻기 위해서는 규약 및 단체로서의 조직을 갖추고, 구성원의 가입 탈퇴에 따른 변경에 관계없이 단체 그 자체가 존속하는 등 주요사항이 확정되어 있어야 하는바(대법원 1994. 6. 28. 선고 92다36052판결 참조), 리모델링조합설립을 위해 조직되는 추진위원회의 경우 임의기구인 비법인사단에 해당한다고 보는 것이 타당할 것입니다.

이러한 이유로 리모델링 추진위원회를 구성하거나 활동하는 주체에는 구분소유자이기만 한다면 특별한 제한이 없으며, 설령 입주자대표회의의 임원 또는 구성원이라 해도 마찬가지입니다. 다만 간혹 아파트관리규약에 '입주자대표회의의 임원은 재건축 또는 리모델링을 추진하는 단체의 임원을 겸직할 수 없다'는 규정을 두고 있는 경우가 있는데 이러한 경우 '추진위원장' 또는 '부추진위원장'의 직을 수행하는 것에는 제한이 따를 수 있습니다(반면 '추진위원'의 경우 임원으로 해석되지 않기에 제한 범위에 포함된다고 볼 수 없습니다).

 # 서울시 공동주택관리규약 준칙에는 동대표가 리모델링조합설립추진위원장이 될 수 없다는 규정이 있는데, 동대표는 추진위원장이 될 수 없는 것인가요?

서울시 공동주택관리규약 준칙의 내용은 이를 해당 아파트 관리규약에 포함시키지 않은 경우 규범력을 가지지 않습니다. 우리 법원은 아파트 입주자대표회의가 '서울시 관리규약'과 다른 내용으로 관리규약을 개정한 사안에서 "서울시 관리규약 준칙은 주택법 제44조, 주택법 시행령 제57조에 근거하여 서울특별시장이 공동주택의 관리 또는 사용에 관하여 준거가 되는 표준 관리규약으로 제정된 것으로서, 이는 공동주택의 입주자등이 이를 참조하여 자체적인 관리규약을 정하도록 하는 하나의 기준에 불과할 뿐이고, 강행규정 또는 일반적 구속력을 가지는 법규라고 볼 만한 아무런 근거가 없다. 따라서 개정된 관리규약이 서울시 관리규약 준칙과 다르다는 사정만으로 위 개정 조항이 상위법령에 위배된다거나 거기에 어떠한 하자가 있다고 할 수 없다(서울중앙지방법원 2017. 2. 16. 선고 2016가합6816 판결)"고 판시하였으며, 법제처 역시 "공동주택의 입주자등이 공동주택 어린이집의 임대료 및 임대기간에 관하여 관리규약 준칙에 따라 관리규약을 정하는 것이 바람직하다고 할 것이나, 공동주택의 개별적인 사정을 고려해 볼 때 관리규약 준칙을 따르는 것이 적절하지 않은 경우에는 관리규약 준칙에서 정한 내용과 다르게 관리규약을 정할 수 있다(법제처 법령해석 제17-0218호)"라고 해석한 바 있습니다.

따라서 해당 아파트 관리규약에 겸직을 금지하는 조항이 없는 경우라면 동대표도 추진위원장이 될 수 있다고 할 것입니다.

 # 장기수선충당금이나 관리비를 리모델링 추진비용으로 사용할 수 있나요?

공동주택 소유주와 관련되어 발생하는 잡수입 계정 또는 장기수선충당금으로 리모델링 추진비용을 사용할 수 있는지 여부와 관련하여 직접적으로 규율하고 있는 규정은 존재하지 않습니다. 다만 공동주택관리법 등 관련 법령이 제한하고 있는 목적을 벗어난 사용이 될 가능성이 크고 이 경우 처벌이 이루어질 수도 있다는 점을 고려한다면, 사용을 하지 않는 것이 바람직하다고 할 것입니다.

장기수선충당금의 최종적인 부담 주체가 주택의 소유자(공동주택관리법 제29조 제1항 및 제30조 제1항)인 점을 고려했을 때, 부담의 주체가 임차인이 될 수도 있는 '관리비'의 경우 더욱 사용이 불가하다고 볼 수 있을 것입니다.

입주자대표회의와 조합설립추진위원회의 관계는 어떠한가요?

입주자대표회의는 입주자등을 대표하여 공동주택의 관리에 관한 주요사항을 결정하기 위하여 공동주택관리법에 따라 구성하는 의결기구(공동주택관리법 제2조 제1항 제8호)로서, 공동주택 소유자들이 그 주택을 리모델링하기 위하여 설립할 조합(주택법 제2조 제11호 다목)의 전신(前身)인 추진위원회와는 별개의 단체에 해당합니다.

다만, 입주자대표회의는 입주자등의 권리·의무, 동대표의 선거 절차, 관리비의 부과·집행 등 공동주택의 운영 및 관리 전반에 대한 의사결정권을 가지고 있고, 이를 위한 안내·홍보·공고 등 입주자들과 직접적으로 의사소통할 수 있는 권한이 있는바 입주자들의 여론 형성에 지대한 영향을 미칠 수 있습니다. 따라서, 추진위원회에서 입주자대표회의 구성원 지위를 확보하거나 상호 협조적 관계를 형성할 경우 리모델링사업에 대한 홍보 및 동의율 확보에 도움이 되는 것은 물론 반대 세력으로서 소위 '비대위'의 창설 위험성을 줄일 수 있고, 소유자들의 의견 수렴을 통한 신속한 의사결정이 가능하여 종국적으로는 조속한 사업 완수에 기여할 수 있다고 하겠습니다.

추진위원회와 입주자대표회의 간 긴밀한 협조가 이루어지고 있기는 한데, 입주자대표회의에서 다소 이질적인 성격이라 할 수 있는 '리모델링사업 추진'에 대한 내용을 안건으로 상정할 법적 근거가 있을까요?

예컨대 단지 내 리모델링 추진위원회 사무실 배정이나 현수막 설치, 추진위원회 행사 시 엘리베이터 내 게시판 사용 등은 공동주택관리법 시행령 제14조 제2항 제3호의 '공동주택 관리방법의 제안'에 포섭되고, 사업 추진 여부를 놓고 구분소유자간 의견의 충돌이 격화되는 경우 동항 제15호(입주자등 상호간에 이해가 상반되는 사항의 조정), 제16조(공동체 생활의 활성화 및 질서유지에 관한 사항)에 근거하여 관리사무소를 통해 소유주들에게 문자메시지나 안내문을 발송하는 것을 제안할 수도 있습니다. 나아가 아파트 관리규약에 이와 관련하여 별도의 규정을 두고 있는 경우에는 해당 규정도 안건 상정의 근거가 될 수 있습니다.

리모델링조합설립을 추진하려고 하는데, 협력업체는 꼭 필요한 것인가요?

추진위원회 단계에서 반드시 필요한 협력업체는 설계업체, 정비업체, 자문변호사라고 할 수 있습니다. 이 단계에서 정비업체가 수행하는 주된 업무는 추진주체의 사업 전반에 대한 이해를 돕고 동의서를 징구하여 창립총회를 준비하는 것인데, 정비업체 없이 봉사자들과 함께 직접 동의서를 징구하고 스스로 공부하여 창립총회를 개최하는 경우도 간혹 있기는 합니다. 그러나 이는 쉽지 않은 일이며 특히 단지 규모가 클 경우 동의서 징구에 있어 어려움을 겪게 될 가능성이 크고, 무엇보다 추진위원회 회의나 창립총회 준비에 있어 절차적 정합성(整合性)을 충족하기 위해서는 건실한 정비업체의 조력을 받는 것이 필요하다고 볼 수 있습니다. 한편 리모델링조합설립을 위한 동의서에 포함되어야 하는 '설계의 개요'는 추진위원들이 자체적으로 마련하는 것은 사실상 불가능하기 때문에 설계업체와의 계약 또한 필수적으로 요구된다고 할 수 있습니다.

추진위원회 단계에서 자문변호사의 역할은 추진위원회와 입주자대표회의 또는 리모델링에 반대하는 소유자들과의 관계에서 발생하는 제반 법률문제를 해결하고 사업 전반에 대한 자문을 제공하는 것인데, 무엇보다 설계업체, 정비업체와의 계약서를 검토하는 것이 중요하다 할 것입니다. 추진위원회 단계에서 체결된 계약은 조합설립 이후 변경되기 매우 어려우며, 만일 독소조항이 포함되어 있는 경우라면 향후 조합설립 자체의 성패를 좌우할 정도의 큰 문제가 발생할 수도 있기에, 이를 사전에 방지하기 위하여 변호사와의 법률자문계약은 다른 협력업체들과의 계약 이전에 이루어지는 것이 바람직합니다.

 # 추진위원회가 이제 막 구성되었는데, 여러 협력업체들이 방문을 해 왔습니다. 다 괜찮은 업체인 것으로 보이는데 어떤 기준으로 선택하면 좋을까요?

① 리모델링과 정비사업(재개발, 재건축)의 설계는 유사한 점도 있긴 하지만 여러 측면에서 상이한 점이 많기에, 리모델링 분야에서 많은 경험을 보유한 설계업체를 선택하는 것이 좋습니다. 특히 설계업체는 건축심의 등과 같이 대관업무를 필연적으로 수반하는 영역을 관장하기에, 이러한 부분에 있어 특화된 곳을 선택하는 것이 좋습니다.

② 공동주택 리모델링사업을 끝까지(또는 권리변동계획확정 단계까지) 수행한 경험이 있는 임직원을 보유한 정비업체는 많지 않으며, 그러한 인원이 해당 현장을 직접 담당하거나 많이 신경을 써 줄 수 있는 조건이 충족되는 것은 매우 중요하다고 볼 수 있습니다. 다만 끝까지 경험을 하지 못했다 하더라도 많은 현장에서의 경험을 통해 지식과 노하우가 쌓인 경우라도 이에 준한다고 할 수 있으며, 재개발 재건축 과정도 큰 틀에서는 유사하기에 이러한 정비사업에서의 경험치도 고려될 수 있습니다.

③ 리모델링사업지를 많이 담당하고 있는 변호사는 추진 과정에서 발생하는 제반 법률문제의 해결뿐만 아니라 절차 진행에 대한 조력까지 가능합니다. 변호사는 각각 특화된 전문분야가 존재하며, 정비사업과 리모델링 관련 업무를 오래 영위하고 많은 현장 경험이 있는 곳을 선택하는 것이 좋습니다.

④ 리모델링이나 정비사업의 경험이 없는 추진주체가 이 단계에서, 어떤 업체가 좋고 일을 잘하는지 옥석을 구분하는 것은 매우 어렵습니다. 따라서 이미 사업을 진행하고 있는 주변 단지나 조합들이 주체가 되어 각 지역별로 창설되고 있는 리모델링협의회(서울의 경우 '서울시 리모델링 협의회')에 문의하여 많은 업체들을 경험한 조합장님들의 조언을 구하는 것이 무엇보다 최선이라 할 수 있을 것입니다.

추진위원회에서 협력업체를 선정하고자 하는데, 어떤 절차를 거쳐야 하는지 법령에서 정하고 있는 것이 있을까요?

리모델링의 경우 주택법령에서 시공자를 제외하고는 협력업체의 선정에 관하여 아무런 규율을 하고 있지 않기 때문에 그 선정 절차 또는 방식에 있어 특별한 제한이 없지만, 선정 절차에 있어 공정성 또는 염결성(廉潔性) 관련 논란을 사전에 방지하기 위하여 대부분의 추진위원회는 도시정비법시행령 제24조에서 정하고 있는 것과 같이 총 용역대금(추정치)이 5천만 원이 넘는 용역의 경우 입찰절차를 거쳐 업체를 선정하고 있습니다. 추진위원회에서 행한 선정 및 계약체결에 대하여는 향후 창립총회에서 추인을 받고 있으며, 만일 추인을 받지 못하는 경우 기 수행 업무에 대한 용역비를 정산하고 다른 업체를 선정하는 절차를 진행하게 됩니다.

협력업체를 선정하고자 하는데, 현재 추진위원회에는 자금이 없습니다. 어찌해야 할까요?

추진위원회 단계에서 협력업체의 선정이 이루어지는 경우 계약서에는 거의 대부분 '시공자 선정 이후 용역비를 정산하여 지급'한다는 조항이 포함됩니다. 이와 같이 사후 정산이 이루어지기에 추진위원회 단계에서의 업체 선정에 있어 자금 보유 유무를 고민하실 필요는 없습니다.

우리 단지에는 상가가 두 동이 있는데, 이때 조합설립에 대한 동의율은 각각 산정하는 것인가요?

재건축사업에 관하여 도시 및 주거환경정비법 제35조 제3항이 "복리시설의 경우에는 주택단지 안의 복리시설 전체를 하나의 동으로 본다"는 규정을 두고 있음과 달리 공동주택 리모델링에 관하여는 주택법령에서 이러한 취지의 규정을 두지 않은 점 등을 고려, 주택단지에 다수의 상가가 존재하는 경우 동의율을 산정할 시 각 동별로 그 동의율을 산정하여야 합니다. 한편 하나의 동에 아파트와 상가가 혼존하는 경우에는 상가 소유자와 아파트 소유자 모두 동의율 산정에 포함되는 소유자에 해당됩니다(대법원 2011. 10. 27. 선고 2009다5834판결).

조합설립동의서에 지장 날인이나 인감도장 날인이 필요한가요?

주택법령에서는 이와 관련한 규정을 두고 있지 아니하기에 조합설립동의서에 지장이나 인감도장의 날인이 요구된다고 볼 수는 없습니다. 예컨대 재건축에 적용되는 도시정비법 제36조 제2항, 제3항은 인감도장의 날인(인감증명서 첨부 포함) 또는 관할 행정청의 검인(劍印)이 요구되는 특별한 경우를 별도로 명확하게 규율하고 있는바, 이와 같이 별도의 규정이 존재하는 경우가 아니라면 구분소유자가 직접 행한 의사표시에 따른 동의가 이루어졌음이 확인될 수 있는 방법으로서 자필 서명과 날인으로 충분하다고 할 것입니다.

리모델링조합설립 동의서 65% 걷었는데, 창립총회가 가능할까요?

리모델링조합의 설립과 창립총회는 다른 개념입니다. 예컨대 재건축의 경우 도시정비법 시행령 제27조 제1항에서 조합설립을 위한 동의를 받은 후 창립총회를 개최해야 한다고 명시하고 있는데, 주택법에는 이러한 규율이 없기에 리모델링의 경우 창립총회 개최 후 컨벤션효과(Convention Effect)를 이용하여 나머지 동의서를 징구한 뒤 동의율이 충족되면 조합설립인가신청을 하는 것도 가능합니다.

3-1. 리모델링주택조합설립

이 단계에서 조합은 무엇을 해야 할까?

① 창립총회를 개최하여 임원, 대의원을 구성한 경우, 조합설립인가신청을 위한 준비를 하게 됩니다. 인가 이후에는 법인등기를 하게 됩니다. 조합설립인가신청을 위한 서류와 자료들의 작성 및 취합은 조합 스스로 할 수도 있긴 하지만, 주로 정비업체가 수행하게 됩니다.

② 조합설립인가를 받은 날로부터 3개월이 지난 날로부터 30일 이내에 외부회계감사를 받아야 합니다. 아래 조문에서 확인할 수 있는 바와 같이, 이를 해태하는 경우 형사처벌을 받을 수 있기 때문에 반드시 숙지하셔야 하는 사항에 해당합니다.

③ 조합설립인가를 받은 이후에는 리모델링사업에 있어 가장 중요하다고 볼 수 있는 시공자 선정을 위해 건설회사들과 미팅을 가지고 공사도급계약 관련 정보를 얻어야 합니다. 주요 거점에 위치하고 있거나 대단지에 해당하는 경우 등에는 많은 건설회사들이 먼저 콘택트를 해 오기도 하지만, 소규모 단지의 경우 관심을 보이는 건설사가 없을 수도 있습니다. 이 경우 조합임원들이 직접 발로 뛰며 후보를 물색하셔야 합니다.

④ 시공자 선정 이전에 조합원들이 어떤 설계, 또는 어떤 커뮤니티 시설 등을 원하는지 파악하기 위해 미리 설문조사를 실시할 경우, 설계안과 시공자 선정에 반영이 가능하기에 매우 유용하게 활용할 수 있습니다.

⑤ 조합이 시공자 선정을 준비하는 동안 도시계획업체를 선정하여 도시계획위원회 심의(50세대 이상 증가되는 경우)를 준비하는 경우도 있고, 설계업체는 건축위원회 심의를 준비하기 시작하는데, 조합도 함께 참여하며 내용을 숙지해야 합니다.

[주택법]

제5조 (공동사업주체)

② 제11조에 따라 설립된 주택조합(세대수를 증가하지 아니하는 리모델링주택조합은 제외한다)이 그 구성원의 주택을 건설하는 경우에는 대통령령으로 정하는 바에 따라 등록사업자(지방자치단체·한국토지주택공사 및 지방공사를 포함한다)와 공동으로 사업을 시행할 수 있다. 이 경우 주택조합과 등록사업자를 공동사업주체로 본다.

주택법 제5조가 말하는 '공동사업주체'는 무엇인가요?

도시정비법 제25조 제2항은 재건축조합이 건설업자 등(이하 건설업자를 기준으로 설명)과 공동으로 사업시행자가 될 수 있도록 하는 공동사업시행자 방식에 대한 규정인데, 이는 조합과 시공자가 협약을 체결하고 공동사업 시행 주체로서 이익과 위험부담을 함께 향수하는 방식을 의미합니다(도급제와 지분제의 구분은 시공자와 체결하는 계약의 방식에 따른 분류입니다). 이 경우 사업비 조달주체가 시공자가 되는 등의 이익이 있지만, 반면에 개발이익을 공유하면서 발생하는 조합원들의 경제적 이익 감소 등의 단점도 있기에, 과거에 초과이익환수제 회피, 환경영향평가 대응 등과 같이 특수한 문제에 당면한 경우 고려가 이루어졌습니다.

리모델링의 경우 과거 리모델링조합이 법인격을 부여받기 전 공사도급계약과 함께 공동사업추진 협약을 체결하고 사업을 진행하는 예가 있기는 하지만, 주택법 개정에 따라 법인격이 인정된 이후부터는 시공자 선정이 빠르게 이루어지고 개발이익의 볼륨 자체가 크지 않다는 리모델링사업의 특성상 조합과 시공자 양측 모두 공동시행의 유인이 크지 않기에, 도시정비법 제25조 제2항에 대응되는 주택법 제5조 제2항에 따른 공동사업시행은 거의 이루어지지 않고 있습니다.

제11조 (주택조합의 설립 등)

① 많은 수의 구성원이 주택을 마련하거나 리모델링하기 위하여 주택조합을 설립하려는 경우(제5항에 따른 직장주택조합의 경우는 제외한다)에는 관할 특별자치시장, 특별자치도지사, 시장, 군수 또는 구청장(구청장은 자치구의 구청장을 말하며, 이하 "시장·군수·구청장"이라 한다)의 인가를 받아야 한다. 인가받은 내용을 변경하거나 주택조합을 해산하려는 경우에도 또한 같다.

바로 옆에 붙어 있기는 하나 다른 브랜드인 아파트단지와 하나의 조합을 만들 수 있는 것인가요?

수 개의 주택단지 내의 공동주택 구분소유자들이 하나의 리모델링 주택조합을 설립하는 것을 주택법이나 관계 법령에서 금지하고 있지 아니하므로, 이러한 형태의 리모델링조합설립도 가능하다고 할 것입니다(대법원 2011. 10. 27. 선고 2009다5834판결 참조).

전임 조합장이 리모델링조합설립 동의서를 받기 위해 특정 소유자가 이사 오면서 지출한 인테리어비용을 향후 보전해 주겠다는 내용의 확약서에 날인을 하였는데, 현 조합에서 이행해야 되는 것인가요?

조합규약에 따로 정하거나 총회의 의결을 거치는 등의 방법으로 정당성을 확보하는 것이 절대적으로 불가능한 것은 아니지만, 실제로 허용된 사례는 아직까지 확인된 바 없습니다. 만일 조합장이 이를 임의로 이행하는 경우 배임에 해당할 수 있으며, 조합원 간 형평성을 해치는 내용에 해당하기에 불가하다고 새기시는 것이 타당할 것입니다.

③ 제1항에 따라 주택을 리모델링하기 위하여 주택조합을 설립하려는 경우에는 다음 각 호의 구분에 따른 구분소유자(「집합건물의 소유 및 관리에 관한 법률」 제2조 제2호에 따른 구분소유자를 말한다. 이하 같다)와 의결권(「집합건물의 소유 및 관리에 관한 법률」 제37조에 따른 의결권을 말한다. 이하 같다)의 결의를 증명하는 서류를 첨부하여 관할 시장·군수·구청장의 인가를 받아야 한다.

1. 주택단지 전체를 리모델링하고자 하는 경우에는 주택단지 전체의 구분소유자와 의결권의 각 3분의 2 이상의 결의 및 각 동의 구분소유자와 의결권의 각 과반수의 결의

 # 조합설립인가 직후 조합원이 조합설립동의철회서를 제출하였는데, 반영해야 하는 것인가요?

대법원은 리모델링주택조합이 창립총회 이후 조합설립인가신청을 하였으나 구분소유자들 중 리모델링결의에 동의한 일부가 동의를 철회하여 행정청으로부터 1동을 제외한 나머지 동에 대하여만 설립인가를 받았다가, 조합설립 및 행위허가 동의서를 추가로 받아 제외된 1동을 추가하는 리모델링주택조합설립변경인가를 받았는데, 변경인가 전날 1동의 구분소유자들 중 갑, 을이 조합원탈퇴신청서를 제출한 사안에서, 우선 갑, 을은 조합규약에서 정한 요건을 갖추지 못하여 탈퇴하였다고 할 수 없고, 조합원탈퇴신청을 리모델링결의에 대한 동의를 철회하는 것으로 보더라도 이는 리모델링결의 성립 후에 이루어진 것으로서 효력이 없다고 판시한 바 있습니다(대법원 2011. 2. 10. 선고 2010두20768, 20775판결 참조).

한편 조합설립에 대한 동의의 철회는 조합설립인가 '신청' 전까지만 가능하며, 인가신청시를 기준으로 동의율과 정족수를 판단하게 됩니다(재개발조합에 대한 것으로서, 대법원 2014. 4. 24. 선고 2012두21437판결 참조).

 # 우리 아파트에는 상가가 두 동이 있는데, 한 동은 동의를 하고 한 동은 동의율이 미달되었습니다. 두 동을 합칠 경우에는 (상가 두 동의) 동의율이 50%를 넘고, 아파트를 포함한 전체 동의율도 67%를 넘는다면 조합설립이 가능한 건가요?

도시정비법에는 재건축사업의 경우 상가가 여러 동이 있을 때 전체를 하나의 동으로 간주하는 조항이 있는데(제35조 제3항), 주택법에는 이와 같은 규정이 존재하지 않기에 동의율이 50%에 미달한 상가를 포함한 상태로 조합설립인가를 받을 수 없습니다. 따라서 해당 상가 부분을 제외하고 조합설립을 진행하셔야 합니다.

 # 조합설립변경인가를 받기 위해서는 또다시 조합설립인가 때와 같은 66.7% 이상의 동의가 필요한 것인가요?

조합설립변경인가의 경우에는 그 대상이 되는 사항에 관하여 조합규약 등에 따른 의결요건을 갖춘 서류를 제출함으로써 적법하게 변경인가를 받을 수 있는 것이지 설립인가의 경우처럼 주택단지 전체 구분소유자와 의결권의 각 3분의 2 이상의 결의를 요한다고 볼 수는 없습니다(서울고등법원 2021. 5. 7. 선고 2020나2028915판결).

추진위원회에서 정비업체가 아니라 PM사와 계약을 체결하고 조합설립을 위한 동의서를 징구해도 되는 것일까요?

도시정비법이 적용된 사안으로서, 대법원은 최근 정비업체가 정비사업조합의 서면결의서 징구 업무를 다른 업체(정비업체가 아닌)로 하여금 대행하게 한 경우 도시정비법 제102조 제1항 제1호 위반에 해당하여 제138조 제1항 제5호에 따라 처벌하는 것은 정당하다는 판시를 한 바 있습니다(대법원 2022. 12. 29. 선고 2022도1486판결 참조). 그런데 주택법에는 정비사업전문관리업자 또는 이에 대응하는 사업관리사업자에 대한 규정이 전무하기에 리모델링사업에 있어 위와 같은 방식에 따른 동의서 징구가 위법하다고 보기는 어렵습니다.

2. 동을 리모델링하고자 하는 경우에는 그 동의 구분소유자 및 의결권의 각 3분의 2 이상의 결의

④ 제5조 제2항에 따라 주택조합과 등록사업자가 공동으로 사업을 시행하면서 시공할 경우 등록사업자는 시공자로서의 책임뿐만 아니라 자신의 귀책사유로 사업 추진이 불가능하게 되거나 지연됨으로 인하여 조합원에게 입힌 손해를 배상할 책임이 있다.

⑦ 제1항에 따라 인가를 받는 주택조합의 설립방법·설립절차, 주택조합 구성원의 자격기준·제명·탈퇴 및 주택조합의 운영·관리 등에 필요한 사항과 제5항에 따른 직장주택조합의 설립요건 및 신고절차 등에 필요한 사항은 대통령령으로 정한다.

⑧ 제7항에도 불구하고 조합원은 조합규약으로 정하는 바에 따라 조합에 탈퇴 의사를 알리고 탈퇴할 수 있다.

'조합원은 임의로 탈퇴할 수 없다. 다만, 부득이한 사유가 발생한 경우 총회 또는 대의원회 의결에 따라 탈퇴할 수 있다.'는 조합규약 내용은 적법한 것인가요?

주택법 제11조 제8항은 '동조 제7항에도 불구하고 조합원이 조합규약으로 정하는 바에 따라 탈퇴할 수 있다'고 정하고 있고, 동조 제7항은 조합원의 탈퇴에 관하여 대통령령에 위임하여 정하는 것으로 규정되어 있으나, 동조의 위임을 받은 주택법 시행령 제20조 내지 제23조는 조합의 설립절차 및 구성원의 자격 등 다른 기준에 대하여만 정하고 있을 뿐 조합원의 탈퇴에 관한 기준은 별도로 정하지 아니하고 있으며, 주택법 시행령 제20조 제2항 제4호, 제6호의2에 탈퇴 등에 관한 사항을 조합규약에서 정하도록 의무화하고 있을 뿐입니다.

조합원의 탈퇴에 관한 위 주택법 제11조 제7항 내지 제9항은 2016. 12. 2. 법률 제14344호로 주택법이 개정됨에 따라 신설된 조항임에도 불구하고, 위에서 확인되는 바와 같이 주택법 본문 및 동법 시행령 관련 규정 어디에도 조합원이 탈퇴 의사를 알리기만 하면 언제든 임의로 탈퇴할 수 있도록 정하지는 아니하였으며, 그 전제조건으로서 '조합규약으로 정하는 바'에 따르도록 정하여 재량권을 부여하고 있습니다. 만일 조합규약의 여하(如何)와 무관하게 무제한적으로 조합원의 탈퇴를 보장할 목적이었다고 한다면, '조합규약으로 정하는 바'를 전제조건으로 명시하여 개정(신설)할 이유가 전혀 없다고 할 것입니다.

대법원은 조합원 탈퇴에 관하여 본 사례와 동일한 내용으로 규정하고 있는 리모델링조합의 조합원이 탈퇴신청서를 제출한 사안에서, "… '조합원은 임의로 조합을 탈퇴할 수 없다. 다만 부득이한 사유가 발생한 경우 총회 또는 대의원회의 의결에 따라 탈퇴할 수 있다.'고 규정하고 있는 사실 등을 알 수 있고, 소외 1, 2의 조합원 탈퇴신청에 대하여 이 사건 변경인가처분 전에 조합규약 제11조 제4항 단서에 따른 참가인 조합의 총회 또는 대의원회의의 의결이 있었다고 볼 만한 자료가 없다. 위 사실을 앞서 본 법리에 비추어 살펴보면, 소외 1, 2는 참가인 조합의 조합규약 제11조 제4항 단서가 정한 요건을 갖추지 못하여 조합에서 탈퇴하였다고 할 수 없고…(대법원 2011. 2. 10. 선고 2010두20768, 20775 판결)"라고 판시하여, 조합원 탈퇴에 관한 제한이 유효함을 전제로 조합규약에서 정한 절차를 거치지 아니한 경우 탈퇴 효력이 없다는 취지로 판단한 바 있습니다. 이는 주택법 제11조 제7항 내지 제9조가 신설되기 이전의 사실관계에 대한 판시사항이나, 앞서 살펴본 바와 같이 신설된 주택법 제11조 제7항 내지 제9조는 조합원의 탈퇴에 관한 조합규약의 내용 및 범위를 제한하거나 그 한계를 설정하는 내용이 전혀 포함되어 있지 아니하여 위 사실관계에 대한 대법원의 판단에 어떠한 영향을 미친다고 볼 수 없는바, 동 규정의 신설을 전후로 위 대법원의 판시사항을 다르게 해석할 이유가 없기에 사례의 규약 내용은 적법하다고 할 것입니다.

⑨ 탈퇴한 조합원(제명된 조합원을 포함한다)은 조합규약으로 정하는 바에 따라 부담한 비용의 환급을 청구할 수 있다.

제14조의3(회계감사)

〈제1항 ⇒ 벌칙규정 : 제104조 제4호의4 / 양벌규정 : 제105조 제2항〉

① 주택조합은 대통령령으로 정하는 바에 따라 회계감사를 받아야 하며, 그 감사결과를 관할 시장·군수·구청장에게 보고하여야 한다.

〈제2항 ⇒ 벌칙규정 : 제104조 제4호의5 / 양벌규정 : 제105조 제2항〉

② 주택조합의 임원 또는 발기인은 계약금등(해당 주택조합사업에 관한 모든 수입에 따른 금전을 말한다)의 징수·보관·예치·집행 등 모든 거래 행위에 관하여 장부를 월별로 작성하여 그 증빙서류와 함께 제11조에 따른 주택조합 해산인가를 받는 날까지 보관하여야 한다. 이 경우 주택조합의 임원 또는 발기인은 「전자문서 및 전자거래 기본법」 제2조 제2호에 따른 정보처리시스템을 통하여 장부 및 증빙서류를 작성하거나 보관할 수 있다.

리모델링사업과 관련하여 세금 혜택은 재건축과 동일한가요?

		재산세, 종부세(조합원) / 법인세, 부가가치세(조합)	취득세	양도소득세
재개발 · 재건축	조합원	관리처분계획인가 전 - 토지, 건물에 대하여 부담 관리처분계획인가 후 건물 멸실 - 토지에 대하여만 부담	감면규정 有(원조합원과 승계조합원에 따라 차이 有)	감면규정 有(원조합원과 승계조합원에 따라 차이 有)
	조합	일반분양과 관련된 수입분에 한하여 부담	매도청구에 따른 취득 시 중과세에 대한 감면규정 有	

리모델링	조합원	철거 이후에도 토지, 건물에 대하여 부담	건물 - 대수선부분, 증축부분 모두 대상이 되나 세율은 상이함 토지 - 부담하지 않음	중과세율, 대체주택 매수 관련하여 감면규정 없음, 세대 위치 변경 시에는 부담하지 않음
	조합	감면규정 없음(부가가치세의 경우 일부 예외)	매도청구에 따른 취득 시 중과세에 대한 감면규정 有, 일반분양분의 경우 건물, 토지(조합원들로부터 매수하는 대지지분) 모두 부담	

조합원이 납부한 추가분담금에 대하여 조합이 법인세를 납부해야 하는 것인가요?

부산고등법원은 조합원이 납부한 추가분담금은 추가적인 출자의 납입에 해당하므로 법인세 과세대상인 수익사업에서 생긴 소득이라 할 수 없어 법인세 부과대상이 아니라고 판시한 바 있습니다(부산고등법원 2018. 7. 20. 선고 2018누20238 판결).[2]

이는 비록 재건축조합에 대한 판결이지만, 추가분담금이 추가 출자의 납입에 해당함은 재건축사업과 리모델링사업에 차이가 없다고 할 것이어서 이에 관하여 법인세가 부담되지 않는다는 법리는 리모델링조합에 대하여도 동일하게 적용될 것이라고 사료됩니다.

> **제76조 (공동주택 리모델링에 따른 특례)**
>
> ⑤ 리모델링주택조합의 법인격에 관하여는 「도시 및 주거환경정비법」 제38조를 준용한다. 이 경우 "정비사업조합"은 "리모델링주택조합"으로 본다.

주택법 부칙에 제76조 제5항에 대한 경과규정을 따로 두고 있지 않은데, 그럼 이 조항이 신설되기 전에 설립된 조합은 어떻게 되는 것인가요?

법령의 부칙에 있는 경과규정은 해당 개정 또는 신설에 따른 적용의 예외를 두기 위한 것으로, 이를 정하지 않는 경우 그 수범 대상에는 별도의 제한이 없는 것이라 할 수 있습니다. 2020. 1. 23. 주택법 제76조 제5항의 신설로 리모델링조합은 법인으로의 지위를 가지게 되었고, 이는 기존에 설립되어 있던 조합들에도 일괄적으로 효력이 미치게 되는 내용에 해당합니다.

한편, 주택법 제76조 제5항과 관련하여 간혹 조합에서 설립등기 시 '리모델링주택조합'이라는 명칭을 정확히 포함시키지 않는 경우가 있는데, 이는 반드시 준수되어야 하는 사항에 해당하기에 유의하셔야 합니다.

---

2) 이는 대법원 2018. 12. 6. 선고 2018두54040 판결로 확정되었습니다.

제94조 (사업주체 등에 대한 지도·감독)

〈벌칙규정 : 제104조 제14호 / 양벌규정 : 제105조 제2항〉

국토교통부장관 또는 지방자치단체의 장은 사업주체 및 공동주택의 입주자·사용자·관리주체·입주자대표회의나 그 구성원 또는 리모델링주택조합이 이 법 또는 이 법에 따른 명령이나 처분을 위반한 경우에는 공사의 중지, 원상복구 또는 그 밖에 필요한 조치를 명할 수 있다.

제96조 (청문) 국토교통부장관 또는 지방자치단체의 장은 다음 각 호의 어느 하나에 해당하는 처분을 하려면 청문을 하여야 한다.

2. 제14조 제2항에 따른 주택조합의 설립인가취소

[주택법 시행령]

제20조 (주택조합의 설립인가 등)

① 법 제11조 제1항에 따라 주택조합의 설립·변경 또는 해산의 인가를 받으려는 자는 신청서에 다음 각 호의 구분에 따른 서류를 첨부하여 주택건설대지(리모델링주택조합의 경우에는 해당 주택의 소재지를 말한다. 이하 같다)를 관할하는 시장·군수·구청장에게 제출해야 한다.

1. 설립인가신청 : 다음 각 목의 구분에 따른 서류

가. 지역주택조합 또는 직장주택조합의 경우

1) 창립총회 회의록

2) 조합장선출동의서

창립총회에서 이사, 대의원이 조합규약에서 정한 최소 정수에 미달하여 선출된 경우 조합설립인가신청이 가능한가요?

주택법 시행령 제20조 제1항 제1호 나목에서는 리모델링주택조합 조합설립인가신청 시 창립총회 회의록, 조합장선출동의서, 조합원 전원이 자필로 연명(連名)한 조합규약, 조합원 명부, 사업계획서 등의 서류를 첨부하도록 하고 있을 뿐 조합 이사나 대의원이 선임되었음을 증명하는 서류를 첨부할 것을 요구하고 있지 않기에 신청은 가능하다 할 것이고, 다만 인가 시 향후 총회에서 적정수의 이사를 선임할 것을 조건을 부가할 가능성은 있을 것으로 보입니다.

3) 조합원 전원이 자필로 연명(連名)한 조합규약

4) 조합원 명부

5) 사업계획서

나. 리모델링주택조합의 경우

1) 가목 1)부터 5)까지의 서류

2) 법 제11조 제3항 각 호의 결의를 증명하는 서류. 이 경우 결의서에는 별표 4 제1호 나목 1)부터 3)까지의 사항이 기재되어야 한다.

분담금은 언제 정확하게 알 수 있는 것인가요?

주택법 시행령 제20조 제1항 제1호 나목 2)에 따라 조합설립을 위한 동의서에는 공사비, 조합원의 비용분담 명세가 기재되어 있어야 합니다. 그런데 이는 개략적인 정보만을 의미하고 소유자별로 구체적인 분담금 추산액 또는 이를 산출하기 위한 구체적인 정보나 자료를 제공해야 하는 것을 의미하는 것이 아닙니다(재개발조합에 대한 것으로서 대법원 2020. 9. 7. 선고 2020두38744판결 참조). 분담금은 건축심의 후 권리변동계획 수립 시에 보다 구체화되며, 사업계획승인(행위허가) 이후 감정평가사의 감정평가를 통해 분담금확정총회에서 비로소 명확한 액수가 도출된다 할 것입니다. 그러나 이 또한 절대불변의 사항은 아니며 향후 사업비의 변동에 따라 달라질 수도 있습니다.

분담금은 어떻게 산출하는 것인가요?

리모델링 이후 소유하게 되는 세대에 대한 감정평가를 종후자산평가, 기존에 소유하고 있는 세대에 대한 감정평가를 종전자산평가라고 하는데, 종후자산 감정가액에서 조합원의 권리가액(종전자산 감정평가액에 비례율을 곱하여 산출)을 뺀 금액이 분담금입니다.

세대별 분담금 = 종후자산 감정평가액(리모델링 후 주택가격) - {종전자산 감정평가액(리모델링전 주택가격) × 비례율}

비례율 = (리모델링 후 주택가격 등 총 수입 - 총 사업비) ÷ 리모델링 전 주택가격 총 가액

동일한 평형이라고 해도 동별, 층별, 호별로 그 가치가 상이하므로 이에 따라 분담금이 달라질 수 있습니다. 서울시의 경우 '정비사업 정보몽땅'에서 분담금 추정 프로그램을 제공하고 있으며, 지자체별로 자체적인 추정분담금 정보시스템을 제공하는 경우가 있으니 이용하신다면 참고가 될 수 있을 것으로 보입니다.

3) 「건축법」 제5조에 따라 건축기준의 완화 적용이 결정된 경우에는 그 증명서류

주택법 시행령에서 조합설립인가신청 시 건축기준의 완화 적용에 대한 증명서류를 제출하도록 하고 있는데, 이것이 대체 무엇인가요?

주택법 시행령 제20조 제1항 제1호 나목 3)에서는 건축법 제5조에 따라 건축기준의 완화 적용이 결정된 경우 그 증명서류를 조합설립인가 시 제출하도록 규정하고 있습니다. 하지만 건축기준의 적용 여부는 건축심의 단계에서 비로소 이루어지기에 문언상 조합설립인가신청 단계에서는 '아직 결정된 사항이 전혀 없기에' 관련 서류는 제출할 필요가 없으며, 실질적으로 사문화된 규정에 해당한다고 이해하시면 될 것입니다.

> 4) 해당 주택이 법 제49조에 따른 사용검사일(주택단지 안의 공동주택 전부에 대하여 같은 조에 따라 임시 사용승인을 받은 경우에는 그 임시 사용승인일을 말한다) 또는 「건축법」 제22조에 따른 사용승인일부터 다음의 구분에 따른 기간이 지났음을 증명하는 서류
> 가) 대수선인 리모델링 : 10년
> 나) 증축인 리모델링 : 법 제2조 제25호 나목에 따른 기간
> 2. 변경인가신청 : 변경의 내용을 증명하는 서류
> 3. 해산인가신청 : 조합해산의 결의를 위한 총회의 의결정족수에 해당하는 조합원의 동의를 받은 정산서
> ② 제1항 제1호 가목 3)의 조합규약에는 다음 각 호의 사항이 포함되어야 한다.
> 1. 조합의 명칭 및 사무소의 소재지
> 2. 조합원의 자격에 관한 사항
> 3. 주택건설대지의 위치 및 면적
> 4. 조합원의 제명·탈퇴 및 교체에 관한 사항
> 5. 조합임원의 수, 업무범위(권리·의무를 포함한다), 보수, 선임방법, 변경 및 해임에 관한 사항

조합규약에서 조합임원의 해임발의를 위해서는 조합원 5분의 1 이상의 요구가 있어야 한다고 정하였는데, 인가가 나오는 데 문제없을까요?

법원은 도시정비법이 적용되는 정비사업조합의 임원과 관련, 정관에서 해임사유를 제한하거나 해임 결의를 위한 총회소집절차에 관한 요건을 가중하는 방식으로 해임의 요건을 강화할 수 없다고 판단하는 추세이며(서울동부지방법원 2018. 1. 26. 자 2018카합10040결정 참조), 리모델링조합설립인가 심의 시에도 해임 요건을 강화한 조합규약에 대하여는 거의 대부분 지적이 이루어지고 있다는 점을 고려했을 때 이러한 내용의 요건 강화는 바람직하지 않다고 할 것입니다. 다만 이는 인가 반려 사유에 해당한다고 보기는 어렵고, 보완사항으로서 차기 총회에서 해당 조항을 개정하는 것을 조건으로 인가를 득하는 것이 가능하다 할 것입니다.

한편 이와 관련하여 주택법령에서는 명확한 규정을 두고 있지 않기에 인가를 담당하는 각 지역 행정청마다 다른 기조를 보이고 있는바, 지역에 따라 아무 문제없이 인가가 나오는 경우도 있습니다.

6. 조합원의 비용부담 시기 · 절차 및 조합의 회계
6의2. 조합원의 제명 · 탈퇴에 따른 환급금의 산정방식, 지급시기 및 절차에 관한 사항

 # 조합설립인가를 신청하였는데 주무관으로부터 조합규약에 주택법 시행령 제20조 제2항 제6호의2의 제명, 탈퇴에 따른 환급에 따른 내용이 없어 보완이 필요할 것 같다는 연락을 받았습니다. 어찌해야 할까요?

주택법령은 리모델링조합만이 아니라 지역주택조합과 직장주택조합까지 규율하고 있으며, 세 가지 형태 전부에 적용되는지 아니면 그중 특정 형태에만 국한되는지에 대한 설명은 일부 미흡한 부분이 있어 향후 개정을 통한 보완이 필요한 상황입니다. 일례로 주택법 시행령 제20조 제2항 제6호의2에서의 조합원 제명, 탈퇴에 따른 환급은, 가입비나 업무대행비 등 조합원으로 가입하면서 금원을 지급하는 지역주택조합이나 직장주택조합을 전제로 하는 것임에도 불구하고 이를 명시하고 있지 않아 리모델링조합설립 선례가 존재하지 않는 지역에서는 간혹 혼선을 빚기도 합니다. 그러나 리모델링사업에서는 신탁등기 이전까지 금전이나 현물출자를 따로 행하지 않고 신탁등기 이후에도 통상적인 신탁 부동산의 소유권 이전 절차에 따르면 되기에 환급의 개념은 결부되기 어려우며, 이러한 내용을 조합규약에 정할 필요가 없다는 것에는 이론의 여지가 없다 할 것입니다(반대로, 탈퇴하는 조합원의 그때까지 투하된 사업비에 대한 분담금 납부에 대한 규정을 두는 경우는 있습니다).

7. 사업의 시행시기 및 시행방법
8. 총회의 소집절차 · 소집시기 및 조합원의 총회소집요구에 관한 사항
9. 총회의 의결을 필요로 하는 사항과 그 의결정족수 및 의결절차
10. 사업이 종결되었을 때의 청산절차, 청산금의 징수 · 지급방법 및 지급절차
11. 조합비의 사용 명세와 총회 의결사항의 공개 및 조합원에 대한 통지방법
12. 조합규약의 변경 절차
13. 그 밖에 조합의 사업 추진 및 조합 운영을 위하여 필요한 사항

⑧ 리모델링주택조합설립에 동의한 자로부터 건축물을 취득한 자는 리모델링주택조합설립에 동의한 것으로 본다.
⑨ 시장 · 군수 · 구청장은 해당 주택건설대지에 대한 다음 각 호의 사항을 종합적으로 검토하여 주택조합의 설립인가 여부를 결정하여야 한다. 이 경우 그 주택건설대지가 이미 인가를 받은 다른 주택조합의 주택건설대지와 중복되지 아니하도록 하여야 한다.
1. 법 또는 관계 법령에 따른 건축기준 및 건축제한 등을 고려하여 해당 주택건설대지에 주택건설이 가능한지 여부
2. 「국토의 계획 및 이용에 관한 법률」에 따라 수립되었거나 해당 주택건설사업기간에 수립될 예정인 도시 · 군계획(같은 법 제2조 제2호에 따른 도시 · 군계획을 말한다)에 부합하는지 여부
3. 이미 수립되어 있는 토지이용계획
4. 주택건설대지 중 토지 사용에 관한 권원을 확보하지 못한 토지가 있는 경우 해당 토지의 위치가 사업계획서상의 사업시행에 지장을 줄 우려가 있는지 여부

⑩ 시장·군수·구청장은 법 제11조 제1항에 따라 주택조합의 설립인가를 한 경우 다음 각 호의 사항을 해당 지방자치단체의 인터넷 홈페이지에 공고해야 한다. 이 경우 공고한 내용이 법 제11조 제1항에 따른 변경인가에 따라 변경된 경우에도 또한 같다.

1. 조합의 명칭 및 사무소의 소재지
2. 조합설립 인가일
3. 주택건설대지의 위치
4. 조합원 수
5. 토지의 사용권원 또는 소유권을 확보한 면적과 비율

⑪ 주택조합의 설립·변경 또는 해산 인가에 필요한 세부적인 사항은 국토교통부령으로 정한다.

제21조 (조합원의 자격)

① 법 제11조에 따른 주택조합의 조합원이 될 수 있는 사람은 다음 각 호의 구분에 따른 사람으로 한다. 다만, 조합원의 사망으로 그 지위를 상속받는 자는 다음 각 호의 요건에도 불구하고 조합원이 될 수 있다.

3. 리모델링주택조합 조합원 : 다음 각 목의 어느 하나에 해당하는 사람. 이 경우 해당 공동주택, 복리시설 또는 다목에 따른 공동주택 외의 시설의 소유권이 여러 명의 공유(共有)에 속할 때에는 그 여러 명을 대표하는 1명을 조합원으로 본다.

가. 법 제15조에 따른 사업계획승인을 받아 건설한 공동주택의 소유자

나. 복리시설을 함께 리모델링하는 경우에는 해당 복리시설의 소유자

상가 소유자들도 아파트 소유자들과 같은 '조합원'인 것인가요?

주택법 시행령 제21조 제1항 제3호 나목에 따라, 상가도 같이 리모델링하기로 하여 동의율을 충족시켜 조합이 설립된 경우라면 상가 소유자들도 '조합원'에 해당합니다. 다만 구체적인 권리관계는 협의 내용에 따라, 그리고 조합규약에 따라 정해지게 될 것이기에 아파트 소유자들과 동일하다고 볼 수는 없습니다.

다. 「건축법」 제11조에 따른 건축허가를 받아 분양을 목적으로 건설한 공동주택의 소유자(해당 건축물에 공동주택 외의 시설이 있는 경우에는 해당 시설의 소유자를 포함한다)

② 주택조합의 조합원이 근무·질병치료·유학·결혼 등 부득이한 사유로 세대주 자격을 일시적으로 상실한 경우로서 시장·군수·구청장이 인정하는 경우에는 제1항에 따른 조합원 자격이 있는 것으로 본다.

③ 제1항에 따른 조합원 자격의 확인 절차는 국토교통부령으로 정한다.

제26조 (주택조합의 회계감사)

① 법 제14조의3 제1항에 따라 주택조합은 다음 각 호의 어느 하나에 해당하는 날부터 30일 이내에 「주식회사 등의 외부감사에 관한 법률」 제2조 제7호에 따른 감사인의 회계감사를 받아야 한다.

1. 법 제11조에 따른 주택조합설립인가를 받은 날부터 3개월이 지난 날

② 제1항에 따른 회계감사에 대해서는 「주식회사 등의 외부감사에 관한 법률」 제16조에 따른 회계감사기준을 적용한다.

③ 제1항에 따른 회계감사를 한 자는 회계감사 종료일부터 15일 이내에 회계감사 결과를 관할 시장·군수·구청장과 해당 주택조합에 각각 통보하여야 한다.

④ 시장·군수·구청장은 제3항에 따라 통보받은 회계감사 결과의 내용을 검토하여 위법 또는 부당한 사항이 있다고 인정되는 경우에는 그 내용을 해당 주택조합에 통보하고 시정을 요구할 수 있다.

제90조 (권한의 위임) 국토교통부장관은 법 제89조 제1항에 따라 다음 각 호의 권한을 시·도지사에게 위임한다.

6. 법 제96조 제1호 및 제2호에 따른 청문

제93조 (사업주체 등에 대한 감독) 지방자치단체의 장은 법 제94조에 따라 사업주체 등에게 공사의 중지, 원상복구 또는 그 밖에 필요한 조치를 명하였을 때에는 즉시 국토교통부장관에게 그 사실을 보고하여야 한다.

[주택법 시행규칙]

제7조 (주택조합의 설립인가신청 등)

① 영 제20조 제1항 각 호 외의 부분에 따른 신청서는 별지 제9호서식에 따른다.

② 영 제20조 제1항 제1호 가목 5)에 따른 사업계획서에는 다음 각 호의 사항을 적어야 한다.

1. 조합주택건설예정 세대수
2. 조합주택건설예정지의 지번·지목·등기명의자
3. 도시·군관리계획(「국토의 계획 및 이용에 관한 법률」 제2조 제4호에 따른 도시·군관리계획을 말한다. 이하 같다)상의 용도
4. 대지 및 주변 현황

③ 영 제20조 제1항 제1호 가목 8)에서 "국토교통부령으로 정하는 서류"란 다음 각 호의 서류를 말한다.

2. 조합원 자격이 있는 자임을 확인하는 서류

⑥ 국토교통부장관은 주택조합의 원활한 사업 추진 및 조합원의 권리보호를 위하여 표준조합규약 및 표준공사계약서를 작성·보급할 수 있다.

⑦ 시장·군수·구청장은 법 제11조 제1항에 따라 주택조합의 설립 또는 변경을 인가하였을 때에는 별지 제10호서식의 주택조합설립인가대장에 적고, 별지 제11호서식의 인가필증을 신청인에게 발급하여야 한다.

⑧ 시장·군수·구청장은 법 제11조 제1항에 따라 주택조합의 해산인가를 하거나 법 제14조 제2항에 따라 주택조합의 설립인가를 취소하였을 때에는 주택조합설립인가대장에 그 내용을 적고, 인가필증을 회수하여야 한다.

⑨ 제7항에 따른 주택조합설립인가대장은 전자적 처리가 불가능한 특별한 사유가 없으면 전자적 처리가 가능한 방법으로 작성·관리하여야 한다.

3-2. 총회

[주택법 시행령]

제20조 (주택조합의 설립인가 등)

② 제1항 제1호 가목 3)의 조합규약에는 다음 각 호의 사항이 포함되어야 한다.

8. 총회의 소집절차·소집시기 및 조합원의 총회소집요구에 관한 사항

 # 총회책자를 조합원들에게 발송할 때 등기우편 외 우체국택배로 보내도 되는 걸까요?

우편법시행령 제6조 제1항은, 취급과정을 기록하는 우편물을 '등기우편물'이라 명명하고 있고, 우편법 제1조의 2 제1호에서는 '우편물'을 '통상우편물'과'소포우편물'을 포괄하는 개념으로 정의하고 있습니다. 일반적으로 조합규약에서는 총회책자 발송을 '등기우편' 방식으로 행하도록 규정하고 있는데, 이는 발송 및 수령 내역이 기록되는 등기소포우편의 방식을 당연히 포함하는 것이기에 우체국택배(등기소포우편 서비스명에 해당)를 이용하시는 것도 가능합니다.

 # 창립총회 시 선거관리위원회 모집공고를 예비조합원들에게 개별 등기우편으로 보내야 하나요?

리모델링조합의 경우 규약에 조합원의 권리·의무에 해당하는 사항은 원칙적으로 조합원들에게 등기우편 방식으로 송부하도록 정하고 있습니다. 이와 관련하여 '재개발조합의 선거관리위원의 후보자 등록공고가 정관 제7조에서 정한 조합원의 권리·의무에 해당하는 사항에 해당한다고 볼 수 없다'는 법원의 가처분 결정(서울서부지방법원 2015. 12. 2. 자 2015카합50512 결정) 취지는 리모델링의 경우에도 적용될 수 있고, 결국 규약(안)과 선거관리규정

(안)에 별도의 규정을 두고 있는 경우가 아니라면 선거관리위원회 모집공고를 개별 등기우편으로 송부할 필요는 없다고 할 것입니다. 다만 선거관리위원 후보자 모집 및 구성은 선거의 공정성을 좌우하는 중요한 절차이므로, 적어도 구분소유자들이 접근 가능한 단지 내 게시판에 모집공고문을 게시할 필요성은 있을 것으로 판단됩니다.

참고로 임원 및 대의원과 관련하여 법원은, 과거 '임원 및 대의원 후보자등록이 조합원 권리·의무에 관한 사항에 해당하지 않으므로 개별고지의무가 없다'는 견해를 피력한 바도 있으나(서부지방법원 2015. 5. 27. 자 2015카합343결정), 최근 '도시정비법상 재건축조합의 조합임원의 선거 관련 입후보 공고는 정관 제7조에 따라 조합원의 권리·의무에 관한 사항으로 등기우편을 통해 개별 고지의무가 있다'고 판시한 바 있습니다(수원지방법원 안양지원 2021. 6. 25. 자 2021카합10070 결정).

리모델링조합이 총회를 개최하는 경우 공증변호사의 참석은 항상 요구되는 것인가요?

공증인법 제66조의2 제1항에는 '법인의 등기를 할 때에 그 신청서류에 첨부되는 법인의 총회 등의 의사록은 공증인의 인증을 받아야한다'는 규정이 있습니다. 조합설립등기를 위해서는 창립총회 의사록을 공증받아야 하며, 조합의 주사무소 변경, 임원의 선임이나 해임이 이루어지는 경우(설립목적, 조합 명칭, 설립인가일, 임원의 대표권 제한 등은 등기사항이기는 하나 이러한 사항들은 변경이 이루어지는 경우가 거의 없다고 보아도 무방합니다) 조합설립변경등기가 수반되기 때문에 해당 안건을 의결하는 총회의 의사록 또한 공증이 요구됩니다. 만약 창립총회 이후 정관 규정에 따라 이사회 또는 대의원회 결의로 주사무소를 변경하는 경우에는 해당 이사회 또는 대의원회 의사록을 공증받은 뒤 이를 첨부하여 조합설립변경등기 신청을 해야 합니다.

공증변호사를 섭외하지 않고 창립총회를 개최하였는데, 조합설립등기를 위해서는 총회를 다시 해야 하는 것인가요?

이 경우 다시 총회를 개최하여 해당 안건에 대하여 의결(일반적으로 '등기를 위해 이전 총회에서의 해당 안건에 대한 의결을 확인한다'는 취지의 안건을 상정합니다)하고, 다시 개최한 총회 의사록 뒤에 공증받지 못한 창립총회 의사록을 붙여서 공증을 받아야 합니다.

9. 총회의 의결을 필요로 하는 사항과 그 의결정족수 및 의결절차

③ 제2항 제9호에도 불구하고 국토교통부령으로 정하는 사항은 반드시 총회의 의결을 거쳐야 한다.

④ 총회의 의결을 하는 경우에는 조합원의 100분의 10 이상이 직접 출석하여야 한다. 다만, 창립총회 또는 제3항에 따라 국토교통부령으로 정하는 사항을 의결하는 총회의 경우에는 조합원의 100분의 20 이상이 직접 출석하여야 한다.

도시정비법에서는 서면으로 의결권을 행사할 수 있고, 이 경우 출석한 것으로 본다는 규정을 두고 있는데 리모델링도 마찬가지인가요? 그리고 이러한 서면결의서 제출은 직접 출석과는 다른 것인가요?

주택법령에서는 도시정비법과 달리 서면결의서 제출이나 그 효력과 관련한 규정을 두고 있지 않으며, 주택법 시행령 제20조 제2항 제9호의 위임에 따라 조합규약에서 규율이 이루어지고 있습니다. 각 조합의 규약에서는 정비사업과 동일하게 서면결의서 제출의 효력을 인정하는 내용의 규정을 두고 있는데, 이때 서면결의서 제출에 따른 '출석'과 조합원 또는 대리인이 총회장에 직접 참석하는 '직접 출석'은 구분되는 개념이라는 점 반드시 기억하셔야 합니다.

⑤ 제4항에도 불구하고 총회의 소집시기에 해당 주택건설대지가 위치한 특별자치시·특별자치도·시·군·구(자치구를 말하며, 이하 "시·군·구"라 한다)에 「감염병의 예방 및 관리에 관한 법률」 제49조 제1항 제2호에 따라 여러 사람의 집합을 제한하거나 금지하는 조치가 내려진 경우에는 전자적 방법으로 총회를 개최해야 한다. 이 경우 조합원의 의결권 행사는 「전자서명법」 제2조 제2호 및 제6호의 전자서명 및 인증서(서명자의 실제 이름을 확인할 수 있는 것으로 한정한다)를 통해 본인 확인을 거쳐 전자적 방법으로 해야 한다.

코로나로 인하여 전자적 방법으로 총회를 개최하는 경우, 시공자 선정 총회도 이러한 방식으로 진행할 수 있는 것인가요?

주택법 시행령 제20조 제5항은 직접 참석에 대한 동조 제4항의 예외를 정하고 있는 것으로서, 전자적 방식으로 총회를 개최하는 경우 전자투표에 참여한 조합원 전원이 직접 참석한 것으로 인정받게 됩니다. 리모델링 시공자 선정기준 제13조 제1항에 따른 과반수 이상의 직접 참석 요건 또한 마찬가지로서 조합원 과반수 이상이 전자투표에 참여하는 경우 직접 참석 요건은 충족될 수 있습니다.

전자투표 방식으로 총회를 진행하는 경우 서면결의서도 병행하여 징구할 수 있는 것인가요?

법원은, ① 주택법 시행령 제20조 제5항의 전자투표에 대한 규정은 감염병의 예방 및 관리에 관한 법률에 따라 집합을 제한하거나 금지하는 조치가 내려진 경우에는 '전자적 방법으로 총회를 개최하여야 한다'고 규정하였는바, 집합제한 조치 등이 있는 경우에는 '전자적 방법'에 의한 총회의 개최가 임의적인 것이 아니라 의무적인 것으로 규정하고 있을 뿐, 기존의 직접출석 또는 서면결의서에 의한 출석을 예정하고 있지 않은 것으로 보이는 점, ② 이에 더하여 전자투표에 대한 통지사항을 규정한 같은 조 제6항 역시 전자투표의 방법이나 기술적인 사항 등만을 통지하도록 하고 있을 뿐, 기존의 투표방식에 대한 내용은 통지사항에 들어가 있지 않는 점, ③ 서면결의서에 의한 투표는 여전히 주택법 시행령 제20조 제4항에 따른 '직접출석'의 요건이 적용되는 반면, 전자투표는 같은 조 제5항에 따라 직접출석의 요건이 적용되지 않으므로 그 성격이 동일하다고 볼 수 없는 점 등을 종합적으로 고려하였을 때, 전자투표에 의하여 직접출석요건이 배제되는 기회에 서면결의서에 의한 투표를 병행하는 것은 제4항의 취지를 잠탈하는 것이므로 허용될 수 없다는 입장입니다(수원지방법원 2021. 10. 29. 자2021카합10396결정, 같은 취지로 2021. 7. 6. 자 법제처 법령해석 안건번호 21-0281).

⑥ 주택조합은 제5항에 따라 전자적 방법으로 총회를 개최하려는 경우 다음 각 호의 사항을 조합원에게 사전에 통지해야 한다.

1. 총회의 의결사항
2. 전자투표를 하는 방법
3. 전자투표 기간
4. 그 밖에 전자투표 실시에 필요한 기술적인 사항

[주택법 시행규칙]

제7조 (주택조합의 설립인가신청 등)

⑤ 영 제20조 제3항에서 "국토교통부령으로 정하는 사항"이란 다음 각 호의 사항을 말한다.

1. 조합규약(영 제20조 제2항 각 호의 사항만 해당한다)의 변경

현재 조합규약상 이사를 4인 이상 6인 이하로 선임하도록 되어 있는데, '3인 이상'으로 변경하고자 한다면 총회 의결을 반드시 거쳐야 하는 것인가요?

주택법 시행령 제20조 제2항 각 호는 조합규약에 반드시 포함되어 있어야 하는 내용을 정하고 있고, 사안의 '조합임원의 수'를 포함하여 주택건설대지의 면적, 조합원 제명, 조합원의 분담금, 조합원의 총회소집요구와 의결정족수 등 사업진행과 관련하여 중요한 사항들이 여기에 포함되어 있습니다. 이러한 '조합규약에 필수적으로 포함되어야 하는 사항'에 대한 변경이 이루어지는 경우, 동조 제3항에 따라 총회 의결을 거쳐야만 합니다.

2. 자금의 차입과 그 방법 · 이자율 및 상환방법

조합은 사업비나 운영비가 필요해서 자금을 차입할 때마다 총회를 개최해야 하는 것인가요?

통상적으로 창립총회에서는 사업을 진행하는 과정에서 필요한 자금의 차입과 그 방법, 이자율 및 상환방법에 대한 안건에 대한 상정이 이루어집니다. 그 내용은 예를 들어 금융기관이나 시공자 또는 협력업체(차입의 방법), 최대 시중은행금리 한도(이자율), 일반분양 수입금이나 조합원 분담금(상환방법)과 같이 큰 틀에서 범위나 대상

을 정하는 방식으로 구성되며, 이러한 안건이 가결된 이후 실제로 차입이 이루어지는 경우에는 조합규약에 따라 이사회, 대의원회 의결로써 이를 행하기에 이때마다 총회를 개최할 필요는 없다고 할 것입니다.

3. 예산으로 정한 사항 외에 조합원에게 부담이 될 계약의 체결

 # 조합설립 이후 총회 의결 없이 예산에 없는 계약을 체결하였다면, 이러한 계약은 당연 무효에 해당하는 것일까요?

주택법 시행령 제20조 제3항, 동법 시행규칙 제7조 제5항 제3호에 따라, 조합은 예산으로 정한 사항 외에 조합원에게 부담이 될 계약 체결의 경우 반드시 총회의 의결을 거쳐야 합니다. 그런데 도시 및 주거환경정비법에 의해 설립된 재개발·재건축조합이 조합원 총회의 의결을 거치지 않고 예산으로 정한 사항 외에 조합원의 부담이 될 계약을 체결한 경우 무효가 되는 것(대법원 2011. 4. 28. 선고 2010다105112 판결 등 참조)과 달리, 위 주택법 시행령 및 시행규칙의 규정이 주택법에 의해 설립된 주택조합이 총회의 의결을 거치지 않고 체결한 계약의 사법상 효력까지 부정하는 것은 아니라는 하급심 판결이 있습니다(지역주택조합에 대한 것으로, 수원지방법원 2021. 1. 26. 선고 2019가단547593판결). 다만 이 사안에서는 조합규약상 예산으로 정한 사항 외에 조합원에게 부담이 될 계약을 총회의 의결사항으로 정하고 있는 것은 조합장의 대표권을 제한하는 규정에 해당하기에, 상대방이 이와 같은 대표권 제한 및 그 위반 사실을 알았거나 과실로 인하여 이를 알지 못한 때에는 그 계약은 무효(대법원 2007. 4. 19. 선고 2004다60072, 60089 전원합의체 판결)가 된다고 보았습니다.

4. 시공자의 선정·변경 및 공사계약의 체결

 # 시공자와의 공사도급가계약은 대의원회에서 체결하지 않나요?

시공자 선정 총회에서는 통상적으로 시공자 선정 안건 다음으로 공사도급가계약 체결을 대의원회에 위임하는 안건을 상정하게 되는데, 이는 시공자가 제시한 계약서 초안을 조합원들이 직접 검토하고, 수정될 부분을 협상하는 것은 실질적으로 어렵기 때문입니다. 해당 안건의 가결로 위임을 받은 대의원회가 협상 끝에 공사도급가계약을 체결한 이후 개최되는 총회에서는 이러한 계약 체결에 대하여 추인을 하는 내용의 안건을 다시 상정하여 조합원들의 재가(裁可)를 받는 절차를 거치게 됩니다.

5. 조합임원의 선임 및 해임

6. 사업비의 조합원별 분담 명세 확정(리모델링주택조합의 경우 법 제68조 제4항에 따른 안전진단 결과에 따라 구조설계의 변경이 필요한 경우 발생할 수 있는 추가 비용의 분담안을 포함한다) 및 변경

7. 사업비의 세부항목별 사용계획이 포함된 예산안

8. 조합해산의 결의 및 해산시의 회계 보고

3-3. 임원

[주택법]

제13조(조합임원의 결격사유 등)

① 다음 각 호의 어느 하나에 해당하는 사람은 주택조합의 발기인 또는 임원이 될 수 없다.

리모델링주택조합 임원이 동별 대표자가 될 수 있나요?

공동주택관리법 제14조 제4항과 동법 시행령 제11조 제4항에서 입주자대표회의 동별 대표자 결격사유를 규정하고 있으며, 리모델링주택조합 임원은 결격사유에 해당하지 않으므로 원칙적으로 동별 대표자가 될 수 있다고 할 것입니다. 다만, 아파트 관리규약 또는 조합규약에 동별 대표자와 리모델링조합의 임원을 겸직할 수 없도록 하는 규정이 존재하는 경우라면, 어느 한 쪽을 사임하는 것이 타당할 것입니다(국토교통부 주택건설공급과, 민원에 대한 2019. 5. 24. 자 회신 내용 참조).

임원 선출을 위한 총회 개최 시 OS요원을 사용해도 괜찮은 것인가요?

주택법은 조합 임원 선출과 관련하여 결격사유만을 규정하고 있을 뿐, 선출 방법이나 요건 등 다른 사항에 대하여는 규정을 두고 있지 않습니다. 다만 주택법 시행령 제20조는 조합설립인가신청 시 제출해야 하는 조합규약에 임원의 선임방법, 변경 및 해임에 관한 사항이 포함되어야 한다고 정하고 있기에, 결국 조합규약에서 정한 바에 따라 판단할 수 있습니다(국토교통부 주택정비과, 2015. 11. 4. 자 민원에 대한 회신 참조).

보통은 규약에서 이를 금지하고 있는 경우가 아니라면 총회 성원을 위한 OS요원 사용은 가능하다고 할 것이나,

이는 필연적으로 비용을 수반하기에 임원 선출뿐만 아니라 여타 총회 개최 시 OS요원을 고용하여 서면결의서를 징구하고 총회 참여를 독려할 수 있다는 내용의 조항을 최초 규약부터 삽입하여 지출 근거를 마련하는 것을 추천드립니다.

1. 미성년자 · 피성년후견인 또는 피한정후견인
2. 파산선고를 받은 사람으로서 복권되지 아니한 사람
3. 금고 이상의 실형을 선고받고 그 집행이 종료(종료된 것으로 보는 경우를 포함한다)되거나 집행이 면제된 날부터 2년이 지나지 아니한 사람
4. 금고 이상의 형의 집행유예를 선고받고 그 유예기간 중에 있는 사람
5. 금고 이상의 형의 선고유예를 받고 그 선고유예기간 중에 있는 사람
6. 법원의 판결 또는 다른 법률에 따라 자격이 상실 또는 정지된 사람
7. 해당 주택조합의 공동사업주체인 등록사업자 또는 업무대행사의 임직원

② 주택조합의 발기인이나 임원이 다음 각 호의 어느 하나에 해당하는 경우 해당 발기인은 그 지위를 상실하고 해당 임원은 당연히 퇴직한다.

1. 주택조합의 발기인이 제11조의3 제6항에 따른 자격기준을 갖추지 아니하게 되거나 주택조합의 임원이 제11조 제7항에 따른 조합원 자격을 갖추지 아니하게 되는 경우

아파트를 매도한 조합 이사에게 사직서를 제출받아야 하는 건가요?

'당연퇴직'은 '사임' 또는 '해임'과는 구별되는 개념인바, ① 임원의 '당연퇴직'이란 임원과 조합의 의사와는 관계없이 양자 간 근로관계가 자동적으로 소멸하는 것이고, ② 이와 달리 임원의 '사임' 및 '해임'은 임원 또는 조합의 상대방에 대한 일방적인 의사표시로 이루어지는 근로관계의 단절을 의미합니다(대법원 2018. 5. 30. 선고 2014다9632 판결 등 참조). 주택법 제11조 제7항 및 동법 시행령 제21조 제1항 제3호는 리모델링조합 조합원의 자격을 '공동주택 및 복리시설의 소유자'로 규정하고 있고, 동법 제13조 제2항 제1호는 '주택조합의 임원이 제11조 제7항에 따른 조합원 자격을 갖추지 아니하게 되는 경우 해당 임원은 당연히 퇴직한다.'고 정하고 있습니다. 따라서 조합은, 아파트를 매도하여 소유권을 상실하면서 당연퇴직한 이사로부터 사직서 등을 제출받거나 별도의 해임절차를 거칠 필요가 없습니다.

2. 주택조합의 발기인 또는 임원이 제1항 각 호의 결격사유에 해당하게 되는 경우

③ 제2항에 따라 지위가 상실된 발기인 또는 퇴직된 임원이 지위 상실이나 퇴직 전에 관여한 행위는 그 효력을 상실하지 아니한다.

〈제4항 ⇒ 과태료규정 : 제106조 제2항 제4호〉

④ 주택조합의 임원은 다른 주택조합의 임원, 직원 또는 발기인을 겸할 수 없다.

제77조 (부정행위 금지)

〈벌칙규정 : 제102조 제18호 / 양벌규정 : 제105조 제2항〉

공동주택의 리모델링과 관련하여 다음 각 호의 어느 하나에 해당하는 자는 부정하게 재물 또는 재산상의 이익을 취득하거나 제공하여서는 아니 된다.

1. 입주자
2. 사용자
3. 관리주체
4. 입주자대표회의 또는 그 구성원
5. 리모델링주택조합 또는 그 구성원

조합임원이 사업 진행과정에서 재산상 손해를 입을 경우, 조합이 이를 보전해 주는 내용을 규약에 포함시킬 수 있나요?

대표적으로 조합장이 주택법위반으로 고소, 고발을 당했을 경우, 무혐의처분이나 무죄판결이 나왔을 때 대의원회나 총회 의결을 거쳐 조합이 변호사 선임 비용을 사후적으로 보전해 주는 조항을 예로 들 수 있을 것입니다.

대법원은, 단체의 설립목적을 달성하기 위하여 수행하는 사업 또는 활동의 절차·방식·내용 등을 정한 단체 내부의 규정은 그것이 선량한 풍속 기타 사회질서에 위반되는 등 사회관념상 현저히 타당성을 잃은 것이라는 등의 특별한 사정이 없는 한 이를 무효라고 할 수 없다는 입장입니다(대법원 2009. 1. 30. 선고 2007다31884판결, 대법원 2009. 10. 15. 선고 2008다85345판결 참조). 이를 전제로 주택법 시행령 제20조 제2항에서는 조합규약에 반드시 포함되어야 하는 사항만을 열기(列記)하고 있으며, 포함시킬 수 없는 사항에 대하여는 주택법령 전체를 통틀어 언급되고 있지 않다는 점을 고려했을 때, 그 보전의 범위가 사회통념상 용인될 수 있는 범위이고 (규약 포함에 대한) 조합원들의 동의를 얻은 경우라면 가능하다고 할 것입니다.

비상근이사에게 직책수당을 지급할 수 있나요?

주택법 시행령 제20조 제2항 제5호는 임원의 보수에 관한 사항을 조합규약에 포함하도록 하고 있으며 별도의 제한을 두고 있지 않기에, 조합규약에서 행정업무규정 또는 운영규정(이하 '운영규정')에 정하는 바에 따라 직책수당을 지급할 수 있도록 근거조항을 두고, 운영규정에서 구체적인 금액과 횟수를 정하는 경우 가능하다고 할 것입니다.

리모델링사업이 성공적으로 이루어지는 경우 조합 임원에 대하여 인센티브를 지급할 수 있을까요?

조합 임원에 대한 인센티브를 제한하는 내용의 조항은 주택법령에 존재하지 않기에 원칙적으로 가능하다 할 것입니다. 리모델링사업은 해박한 지식과 발군의 추진력을 가진 조합장과 임원들이 포진해 있는 경우 성공할 가능성이 현저히 높아진다고 볼 수 있으며, 임원의 교체가 발생하는 경우 필연적으로 최소 6개월에서 1년 정도 사업이 지연되기 때문에 실력과 의지를 가진 임원들의 지속적 업무 수행 또한 사업의 신속한 진행을 위한 필수적 전제조건이라 할 것입니다. 따라서 사업 초기 단계에서는 ① 사업의 성공적 진행과 ② 대상 임원의 실질적 업무 성과를 전제로 ③ 총회 결의를 통해 인센티브를 지급할 수 있다는 조항을 규약에 포함시키고, 향후 실제로 성과가 가시화된 경우 해당 안건을 총회에 상정하여 결의를 받는 방식으로 진행할 수 있습니다.

이사회, 대의원회 등 회의개최 시 서면결의서 제출이나 대리인 출석의 경우에도 참석수당을 지급할 수 있나요?

조합규약과 운영규정(또는 행정업무규정)에 근거가 마련되어 있는 경우, 총회의 의결을 거쳐 확정된 조합 운영비 예산의 범위 내에서 회의참석수당을 지급할 수 있습니다. 한편, 조합규약에는 일반적으로 '대의원은 서면 또는 대리인을 통하여 출석하거나 의결권을 행사할 수 있고 이 경우 출석으로 본다'는 규정을, '이사는 서면결의서를 제출하는 방법으로 출석하거나 의결권을 행사할 수 있다'는 규정을 두고 있는데, 이러한 경우 서면결의서 제출 또는 대리인 출석(대의원회)을 하거나 서면결의서 제출(이사회) 방식으로 참석하여도 참석수당의 지급이 가능합니다. 다만 직접 참석자와의 형평성 문제가 제기될 가능성이 있기에 차등지급의 방식을 고려해 보시는 것이 좋습니다.

감사에게 이사회 의결권을 부여하는 것이 가능한가요?

현행법상 이를 제한하는 규정이 없음은 물론, 우리 법원 역시 '총회'와 '대의원회'는 조합의 각 의결기관으로 보는 한편, '이사회'는 (주식회사의 이사회와는 달리) 조합의 사무집행기관으로 전제하고 있으므로(대법원 2020. 11. 5. 선고 2020다210679 판결 등 참조), 감사에 대한 이사회 의결권 부여를 절대적으로 금지할 수 있는 근거가 존재한다고 보기는 어렵습니다. 다만 감사의 주된 직무 중 하나가 '사무 집행의 감사'임을 고려한다면, 결국 감사의 이사회 내 의결권 부여는 자신의 의결한 사무 집행을 자신이 감독하는 것으로 귀결되므로 조합은 감사의 이사회 참여권 및 의견 진술권만을 보장하는 것이 바람직할 것입니다.

창립총회일부터 임원 급여 지급이 가능한가요?

서울행정법원은 "도시정비법 및 원고 조합의 정관에 따라 개최된 임시총회에서 재적조합원 과반수 출석과 출석조합원 과반수의 찬성으로 새로운 조합장으로 선출된 경우 조합과 조합원들 사이의 관계에서는 행정청의 인가 여부와 관계없이 정당하게 조합을 대표할 권한이 있다(서울행정법원 2009. 12. 31. 선고 2009구합27824 확정 판결)" 라고 판단하였는데, 이는 조합과 조합규약에 따라 창립총회에서 적법하게 선출된 리모델링주택조합 임원의 대내적 관계에서도 다르지 않다고 할 것이므로 조합규약에 '선임된 날 즉시 임기가 개시된다'는 조항을 두고 있는 경우 조합 임원에 대한 급여는 창립총회 시점을 기준으로 지급할 수 있다고 하겠습니다.

조합장은 이사회와 대의원회에서 정족수에 포함이 되는 건가요?

주택법령에 이사회, 대의원회의 정족수에 대한 규정은 존재하지 않기에, 보통 조합규약에서 이를 규율하고 있습니다. 우선 이사회의 경우 규약의 '이사회의 의결방법'에서 조합장도 의결권을 가진다는 규정을 두고 있는 경우 당연히 의결권을 가지고 정족수에 포함되며, 이러한 규정을 두고 있지 않는다 해도 이사회의 구성원이자 의장의 지위를 가지고 있기에 동일하게 해석됩니다. 한편 대의원회의 경우 규약의 '대의원회의 설치'에서 조합장이 아닌 조합 임원은 대의원이 될 수 없다고 정하는 경우 또는 '임원의 직무'에서 조합장이 대의원회의 의장이 된다는 규정을 두고 있는 경우 당연직 대의원으로서 특별히 이를 제한하는 별도의 규정을 두고 있지 않는 한 의결권을 가지고 정족수에 산입되는 것으로 해석됩니다.

조합 이사회 구성원 6명 중 이사 3명이 사임을 하였는데, 의결이 가능한가요?

조합규약에는 일반적으로 '사임하거나 해임 대상이 되어 새로 선출될 임원이 취임할 때까지 직무를 수행하는 것이 적합하지 아니하다고 인정될 때에는 대의원회(또는 총회)의 의결에 따라 직무수행을 정지'시킬 수 있는 근거 조항을 마련하고 있습니다. 이는 대의원회(또는 총회)에서 새로운 임원이 취임하기 전까지는 업무를 수행할 수 있다는 것을 의미하기에 사임한 의사들의 의결권 행사로써 정족수를 충족시킬 수 있습니다.

3-4. 관련 자료의 공개 및 감독

[주택법]

제12조(실적보고 및 관련 자료의 공개)

〈제1항 ⇒ 벌칙규정 : 제104조 제1호의3 / 양벌규정 : 제105조 제2항〉

① 주택조합의 발기인 또는 임원은 다음 각 호의 사항이 포함된 해당 주택조합의 실적보고서를 국토교통부령으로 정하는 바에 따라 사업연도별로 분기마다 작성하여야 한다.

1. 조합원(주택조합 가입 신청자를 포함한다. 이하 이 조에서 같다) 모집 현황
2. 해당 주택건설대지의 사용권원 및 소유권 확보 현황
3. 그 밖에 조합원이 주택조합의 사업 추진현황을 파악하기 위하여 필요한 사항으로서 국토교통부령으로 정하는 사항

〈제2항 ⇒ 벌칙규정 ① : 제102조 제3호 / 양벌규정 : 제105조 제2항〉

〈제2항 ⇒ 벌칙규정 ② : 제104조 제2호 / 양벌규정 : 제105조 제2항〉

② 주택조합의 발기인 또는 임원은 주택조합사업의 시행에 관한 다음 각 호의 서류 및 관련 자료가 작성되거나 변경된 후 15일 이내에 이를 조합원이 알 수 있도록 인터넷과 그 밖의 방법을 병행하여 공개하여야 한다.

리모델링주택조합설립추진위원회의 추진위원장에게도 주택법 제12조에 근거한 정보공개의무가 있나요?

리모델링주택조합설립 이전 조합설립을 위한 추진위원회 등 단체는 임의단체에 불과하므로, 주택법상 리모델링주택조합에 관한 규정이 적용되지 않습니다. 따라서 리모델링주택조합설립추진위원회의 추진위원장이나 추진위원은 주택법 제12조 제3항의 주택조합 발기인이나 임원에 해당하지 않기에 정보공개의무를 부담하지 않으므로, 정보공개를 요청하는 자의 자격, 정보공개대상 자료의 범위, 정보공개요구 방법 등에 관하여 리모델링 추진위원회의 자율적 판단에 따라 정보공개 여부를 결정할 수 있습니다.

1. 조합규약
2. 공동사업주체의 선정 및 주택조합이 공동사업주체인 등록사업자와 체결한 협약서
3. 설계자 등 용역업체 선정 계약서
4. 조합총회 및 이사회, 대의원회 등의 의사록
5. 사업시행계획서
6. 해당 주택조합사업의 시행에 관한 공문서
7. 회계감사보고서
8. 분기별 사업실적보고서
9. 제11조의2 제4항에 따라 업무대행자가 제출한 실적보고서
10. 그 밖에 주택조합사업 시행에 관하여 대통령령으로 정하는 서류 및 관련 자료

〈제3항 ⇒ 벌칙규정 ① : 제102조 제4호 / 양벌규정 : 제105조 제2항〉

〈제3항 ⇒ 벌칙규정 ② : 제104조 제3호 / 양벌규정 : 제105조 제2항〉

③ 제2항에 따른 서류 및 다음 각 호를 포함하여 주택조합사업의 시행에 관한 서류와 관련 자료를 조합원이 열람·복사 요청을 한 경우 주택조합의 발기인 또는 임원은 15일 이내에 그 요청에 따라야 한다. 이 경우 복사에 필요한 비용은 실비의 범위에서 청구인이 부담한다.

1. 조합원 명부
2. 주택건설대지의 사용권원 및 소유권 확보 비율 등 토지 확보 관련 자료
3. 그 밖에 대통령령으로 정하는 서류 및 관련 자료

 # 조합임원이 정보공개 의무를 부담하는 주택법 제12조 제2항 각 호의 내용은 알겠는데, 제3항 본문의 '관련 자료'는 도대체 무엇인가요?

도시정비법이 적용되는 사안에서 대법원은, '도시정비법은 공개대상이 되는 서류를 각호에서 구체적으로 열거하면서도 관련 자료의 판단기준에 관하여는 별도로 규정하고 있지 않을 뿐만 아니라, 그 밖에 공개가 필요한 서류 및 관련 자료는 대통령령에 위임하여 이를 추가할 수 있는 근거 규정을 두고 있으므로, 명문의 근거 규정 없이 정비사업의 투명성·공공성 확보 내지 조합원의 알권리 보장 등 규제의 목적만을 앞세워 관련 자료의 범위를 지나치게 확장하여 인정하는 것은 죄형법정주의가 요구하는 형벌법규 해석원칙에 어긋난다.'(대법원 2022. 1. 27. 선고 2021도15334판결)고 판시한 바 있습니다. 이를 전제로, '2007. 12. 21. 법률 제8785호로 개정된 도시정비법에 제81조 제1항(현행 도시정비법 제124조 제1항과 동일한 내용) 제3호에서 규정하고 있는 의사록이 진정하게 작성되었는지 여부를 판단하기 위하여는 의사록 이외에 참석자명부와 서면결의서를 확인할 필요가 있으므로 참석자명부와 서면결의서를 의사록의 관련 자료로 볼 수 있다'는 판시사항(대법원 2012. 2. 23. 선고 2010도8981판결 참조), '구 도시정비법 제81조 제1항에서 말하는 관련 자료라 함은 같은 법 제81조 제1항 각 호에 직접 규정한 서류 외에 이와 관련되는 부속자료 등을 말하는 것으로 속기록, 녹음, 또는 영상자료라 볼 수 있다'는 국토교통부 유권해석을

종합하면, 도시정비법 제124조의 '관련 자료'라 함은 도시정비법 제124조 및 동법 시행령 제94조에 열거된 서류들이 진정하게 작성되었는지 확인할 수 있는 내용의 자료 또는 부속 자료라 할 수 있습니다.

〈제4항 ⇒ 과태료규정 : 제106조 제3항 제1호〉

④ 주택조합의 발기인 또는 임원은 원활한 사업 추진과 조합원의 권리 보호를 위하여 연간 자금운용 계획 및 자금 집행 실적 등 국토교통부령으로 정하는 서류 및 자료를 국토교통부령으로 정하는 바에 따라 매년 정기적으로 시장·군수·구청장에게 제출하여야 한다.

⑤ 제2항 및 제3항에 따라 공개 및 열람·복사 등을 하는 경우에는「개인정보 보호법」에 의하여야 하며, 그 밖의 공개 절차 등 필요한 사항은 국토교통부령으로 정한다.

제14조(주택조합에 대한 감독 등)

① 국토교통부장관 또는 시장·군수·구청장은 주택공급에 관한 질서를 유지하기 위하여 특히 필요하다고 인정되는 경우에는 국가가 관리하고 있는 행정전산망 등을 이용하여 주택조합 구성원의 자격 등에 관하여 필요한 사항을 확인할 수 있다.

② 시장·군수·구청장은 주택조합 또는 주택조합의 구성원이 다음 각 호의 어느 하나에 해당하는 경우에는 주택조합의 설립인가를 취소할 수 있다.

1. 거짓이나 그 밖의 부정한 방법으로 설립인가를 받은 경우
2. 제94조에 따른 명령이나 처분을 위반한 경우

〈제4항 ⇒ 벌칙규정 : 제104조 제4호의2 / 양벌규정 : 제105조 제2항〉

④ 시장·군수·구청장은 모집주체가 이 법을 위반한 경우 시정요구 등 필요한 조치를 명할 수 있다.

[주택법 시행령]

제25조 (자료의 공개) 법 제12조 제2항 제10호에서 "대통령령으로 정하는 서류 및 관련 자료"란 다음 각 호의 서류 및 자료를 말한다.

1. 연간 자금운용 계획서
2. 월별 자금 입출금 명세서
3. 월별 공사진행 상황에 관한 서류
4. 주택조합이 사업주체가 되어 법 제54조 제1항에 따라 공급하는 주택의 분양신청에 관한 서류 및 관련 자료
5. 전체 조합원별 분담금 납부내역
6. 조합원별 추가 분담금 산출내역

조합원이 요청한 자료가 조합이 법령상 공개의무를 부담하는 대상인지 확신이 서지 않는데 어떻게 해야 할까요?

조합은 '조합이 보유·보관하고 있지 않은 서류를 만들어서' 공개할 의무를 부담하지 않기에, 정보공개의 대상은

조합이 현재 가지고 있는 서류에 국한된다고 할 것입니다. 한편 공개 대상에 해당하는지 여부가 불확실한 경우는, 자문변호사에게 정보공개요청서 자체를 송부하면서 공개 여부를 질의한 뒤 검토 결과에 따라 이행하는 것이 안전하다고 할 것입니다.

제95조 (고유식별정보의 처리) 국토교통부장관(제90조 및 제91조에 따라 국토교통부장관의 권한을 위임받거나 업무를 위탁받은 자를 포함한다), 시·도지사, 시장, 군수, 구청장(해당 권한이 위임·위탁된 경우에는 그 권한을 위임·위탁받은 자를 포함한다), 사업주체(법 제11조의2 제1항에 따른 주택조합 업무대행자, 주택 청약접수 및 입주자 선정 업무를 위탁받은 자를 포함한다) 또는 한국토지주택공사는 다음 각 호의 사무를 수행하기 위하여 불가피한 경우 「개인정보 보호법 시행령」 제19조 제1호, 제2호 또는 제4호에 따른 주민등록번호, 여권번호 또는 외국인등록번호가 포함된 자료를 처리할 수 있다.

1. 법 제4조 제1항에 따른 주택건설사업 또는 대지조성사업의 등록에 관한 사무
2. 법 제6조에 따른 등록사업자의 결격사유 확인에 관한 사무
3. 법 제13조 제1항에 따른 주택조합의 발기인 또는 임원의 결격사유 확인에 관한 사무
4. 법 제49조에 따른 사용검사 또는 임시 사용승인에 관한 사무
5. 법 제54조 및 제57조의2 제7항에 따른 주택 공급에 관한 사무

5의2. 법 제57조의2 제2항 및 제3항에 따른 주택의 매입에 관한 사무

5의3. 법 제57조의3에 따른 분양가상한제 적용주택의 거주실태 조사에 관한 사무

5의4. 법 제65조 제2항에 따른 이미 체결된 주택 공급계약의 취소에 관한 사무

6. 법 제65조 제5항에 따른 입주자자격 제한에 관한 사무

6의2. 법 제65조 제6항에 따른 매수인의 공급질서교란행위 관련 여부 소명에 관한 사무

6의3. 법 제78조의2 제1항 및 제2항에 따른 토지임대부 분양주택의 공공매입에 관한 사무

7. 제21조 제1항에 따른 조합원의 자격 확인에 관한 사무
8. 제89조 제1항에 따른 주택정보체계의 구축 및 운영에 관한 사무

[주택법 시행규칙]

제11조 (실적보고 및 자료의 공개)

① 법 제12조 제1항 제3호에서 "국토교통부령으로 정하는 사항"이란 다음 각 호의 사항을 말한다.

1. 주택조합사업에 필요한 관련 법령에 따른 신고, 승인 및 인·허가 등의 추진 현황
2. 설계자, 시공자 및 업무대행자 등과의 계약체결 현황
3. 수익 및 비용에 관한 사항
4. 주택건설공사의 진행 현황
5. 자금의 차입에 관한 사항

② 주택조합의 발기인 또는 임원은 법 제12조 제1항에 따라 주택조합의 실적보고서를 해당 분기의 말일부터 30일 이내에 작성해야 한다.

③ 주택조합의 임원 또는 발기인은 법 제12조 제2항 제5호에 관한 사항을 인터넷으로 공개할 때에는 조합원의 50퍼센트 이상의 동의를 얻어 그 개략적인 내용만 공개할 수 있다.

④ 법 제12조 제3항에 따른 주택조합 구성원의 열람·복사 요청은 사용목적 등을 적은 서면 또는 전자문서로 해야 한다.

 # 우리 조합이 마련하고 있는 정보공개청구 양식에는 '사용목적'을 쓰는 란이 있는데, 어떤 조합원이 '알 권리'라고만 기재하여 신청서를 제출하였다면 여기에 응해야 하는 것인가요?

도시정비법이 적용되는 재개발조합 사안으로서 사용목적에 '조합의 사업집행이 타당한지 알고 싶은 것'이라고 기재한 경우(창원지방법원 마산지원 2020. 6. 24. 선고 2019고정367판결), '조합의 업무처리와 관련 돈에 대한 조합원의 알권리'라고 기재한 경우(부산지방법원 2021. 10. 28. 선고 2019고정1342판결) 모두 다소 추상적인 사용목적 기재에도 불구하고 정보공개의무를 인정하면서 조합장에게 벌금형 선고가 이루어졌습니다. 따라서 사용목적란에 아무 내용도 기재하지 않고 공란으로 둔 경우를 제외한다면, 어떤 내용이 기재되어 있든 정보공개를 행하는 것이 안전하다 할 것입니다.

⑤ 법 제12조 제4항에서 "연간 자금운용 계획 및 자금 집행 실적 등 국토교통부령으로 정하는 서류 및 자료"란 다음 각 호의 서류 및 자료를 말한다.

1. 직전 연도의 자금운용 계획 및 자금 집행 실적에 관한 자료
2. 직전 연도의 등록사업자의 선정 및 변경에 관한 서류
3. 직전 연도의 업무대행자의 선정 및 변경에 관한 서류
4. 직전 연도의 조합임원의 선임 및 해임에 관한 서류
5. 직전 연도 12월 31일을 기준으로 토지의 사용권원 및 소유권의 확보 현황에 관한 자료

⑥ 주택조합의 발기인 또는 임원은 제5항 각 호의 서류 및 자료를 법 제12조 제4항에 따라 매년 2월말까지 시장·군수·구청장에게 제출해야 한다.

4. 시공자선정

이 단계에서 조합은 무엇을 해야 할까?

① 리모델링조합은 조합설립인가 이후 바로 시공자를 선정할 수 있고 이에 따라 조합 창립총회가 개최된 시점, 혹은 그 이전부터 해당 단지에 관심을 가지고 있는 건설회사는 사무실로 방문하여 조합장(또는 추진위원장)님과 미팅을 가지게 됩니다. 만약 관심을 가지는 건설회사가 없거나, 미팅 후 제반 조건이 상충되어 입찰 의사가 없는 것으로 판단이 된다면 조합장님이 직접 발로 뛰며 시공자 후보를 물색해야 합니다.

② 리모델링에서 2개 이상의 건설회사가 입찰에 참여하여 진정한 의미의 경쟁입찰이 이루어진 예가 없는 것은 아니지만(잠원훼미리리모델링조합의 경우 3개 건설사가 입찰에 참여하였습니다), 극히 드물며 앞으로도 기대하지 않는 것이 좋기에 이하에서는 단독입찰에 따른 수의계약을 전제로 기술하도록 하겠습니다. 신규 건립세대(일반분양) 비율이 적고, 일반적인 아파트 건축에 비해 공사 난이도가 높다는 점 등으로 인하여 마진율이 재건축에 비해 낮기에 건설회사들 간에는 출혈경쟁을 방지하기 위하여 미리 협의를 하여 단독 입찰을 하고 있는 상황입니다. 그러나 이러한 방식이 무조건적으로 조합에 불리하다고 볼 수는 없으며, 도급조건에 대한 조율이 실패하는 등의 이유로 선정된 시공자와 결별을 하게 되는 경우에는 이를 대체할 새로운 시공자를 선정하는 절차를 진행할 수 있습니다. 한편 원자재값과 금리 상승과 같은 악재가 발현한 2022년 하반기를 기준으로, 이는 비단 리모델링에만 국한되는 것이 아니라 재개발, 재건축에서도 초기 공사비와 에스컬레이션 조항에 대한 협상이 난항을 겪으며 시공자를 선정한 이후에 공사도급가계약을 체결하지 못하고 갈등이 지속되는 사례가 증가하고 있습니다.

③ 리모델링사업 진행 과정에서 설계의 변경이 한 번도 이루어지지 않는 것은 불가능하다고 해도 무방할 것입니다. 그런데, 시공자 선정 이후 이루어지는 대안설계, 특화설계(이하 '대안설계'로 통칭)는 공사비를 상승시키는 가장 주요한 요인에 해당하기에, 설계업체와 미리 논의하여 1) 입찰지침서에 대안설계에 따른 공사비 상승 범위에 대한 제한을 두거나, 2) 대안설계 비용을 대략적으로 얼마정도로 예상해야 하는지를 미리 제시하도록 하는 방법을 고려해볼 수 있습니다. 또한 3) 대안설계의 법령저촉 여부, 즉 건축심의를 통과할 수 있는 현실성 있는 내용인지에 대한 보장을 조건으로 설정할 수도 있을 것입니다.

조합설립 이전 단계에서는, 소유자들의 동의서 제출을 독려하기 위한 '멋진' 설계안의 필요성에 대하여 어느 정도 수긍할 수 있다 할 것이지만, 그 자체로 엄청난 공사비 상승을 수반하는 대안설계를 확정적으로 예정하고 있는 시공자 선정 단계에서의 '멋진' 설계안은 반드시 냉정한 시선으로 평가하셔야 합니다.

④ 이사회, 대의원회 의결을 거쳐 1차 입찰공고, 2차 입찰공고를 내게 되면 기존에 참여 의향을 보인 건설회사가 단독입찰을 하게 됩니다. 해당 건설회사가 제출한 사업제안서를 이사회, 대의원회에서 신중히 검토한 뒤 적합하다는 판단이 이루어지면 우선협상대상자로 지정하고 시공자선정총회를 개최하여 '시공자 선정의 건'과 '공사도급가계약서 대의원회 위임의 건'을 의결하게 됩니다. 후자의 경우 많은 수의 조합원들이 시공자가 제안한 공사도급가계약서 내용을 직접 내용을 검토하고 의견을 취합하여 결론을 도출하는 과정이 매우 지난하다는 점을 고려, 정밀한 검토와 시공자와의 협의를 통해 계약 내용을 완성하여 체결하는 과정을 대의원회에 맡기는 것으로서, 계약이 체결된 이후에는 차기 총회에서 이를 상정하여 조합원들의 추인을 받게 됩니다.

⑤ 시공자 선정 즈음해서는 토목, 구조업체의 선정도 이루어지게 되는데, 이는 시공자와의 유기적인 협업이 요구되는 영역이기에 시공자로 선정될(또는 수의계약 우선협상대상자인) 건설사의 해당 분야 협력업체 존부를 체크하셔야 합니다. 만약 해당 건설사와 많은 현장에서 함께 업무를 수행한 건실한 업체가 존재하는 경우 조합이 혼자 고민하면서 시공자와 완전 분리시켜 미리 선정하는 것은 바람직하다고 보기 어렵습니다.

[주택법]

제66조 (리모델링의 허가 등)

〈제3항 ⇒ 벌칙규정 : 제101조 제4호 / 양벌규정 : 제105조 제2항〉

③ 제2항에 따라 리모델링을 하는 경우 제11조 제1항에 따라 설립인가를 받은 리모델링주택조합의 총회 또는 소유자 전원의 동의를 받은 입주자대표회의에서 「건설산업기본법」 제9조에 따른 건설사업자 또는 제7조 제1항에 따라 건설사업자로 보는 등록사업자를 시공자로 선정하여야 한다.

〈제4항 ⇒ 벌칙규정 : 제101조 제5호 / 양벌규정 : 제105조 제2항〉

④ 제3항에 따른 시공자를 선정하는 경우에는 국토교통부장관이 정하는 경쟁입찰의 방법으로 하여야 한다. 다만, 경쟁입찰의 방법으로 시공자를 선정하는 것이 곤란하다고 인정되는 경우 등 대통령령으로 정하는 경우에는 그러하지 아니하다.

리모델링조합설립인가 이후 아직 등기가 경료되지 않았는데, 시공자를 선정할 수 있을까요?

주택법 제66조 제3항은 시공자 선정의 경우 설립인가를 받은 리모델링주택조합이 하도록 명시적으로 행위 시점을 설정하고 있기에, 시공자의 선정은 설립인가를 득한 이후라면 가능합니다.

[주택법 시행령]

제76조 (리모델링의 시공자 선정 등)

① 법 제66조 제4항 단서에서 "경쟁입찰의 방법으로 시공자를 선정하는 것이 곤란하다고 인정되는 경우 등 대통령령으로 정하는 경우"란 시공자 선정을 위하여 같은 항 본문에 따라 국토교통부장관이 정하는 경쟁입찰의 방법으로 2회 이상 경쟁입찰을 하였으나 입찰자의 수가 해당 경쟁입찰의 방법에서 정하는 최저 입찰자 수에 미달하여 경쟁입찰의 방법으로 시공자를 선정할 수 없게 된 경우를 말한다.

[리모델링 시공자 선정기준]

제1조 (목적)

이 기준은 「주택법」 제66조 제3항 및 제4항에 따라 리모델링주택조합 또는 입주자대표회의에서 공동주택 리모델링의 시공자를 선정하는 방법에 대한 세부 기준을 정함을 목적으로 한다.

제2조 (용어의 정의)

이 기준에서 사용하는 용어의 정의는 다음과 같다.

1. "건설사업자등"이란 건설산업기본법 제2조 제7호에 따른 건설사업자 또는 주택법 제7조 제1항에 따른 건설사업자로 보는 등록사업자를 말한다.
2. "건설사업자등관련자"란 건설사업자등의 임·직원, 그 피고용인, 용역요원 등 건설사업자등으로부터 당해 시공자 선정에 관하여 재산상 이익을 제공받거나 제공을 약속 받은 자(조합원인 경우를 포함한다)를 말한다.

제3조 (기준의 적용)

이 기준으로 정하지 않은 사항은 리모델링주택조합 또는 입주자대표회의(이하 "조합등"이라 한다)의 규약이 정하는 바에 따르며, 규약으로 정하지 않은 구체적인 방법 및 절차는 대의원회의 의결에 따른다. 다만, 대의원회를 두지 않은 경우에는 총회 또는 입주자대표회의(이하 "총회등"이라 한다)의 의결에 따른다.

제4조 (공정성 유지 의무)

① 리모델링 시공자 선정 입찰에 관계된 자는 입찰에 관한 업무가 자신의 재산상 이해와 관련되어 공정성을 잃지 않도록 이해 충돌의 방지에 노력해야 한다.

② 조합등 임원은 입찰에 관한 업무를 수행함에 있어 직무의 적정성을 확보하여 조합원이나 입주자의 이익을 우선으로 성실히 직무를 수행해야 한다.

제5조 (입찰의 방법)

조합등이 시공자를 선정하려는 경우에는 일반경쟁입찰, 제한경쟁입찰 또는 지명경쟁입찰의 방법으로 선정해야 한다. 다만, 미응찰 등의 사유로 2회 이상 유찰된 경우에는 총회등의 의결을 거쳐 수의계약을 할 수 있다.

제5조의2 (일반경쟁에 의한 입찰)

조합등은 제5조에 따른 일반경쟁에 의한 입찰에 부쳐 2인 이상의 입찰참가 신청이 있어야 한다.

시공자 경쟁입찰에 2개의 업체가 참여하였는데, 대의원회에서 총회 상정을 하지 않고 선정 절차를 진행하지 않기로 결의하였다면 적법한가요?

정비사업에 대한 것이지만 수원지법 안양지원은, 2개의 업체가 입찰에 참여하였는데 대의원회에서 입찰에 참여한 시공사들을 총회에 상정하지 아니하고 선정 절차를 취소하기로 결의한 것은 대의원회의 사전적 심의기능을 넘어 시공자 선정여부를 최종 결정하는 것에 해당하기에 조합원의 시공자 선정권을 침해하는 하자 있는 결의로서 무효에 해당한다고 결정한 바 있습니다(수원지방법원 안양지원 2013. 5. 23. 자 2013카합45 결정). 반면 광주고등법원(전주)은 입찰에 참여한 업체가 제시한 분양가가 너무 높아 조합원의 분담금 상승에 따른 부담을 고려하여 조합이 선정 절차를 취소한 사례에서, 대의원회는 입찰에 참가한 업체들을 그대로 총회에 상정하는 것이 강제되지 아니하며 그 의결을 거쳐 조합원의 이익에 부합하는 복수의 시공자를 선정하여 총회에 상정할 의무를 부담할 뿐이라고 판시하며 채권자의 신청을 기각하였습니다(광주고등법원(전주) 2012. 12. 20. 자 2011라82 결정).

이는 사안에 따라 달리 검토되어야 하기에 일률적인 기준을 제시하기는 어렵다 할 것이지만, 대의원회가 입찰에 참여한 다수의 업체들이 있는 상황에서 아무런 사유 없이 총회에 상정하지 아니하고 시공자 선정 절차를 취소하는 것은 적법하지 않다고 볼 수 있습니다.

제6조(제한경쟁에 의한 입찰)

① 조합등은 제5조에 따른 제한경쟁에 의한 입찰에 부치고자 할 때에는 건설사업자등의 자격을 시공능력평가액, 신용평가등급(회사채를 기준으로 한다), 해당 공사와 같은 종류의 공사실적, 그 밖에 조합등의 신청으로 시장·군수·구청장이 따로 인정한 것으로만 제한할 수 있으며, 3인 이상의 입찰참가 신청이 있어야 한다. 이 경우 공동참여의 경우에는 1인으로 본다.

② 제1항에 따라 자격을 제한하려는 경우에는 총회등(대의원회를 구성하여 운영 중인 조합의 경우에는 대의원회를 말한다. 이하 제7조 및 제13조에서 같다)의 의결을 거쳐야 한다.

시공자 선정 시 제한경쟁입찰과 지명경쟁입찰은 무엇인가요?

입찰공고를 낸 후 건설회사가 자유롭게 응찰하는 방식을 일반경쟁입찰이라고 하며 이 경우 2인 이상의 입찰참가 신청이 있어야 유효한 입찰로 보게 됩니다. 한편, 건설회사의 시공능력평가액, 신용평가등급, 공사실적 등을 참가요건으로 설정한 것을 제한경입찰이라고 하는데 이 경우는 3인 이상의 입찰참가 신청이 있어야 입찰이 성립하게 됩니다. 마지막으로 지명경쟁입찰은, 조합이 3인 이상의 입찰대상자를 지명하여 그중 2인 이상의 참가가 이루어지는 경우 유효하게 성립하는 입찰방식입니다.

어떠한 방식이든 2회 이상 유찰(응찰한 업체가 없거나 요구되는 최소 응찰 수에 미달하는 경우를 모두 포함)되는 경우 우선협상대상자를 정하여 수의계약을 체결할 수 있습니다.

제7조 (지명경쟁에 의한 입찰)

① 조합등은 제5조에 따른 지명경쟁에 의한 입찰에 부치고자 할 때에는 3인 이상의 입찰대상자를 지명해야 하며, 이중 2인 이상의 입찰참가 신청이 있어야 한다.

② 제1항에 따라 지명하려는 경우에는 총회등의 의결을 거쳐야 한다.

제8조 (공고 등)

조합등은 시공자 선정을 위하여 입찰에 부치고자 할 때에는 현장설명회 개최일로부터 7일 전에 1회 이상 전국 또는 해당 지방을 주된 보급지역으로 하는 일간신문에 공고해야 한다. 다만, 지명경쟁에 의한 입찰의 경우에는 현장설명회 개최일로부터 7일 전에 입찰대상자에게 내용증명우편으로 발송해야 하며, 반송된 경우에는 반송된 다음날에 1회 이상 재발송해야 한다.

제9조 (공고 등의 내용)

제8조에 따른 공고에는 다음 각 호의 사항을 포함해야 한다.

1. 사업계획의 개요(공사규모, 면적 등)
2. 입찰의 일시 및 장소
3. 현장설명회의 일시 및 장소
4. 입찰참가 자격에 관한 사항
5. 입찰참가에 따른 준수사항 및 위반(제12조를 위반하는 경우를 포함한다)시 자격 박탈에 관한 사항
6. 그 밖에 조합등이 정하는 사항

제10조 (현장설명회)

① 조합등은 입찰일 20일 이전에 현장설명회를 개최해야 한다.

② 제1항에 따른 현장설명에는 다음 각 호의 사항을 포함해야 한다.

1. 설계도서(사업계획승인이나 행위허가를 받은 경우 그 내용을 포함해야 한다)
2. 입찰서 작성방법 · 제출서류 · 접수방법 및 입찰유의사항 등
3. 건설사업자등의 공동홍보방법
4. 시공자 결정방법
5. 계약에 관한 사항
6. 그 밖에 입찰에 필요한 사항

리모델링주택조합설립을 위한 추진위원회 단계에서 건설회사를 초청하여 설명회를 개최하여도 무방한 것인가요?

리모델링주택조합설립 이후 시공자 선정 시에는 주택법 및 리모델링시공자선정기준에서 정한 바에 따라 경쟁입찰 등의 방법 등으로 시공자를 선정하여야 하지만, 리모델링주택조합설립 이전의 활동에 대하여는 별도로 규율되고 있지 않기에 설명회를 개최하는 것은 현행 법령상 문제가 없다고 할 수 있습니다(국토교통부 주택정비과,

2018. 7. 3. 자 민원에 대한 회신 내용 참조).

입찰공고문에 입찰참여 자격으로 '현장설명회에 참가한 업체'를 명기하였는데, 이후 현장설명회에 1개의 건설회사만 참여하였다면 해당 '현장설명회'를 기준으로 유찰이 이루어졌다고 보아도 괜찮은가요?

이에 대하여 국토교통부는, 제한경쟁입찰의 경우 3인 이상의 참가 신청이 있어야 하며(리모델링시공자선정기준 제6조 제1항) 입찰공고문에 입찰참가자격을 '현장설명회에 참가한 업체'로 명기하여 현장설명회를 실시한 결과 1개의 업체만 현장설명회에 참여한 경우 해당 입찰은 유찰로 보아야 한다는 입장을 밝혔습니다(국토교통부 주택정비과, 2017. 10. 10. 자 민원에 대한 회신). 다만, 입찰공고 이전에 현장설명회가 이루어진 경우 등 사실관계가 달라질 경우에도 동일한 결론이 유지되는 것은 아니라 할 것이므로 이러한 경우에는 반드시 자문변호사에게 검토를 의뢰하시기 바랍니다.

제11조 (입찰서의 접수 및 개봉)

① 조합등은 밀봉된 상태로 참여제안서를 접수해야 한다.

② 입찰서를 개봉하고자 할 때에는 입찰서를 제출한 건설사업자등의 대표(대리인을 지정한 경우 그 대리인) 각 1인과 조합등 임원, 그 밖에 이해관계인이 참여한 공개된 장소에서 개봉해야 한다.

③ 조합등은 제1항에 따라 제출된 입찰서를 모두 총회등에 상정해야 한다.

제12조 (건설사업자등의 홍보)

① 조합등은 제11조 제3항에 따라 총회등에 상정될 건설사업자등이 결정된 때에는 조합원(입주자대표회의의 경우에는 그 구성원을 말한다. 이하 이 조에서 같다)에게 이를 즉시 통지해야 하며, 건설사업자등의 합동홍보설명회를 2회 이상 개최해야 한다. 이 경우 조합등은 총회등에 상정하는 건설사업자등이 제출한 입찰제안서에 대하여 시공능력, 공사비 등이 포함되는 객관적인 비교표를 작성하여 조합원등에게 제공해야 한다.

② 조합등은 제1항에 따라 합동홍보설명회를 개최할 때에는 미리 일시 및 장소를 정하여 조합원등에게 이를 통지해야 한다.

③ 건설사업자등관련자는 조합원등을 상대로 개별적인 홍보(홍보관 · 쉼터 설치, 홍보책자 배부, 세대별 방문, 인터넷 홍보 등을 포함한다. 이하 같다)를 할 수 없으며, 홍보를 목적으로 조합원등에게 사은품 등 물품 · 금품 · 재산상의 이익을 제공하거나 제공을 약속해서는 아니된다.

우선협상대상자로 선정된 건설회사가 조합원들을 상대로 홍보설명회를 하는 것이 가능한가요?

건설회사의 홍보와 관련하여 구체적인 사항은 조합이 정하여 공고한 입찰지침서의 내용에 따르게 되며 만일 특별한 규정을 두고 있는 경우가 아니라면, 리모델링시공자선정기준 제12조 제3항의 규정은 동조 제1, 2항의 '경쟁입찰 절차'의 계속과 합동홍보설명회를 전제로 하는 것이고 수의계약 방식으로 이루어지는 절차에는 적용되지 않는 것으로 해석되기에, 우선협상대상자 홍보설명회의 개최는 가능하다 할 것입니다. 다만, 사은품 등의 제공은 홍보설명회의 개최 가부와는 별개로 금지되는 것으로 해석될 수 있기에 가급적 자제하시는 것이 좋을 것으로 보입니다.

제13조 (조합등의 총회 의결 등)

① 총회는 조합원의 과반수 이상이 직접 참석하여 의결해야 한다. 이 경우 규약이 정한 대리인이 참석한 때에는 직접 참여로 본다.

선정된 시공자에 대하여 선정 철회 또는 계약 해제(해지)를 의결하는 경우에도, 조합원 과반수의 참석이 필요한 것인가요?

리모델링 시공자 선정기준 제13조 제1항은, 시공자 선정 총회의 경우 조합원 총수의 과반수 이상이 직접 참석하여 의결하여야 한다고 정하고 있으나 시공자 선정 철회나 계약 해제(해지)에 대하여는 별도로 규율하고 있지 않습니다. 한편 주택법 시행령 제20조 제3항, 제4항, 주택법 시행규칙 제7조 제5항 제4호에서는 시공자의 '변경'에 대하여 조합원 100분의 20 이상 직접 출석을 요구하고 있는바, 동 규칙이 해제·해지에 대하여 정하는 경우 명확하게 용어를 적시하고 있는 점(제18조의2 제4항)을 고려했을 때 위 규정상 '변경'은 다른 건설회사로의 전환 즉 '선정'이 포함되는 경우에 국한된다고 보는 것이 타당할 것입니다. 결국 선정 철회나 계약 해제(해지)의 경우 조합원 100분의 10 이상의 직접 참여만이 있으면 족하다고 할 것입니다.

시공자선정총회에 조합원 과반수가 참석해야 한다고 하는데, 서면결의서를 포함하여 과반수인 것인가요?

총회 참석과 관련하여 조문의 '직접 참석'과 '참석'은 전혀 다른 의미로 해석됩니다. '직접 참석'은 총회장에 조합원 또는 (조합규약이 정한) 대리인이 직접 방문하여 참석자 명부에 서명을 하고 총회장 안으로 입장하는 것을 의미하고, 단순 참석은 조합규약이 정한 바에 따라 서면결의서를 제출하는 경우에도 인정될 수 있기 때문입니다. 예컨대 총 조합원 수가 1천 명인 조합의 경우 시공자선정총회에는 최소한 501명의 조합원이 총회장에 입장을 해야 개회를 위한 성원이 이루어질 수 있습니다.

② 조합원은 제1항에 따른 총회 직접 참석이 어려운 경우 서면으로 의결권을 행사할 수 있으나, 제1항에 따른 직접 참석자의 수에는 포함되지 아니한다.

 # 시공자선정총회 개최 예정 시간이 지났는데 성원을 위한 직접 참석 조합원이 부족하다면, 총회를 다시 해야만 하는 것인가요?

만일 성원을 위한 직접 참석 조합원이 현저히 부족한 상황이라면 부득이 총회를 다시 개최해야만 할 것입니다. 그러나 부족한 인원이 수 명 또는 수십 명에 불과한 경우 급히 차량을 수배하여 해당 아파트단지로 급파하고, 총회장에 참석한 조합원들에게 연락 가능한 미참석 조합원들에게 참석을 독려하도록 호소하며, 입주자대표회의에 요청하여 아파트 세대 내 안내 방송을 송출하는 등의 방법을 총동원하여 성원을 시킬 수 있도록 해야 할 것입니다. 이러한 과정에서 개최 예정 시각이 다소 도과하더라도 이로 인하여 곧바로 총회의 효력에 흠결이 생기는 것은 아니라 할 것입니다.

③ 제2항에 따른 서면의결권 행사는 조합에서 지정한 기간·시간 및 장소에서 서면결의서를 배부받아 제출해야 한다.

④ 조합은 제3항에 따른 조합원의 서면의결권 행사를 위해 조합원 수 등을 고려하여 서면결의서 제출기간·시간 및 장소를 정하여 운영해야 하며, 시공자 선정을 위한 총회 개최 안내 시 서면결의서 제출 요령을 충분히 고지해야 한다.

⑤ 입주자대표회의는 그 구성원의 3분의 2 이상이 참석한 경우에 의사를 진행할 수 있으며, 참석한 구성원의 과반수 찬성으로 의결한다.

⑥ 조합등은 총회등에서 시공자 선정을 위한 투표 전에 각 건설사업자등별로 조합원이나 입주자대표회의 구성원에게 설명할 수 있는 기회를 부여해야 한다.

⑦ 제1항 및 제5항에도 불구하고 총회등의 소집시기에 해당 주택건설대지가 위치한 특별자치시·특별자치도·시·군·구에 「감염병의 예방 및 관리에 관한 법률」제49조 제1항 제2호에 따라 여러 사람의 집합을 제한하거나 금지하는 조치가 내려진 경우에는 전자적 방법으로 총회등을 개최해야 한다. 이 경우 조합원의 의결권 행사는 「전자서명법」 제2조 제2호 및 제6호의 전자서명 및 인증서(서명자의 실제 이름을 확인할 수 있는 것으로 한정한다)를 통해 본인 확인을 거쳐 전자적 방법으로 해야 한다.

⑧ 조합등은 제7항에 따라 전자적 방법으로 총회등을 개최하려는 경우 다음 각 호의 사항을 조합원 또는 입주자 대표회의 구성원에게 사전에 통지해야 한다.

1. 총회등의 의결사항
2. 전자투표를 하는 방법
3. 전자투표 기간
4. 그 밖에 전자투표 실시에 필요한 기술적인 사항

제14조 (계약의 체결)

① 조합등은 제13조에 따라 선정된 시공자와 그 업무범위 및 관련 사업비의 부담 등 사업시행 전반에 대한 내용을 협의한 후 계약을 체결해야 한다.

② 조합등은 제13조에 따라 선정된 시공자가 정당한 이유 없이 3개월 이내에 계약을 체결하지 아니하는 경우에는 제13조에 따른 총회등의 의결을 거쳐 해당 시공자 선정을 무효로 할 수 있다.

제15조 (재검토기한)

국토교통부장관은 이 고시에 대하여「훈령·예규 등의 발령 및 관리에 관한 규정」에 따라 2021년 1월 1일 기준으로 매 3년이 되는 시점(매 3년째의 12월 31일까지를 말한다)마다 그 타당성을 검토하여 개선 등의 조치를 해야 한다.

5. 1차 안전진단

이 단계에서 조합은 무엇을 해야 할까?

① 시공자 선정을 전후로 하여(보통 선정된 시공자와 함께 준비를 하게 되나, 선정 이전에 안전진단 요청이 이루어진 예도 있습니다) 조합은 시장·군수·구청장에게 안전진단을 요청하게 되며, 시장·군수·구청장은 이를 수행할 안전진단기관을 선정한 후 리모델링 가능 여부를 확인하게 됩니다. 선정된 안전진단기관은 현장조사를 실시하여 지질조사 및 설계지지력을 측정하고, 구조안전성을 평가하게 됩니다. 준공 이후 20년 이상 된 아파트의 경우 B등급 이하 결과가 나오는 것은 어렵지 않은 편이라 할 것이나, 수직증축을 계획하고 있는 경우 C등급 이하가 나오게 되는 경우 건축 계획을 전면 수정해야 하므로 결과를 예의 주시하여야 할 것입니다.

② 안전진단을 위해서는 샘플세대들을 대상으로 세대 내부에서 검사가 이루어지게 되는데, 빠른 진행을 위해서는 적극적인 협조를 독려해야 하고 참여한 세대에 대하여 소정의 보상금을 지급하는 방안(물론 조합 내부 결의를 거치는 등 사전 준비가 필요합니다)도 고려해 보실 수 있습니다.

③ 1차 안전진단 단계에서 조합이 특별히 공들여 준비하실 사항은 없다고 보아도 무방합니다. 다만, 안전진단기관 선정이 최대한 빨리 이루어질 수 있도록 리모델링사업이 진행된 유사 단지에서의 낙찰 가격을 조사해 예정가격을 산출해 시장·군수·구청장에 전달하는 방안을 고려해 보실 수 있는데, 이러한 업무는 정비업체의 도움을 받아 수행할 수 있습니다. 간혹 안전진단비용을 1~2천만 원 깎기 위해 절차의 지연을 불사하시는 경우도 있는데, 이 단계의 신속한 진행에 따른 이익이 절약되는 용역비보다 훨씬 더 크다는 것은 분명해 보입니다.

④ 안전진단 비용은 원칙적으로 조합이 부담하나, 지자체별로 리모델링 안전진단 비용을 지원하는 경우도 있으므로 해당 지역 관할 행정청의 지원 여부를 체크해보아야 합니다. 한편 지자체별로 리모델링 시범단지를 선정하는 경우가 있고 선정이 될 경우 안전진단 비용을 비롯한 지원을 받을 수 있습니다만, 큰 틀에서 봤을 때 시범단지 선정이 큰 실익이 있다고 보기는 어렵습니다.

⑤ 지자체별 환경영향평가조례에 따라 일정 규모 이상의 단지는 환경영향평가를 받아야 하는데, 안전진단 시 환경영향평가에서 이루어지는 지질조사를 함께 행하는 경우 사업비 절감이 가능하게 됩니다. 나아가 샘플세대에

대한 비파괴검사, 시료채취 시 예비 석면조사를 함께 행할 경우 같은 효과를 기대할 수 있을 것입니다.

[주택법]

제68조 (증축형 리모델링의 안전진단)

① 제2조 제25호 나목 및 다목에 따라 증축하는 리모델링(이하 "증축형 리모델링"이라 한다)을 하려는 자는 시장·군수·구청장에게 안전진단을 요청하여야 하며, 안전진단을 요청받은 시장·군수·구청장은 해당 건축물의 증축 가능 여부의 확인 등을 위하여 안전진단을 실시하여야 한다.

② 시장·군수·구청장은 제1항에 따라 안전진단을 실시하는 경우에는 대통령령으로 정하는 기관에 안전진단을 의뢰하여야 하며, 안전진단을 의뢰받은 기관은 리모델링을 하려는 자가 추천한 건축구조기술사(구조설계를 담당할 자를 말한다)와 함께 안전진단을 실시하여야 한다.

1차 안전진단은 무엇을 하는 것인가요?

1차 안전진단은 건축구조기술사, 건설기술연구원 등이 참여하여 실시하며, 사업계획승인(리모델링허가) 이전에 건물기울기, 기초 및 지반침하, 내력비, 기초내력비, 처짐, 내구성 등의 항목으로 구성된 구조안전성을 평가하고 수직·수평증축의 가능 여부를 결정하게 되는데, 이 중 어느 하나의 항목이라도 D등급 이하를 받게 되면 리모델링을 추진할 수 없게 됩니다. 즉, 재건축의 경우 철거하고 다시 지어야 할 만큼 노후화되었는지를 점검하는 것인데 반해 리모델링의 경우 증축을 할 수 있을 만큼 뼈대를 비롯한 기본 구조가 튼튼한지를 체크하는 것으로 이해하시면 될 것입니다.

③ 시장·군수·구청장이 제1항에 따른 안전진단으로 건축물 구조의 안전에 위험이 있다고 평가하여 「도시 및 주거환경정비법」 제2조 제2호 다목에 따른 재건축사업 및 「빈집 및 소규모주택 정비에 관한 특례법」 제2조 제1항 제3호 다목에 따른 소규모재건축사업의 시행이 필요하다고 결정한 건축물은 증축형 리모델링을 하여서는 아니 된다.

〈제5항 ⇒ 벌칙규정 : 제104조 제8호 / 양벌규정 : 제105조 제2항〉

⑤ 제2항 및 제4항에 따라 안전진단을 의뢰받은 기관은 국토교통부장관이 정하여 고시하는 기준에 따라 안전진단을 실시하고, 국토교통부령으로 정하는 방법 및 절차에 따라 안전진단 결과보고서를 작성하여 안전진단을 요청한 자와 시장·군수·구청장에게 제출하여야 한다.

⑥ 시장·군수·구청장은 제1항 및 제4항에 따라 안전진단을 실시하는 비용의 전부 또는 일부를 리모델링을 하려는 자에게 부담하게 할 수 있다.

아파트 입주자대표회의에서 장기수선계획 조정 시, 수직증축형 리모델링이 가능한지를 확인하기 위한 안전진단 시행을 포함할 수 있나요?

장기수선계획은 해당 공동주택의 공용부분의 주요시설에 대해 교체 및 보수를 하기 위해 수립하는 것이며, 입주자대표회의와 관리주체는 수립 또는 조정된 장기수선계획에 따라 주요시설을 교체하거나 보수하여야 합니다(공동주택관리법 제29조 제1항, 제2항). 따라서, 아파트 리모델링을 위한 안전진단과 장기수선계획은 내용은 물론 목적에 있어 상이하다 할 것이기에, 안전진단 시행에 관한 사항을 장기수선계획에 포함하여 장기수선충당금으로 집행하는 것은 타당하지 않다고 할 것입니다(국토교통부 주택건설공급과, 2014. 5. 7. 자 민원에 대한 회신 참조).

⑦ 그 밖에 안전진단에 관하여 필요한 사항은 대통령령으로 정한다.

[주택법 시행령]

제78조 (증축형 리모델링의 안전진단)

① 법 제68조 제2항에서 "대통령령으로 정하는 기관"이란 다음 각 호의 어느 하나에 해당하는 기관을 말한다.

1. 「시설물의 안전 및 유지관리에 관한 특별법」 제28조에 따라 등록한 안전진단전문기관(이하 "안전진단전문기관"이라 한다)
2. 「국토안전관리원법」에 따른 국토안전관리원(이하 "국토안전관리원"이라 한다)
3. 「과학기술분야 정부출연연구기관 등의 설립·운영 및 육성에 관한 법률」 제8조에 따른 한국건설기술연구원(이하 "한국건설기술연구원"이라 한다)

② 시장·군수·구청장은 법 제68조 제2항에 따른 안전진단을 실시한 기관에 같은 조 제4항에 따른 안전진단을 의뢰해서는 아니 된다. 다만, 다음 각 호의 어느 하나에 해당하는 경우에는 그러하지 아니하다.

1. 법 제68조 제2항에 따라 안전진단을 실시한 기관이 국토안전관리원 또는 한국건설기술연구원인 경우
2. 법 제68조 제4항에 따른 안전진단 의뢰(2회 이상 「지방자치단체를 당사자로 하는 계약에 관한 법률」 제9조 제1항 또는 제2항에 따라 입찰에 부치거나 수의계약을 시도하는 경우로 한정한다)에 응하는 기관이 없는 경우

③ 법 제68조 제5항에 따라 안전진단전문기관으로부터 안전진단 결과보고서를 제출받은 시장·군수·구청장은 필요하다고 인정하는 경우에는 제출받은 날부터 7일 이내에 국토안전관리원 또는 한국건설기술연구원에 안전진단 결과보고서의 적정성에 대한 검토를 의뢰할 수 있다.

④ 시장·군수·구청장은 법 제68조 제1항에 따른 안전진단을 한 경우에는 법 제68조 제5항에 따라 제출받은 안전진단 결과보고서, 제3항에 따른 적정성 검토 결과 및 법 제71조에 따른 리모델링 기본계획(이하 "리모델링 기본계획"이라 한다)을 고려하여 안전진단을 요청한 자에게 증축 가능 여부를 통보하여야 한다.

[주택법 시행규칙]

제29조 (안전진단 결과보고서) 법 제68조 제5항에 따른 안전진단 결과보고서에는 다음 각 호의 사항이 포함되어야 한다.

1. 리모델링 대상 건축물의 증축 가능 여부 및 「도시 및 주거환경정비법」 제2조 제2호다목에 따른 재건축사업의 시행 여부에 관한 의견
2. 건축물의 구조안전성에 관한 상세 확인 결과 및 구조설계의 변경 필요성(법 제68조 제4항에 따른 안전진단으로 한정한다)

6. 도시계획위원회 심의 및 건축위원회 심의

이 단계에서 조합은 무엇을 해야 할까?

① 안전진단을 통과하는 경우 곧바로(또는 그 이전부터) 도시계획심의와 건축심의를 준비하게 됩니다. 기반시설에의 영향 등을 검토하기 위한 도시계획심의는 세대수가 50세대 이상 증가하는 리모델링 또는 아파트지구나 지구단위계획의 영향을 받는 경우에만 적용됩니다.

② 건축심의의 경우 미리 조합원 설문조사를 통해 의견을 취합하는 절차를 거치며, 설계안에 그 내용을 반영하게 됩니다. 다만 건축심의는 '건물 외곽선'에 대한 것인데 반해 조합원들의 주된 관심은 세대별 내부 평면이라는 점을 분명히 인지하여, 내부 설계에 대한 의견 개진으로 인하여 본 절차가 지연되지 않도록 하셔야 합니다.

③ 도시계획심의는 리모델링사업이 주변에 미치는 영향을 검토하는 것으로 도시계획업체가, 건축심의는 디자인·경관·교통·친환경·토목·구조·기계·전기·소방 등의 구체적인 내용을 다루는 것으로 설계업체(시공자도 관여)가 준비하게 됩니다. 다만, 설계업체, 시공자가 관할 행정청과의 논의 등 대관업무를 통하여 다수의 안을 제시하는 경우 그중에서 선택을 해야 하거나, 다수의 조합원들이 원하거나 사업성을 위해 필요한 내용을 추가하여 관철시켜야 하는 경우에는 조합의 주도적인 수행이 이루어질 수도 있습니다.

④ 따라서 이 단계에 앞서 미리 도시계획업체를 선정해야 하는데(설계업체는 그 전부터 선정이 되어 있어야 함), 총회에서 도시계획업체에 대한 항목이 계상된 예산안과 위 업체들에 대한 선정을 대의원회에 위임하는 안건을 가결시킨 후, 대의원회에서 선정하여 진행하는 것이 일반적입니다. 한편 도시교통정비촉진법 시행령 별표 1에서 정한 기준에 해당하는 사업지의 경우 건축심의를 받기 이전 교통영향평가를 수행할 업체, 지자체별 환경영향평가 조례에서 정한 연면적 이상에 해당하는 사업지의 경우 건축심의 때 제출할 환경영향평가 초안(사전 석면조사 결과 포함) 작성을 수행할 업체도 미리 선정되어 있어야 하며, 그 절차는 동일합니다.

⑤ 서울시의 경우 '서울시 경관계획'에 의한 경관지구, 중점경관관리구역(역사도심, 한강변, 주요 산 주변 등) 내 일정 규모 이상의 건축물에 해당하는 경우 경관심의를 받아야 하며, 대상 단지에 해당되는 경우 이를 수행할 업체를 선정하여야 합니다.

⑥ 관할 행정청 담당 공무원과는 별도로 시의원(구의원)과의 콘택트는 해당 단지의 사업 진행에 대한 적극적인 협조 요청과 애로사항의 해결방안 궁구(窮究)의 주요 창구에 해당하기에, 사업 기간 전 과정에 걸쳐 조합 임원의 적극적인 이행이 요구된다고 할 것입니다.

⑦ 수직증축의 경우 도시계획위원회 심의 이후 1차 안전성검토(기본설계도서를 확인하는 방식으로 검증하며 필요한 경우 현장확인도 이루어짐) 절차가, 건축위원회 심의 이후 2차 안전성검토(실시설계도서를 확인하는 방식으로 검증하며 필요한 경우 현장확인도 이루어짐) 절차가 각 추가되며, 이에 대한 준비는 설계업체와 시공자가 담당하게 됩니다.

[주택법]

제66조 (리모델링의 허가 등)

⑥ 제1항에 따라 시장·군수·구청장이 세대수 증가형 리모델링(대통령령으로 정하는 세대수 이상으로 세대수가 증가하는 경우로 한정한다. 이하 이 조에서 같다)을 허가하려는 경우에는 기반시설에의 영향이나 도시·군관리계획과의 부합 여부 등에 대하여 「국토의 계획 및 이용에 관한 법률」 제113조 제2항에 따라 설치된 시·군·구도시계획위원회(이하 "시·군·구도시계획위원회"라 한다)의 심의를 거쳐야 한다.

[주택법 시행령]

제76조 (리모델링의 시공자 선정 등)

② 법 제66조 제6항에서 "대통령령으로 정하는 세대수"란 50세대를 말한다.

우리 아파트는 리모델링 이후 60세대가 증가하는 것으로 계획되어 있는데, 도시계획심의를 받아야 한다는 것인가요?

리모델링으로 30세대 미만 증가 시 건축심의 이후 리모델링허가, 30세대 이상 50세대 미만 증가 시 건축심의 후 리모델링허가(동시에 사업계획승인), 50세대 이상 증가 시 도시계획심의, 건축심의 후 리모델링허가(동시에 사업계획승인)를 받게 됩니다.

[건축법]

제5조 (적용의 완화)

① 건축주, 설계자, 공사시공자 또는 공사감리자(이하 "건축관계자"라 한다)는 업무를 수행할 때 이 법을 적용하는 것이 매우 불합리하다고 인정되는 대지나 건축물로서 대통령령으로 정하는 것에 대하여는 이 법의 기준을 완화하여 적용할 것을

허가권자에게 요청할 수 있다.
② 제1항에 따른 요청을 받은 허가권자는 건축위원회의 심의를 거쳐 완화 여부와 적용 범위를 결정하고 그 결과를 신청인에게 알려야 한다.
③ 제1항과 제2항에 따른 요청 및 결정의 절차와 그 밖에 필요한 사항은 해당 지방자치단체의 조례로 정한다.

[건축법 시행령]

제6조 (적용의 완화)
① 법 제5조 제1항에 따라 완화하여 적용하는 건축물 및 기준은 다음 각 호와 같다.

건축기준의 완화란 무엇인가요?

국토의 계획 및 이용에 관한 법률(국토계획법) 제78조는 도시 주거지역의 용적률 최대한도를 500% 이하로 설정하고 있는데, 동법 시행령 제85조는 이를 세분하여 예컨대 제3종일반주거지역은 100~300%로, 준주거지역은 200~500%로 범위를 정하면서 각 지자체별 도시계획조례로 구체적인 비율을 설정하도록 하고 있습니다. 서울의 경우 이러한 위임에 따라 서울특별시도시계획조례 제55조 제1항에서 상한용적률을 제3종일반주거지역 250%, 준주거지역 400%로 제한하고 있으며, 기부채납과 같은 일정 조건을 갖추는 경우 법정 상한용적률인 300%까지 허용될 수 있도록 정하고 있습니다. 이 내용은 재건축에는 그대로 적용되는 데 반하여 리모델링은 그렇지 않은데, 리모델링은 기존의 건물을 전부 철거하고 다시 건축하는 것이 아닌 점과, 세대수 및 주거전용면적의 증가 등의 사항에 대하여 주택법이 명시적으로 규율하고 있다는 점, 그리고 국토계획법 제78조 제7항이 건축법 등 다른 법률에 따른 용적률 완화 규정을 중첩적으로 적용할 수 있도록 허용하고 있는 점을 가장 큰 이유로 꼽을 수 있을 것입니다.

건축법 제56조는 용적률의 최대한도를 국토계획법 제78조의 내용으로 설정하고 있고, 건축법 시행령 제6조 제1항 제6호는 준공 후 15년 이상 경과되고 기준조건을 충족하는 공동주택이 리모델링을 하는 경우 건축기준을 완화하여 적용할 수 있도록 규정하고 있습니다. 완화의 대상은 조경, 공개공지, 건축선, 건폐율, 용적률, 대지 안의 공지, 높이제한, 일조권 확보를 위한 높이 제한 등이며, 건축위원회 심의를 통해 그 구체적인 완화 범위가 정해지게 됩니다. 이는 재건축에는 없는 제도로, 리모델링의 용적률이(재건축과는 달리) 법적 상한용적률을 초과하고 있는 주된 이유에 해당합니다.

6. 다음 각 목의 어느 하나에 해당하는 건축물인 경우 : 법 제42조(조경), 제43조(공개 공지 등), 제46조(건축선), 제55조(건폐율), 제56조(용적률), 제58조(이격거리), 제60조(높이 제한), 제61조 제2항(채광 등을 위한 높이 제한)에 따른 기준
가. 허가권자가 리모델링 활성화가 필요하다고 인정하여 지정·공고한 구역(이하 "리모델링 활성화 구역"이라 한다) 안의 건축물

나. 사용승인을 받은 후 15년 이상이 되어 리모델링이 필요한 건축물

② 허가권자는 법 제5조 제2항에 따라 완화 여부 및 적용 범위를 결정할 때에는 다음 각 호의 기준을 지켜야 한다.

1. 제1항 제1호부터 제5호까지, 제7호·제7호의2 및 제9호의 경우

가. 공공의 이익을 해치지 아니하고, 주변의 대지 및 건축물에 지나친 불이익을 주지 아니할 것

나. 도시의 미관이나 환경을 지나치게 해치지 아니할 것

2. 제1항 제6호의 경우

가. 제1호 각 목의 기준에 적합할 것

나. 증축은 기능향상 등을 고려하여 국토교통부령으로 정하는 규모와 범위에서 할 것

다. 「주택법」 제15조에 따른 사업계획승인 대상인 공동주택의 리모델링은 복리시설을 분양하기 위한 것이 아닐 것

용적률 인센티브를 얼마만큼 받을 수 있을까요?

건축주, 설계자, 시공자 또는 공사감리자는 용적률 등의 건축기준을 완화하여 적용할 것을 해당 지자체에 요청할 수 있으며 요청을 받은 허가권자는 건축위원회의 심의를 거쳐 완화 여부와 적용 범위를 결정하도록 하고 있습니다. 건축법 제5조에 따른 용적률 완화와 관련하여, 신도시 등 지구단위계획이 수립된 지역의 경우 지구단위계획에서 허용한 용적률 상한을 초과할 수 없으며 지구단위계획을 변경하더라도 국토계획법상의 용적률 상한을 초과할 수는 없습니다(국토교통부 주택정비과, 2015. 5. 12. 자 민원에 대한 회신 참조). 이와 관련하여, 서울특별시가 2022년 9월 수정가결한 '2030 서울특별시 공동주택 리모델링 기본계획'과 서울특별시 및 자치구의 건축위원회 심의기준으로 적용되는 '서울형 공동주택 리모델링 운영기준'에서 제시된 아래의 사항을 참조하시기 바랍니다.

<table>
<tr><th colspan="3">적용의 완화(주거전용면적 증가범위) 체크리스트</th></tr>
<tr><td colspan="3">○ 계획기준에 따른 전용면적 증가범위(각 세대의 주거전용면적 30~40% 이내)</td></tr>
<tr><th>항목</th><th>계획기준</th><th>증가 범위</th></tr>
<tr><td>계</td><td colspan="2">최대 30%이내 (전용 85㎡ 미만 최대 40%이내)</td></tr>
<tr><td>기반 시설 정비</td><td>• 대상지 주변 기반시설(도로, 공원 등) 정비
– 보도 정비, 단지 외 마을공원 정비, 보도시설물 설치 등
– 전용면적 증가비율(%) = (기반시설정비면적/대지면적)×100
※ 사업계획승인권자(유지관리부서)와 협의된 경우에 한함</td><td>최대 20%P</td></tr>
<tr><td>녹색 건축물</td><td>• 서울특별시 녹색건축물 설계기준 준용
– 세대별 등급보다 한등급 높은 기준 적용 시</td><td>최대 20%P</td></tr>
<tr><td rowspan="2">지능형 건축물</td><td>• 지능형건축물(Intelligent Building) 인증
– 지능형건축물 인증등급(1~5등급)에 따라 차등 적용</td><td>최대 20%P</td></tr>
<tr><td>• 지능형 홈네트워크 설비
– 정보통신 및 가전기기 등의 상호 연계설비</td><td>최대 10%P</td></tr>
<tr><td rowspan="3">지역 친화 시설 (공유 시설)</td><td>• 공공보행통로, 열린놀이터, 공유주차면 조성
– 전용면적 증가비율(%) = (공공시설조성면적/대지면적)×100</td><td>최대 30%P</td></tr>
<tr><td>• 담장 허물기(낮은 수목식재, 진출입통로 등 설치)
– 외부 접근이 가능한 단지경계의 담장길이 합계 50% 이상 개방형 담장 조성</td><td>최대 10%P</td></tr>
<tr><td>• 지역공유시설 설치 : 세대별 설치면적 충족 시 정량부여
– 도서관, 어린이집, 노인복지시설 등
<table><tr><th>세대기준</th><th>설치면적</th></tr><tr><td>300세대 미만</td><td>200㎡ 미만</td></tr><tr><td>300세대 이상 500세대 미만</td><td>200㎡ 이상</td></tr><tr><td>500세대 이상 700세대 미만</td><td>350㎡ 이상</td></tr><tr><td>700세대 이상 1,000세대 미만</td><td>500㎡ 이상</td></tr><tr><td>1,000세대 이상</td><td>750㎡ 이상</td></tr><tr><td>1,500세대 이상</td><td>1,000㎡이상</td></tr></table></td><td>최대 10%P</td></tr>
</table>

가로 활성화	• 상업용도 등 가로활성화 용도 – 1층 벽면길이 및 바닥면적의 50%이상 설치 시	최대 10%P
주요 정책 반영	• 세대구분형 주택(멀티홈) 도입 시 ※ 최소기준 : 전용면적 85㎡ 이상인 세대수 10% 이상	최대 5%P
	• 시·구 주요정책 반영 (건축위원회 심의에서 인정하는 경우) – 친환경 음식물쓰레기 처리시설 도입 등	최대 10%P

※ 시설도입을 위한 관련규정 또는 시설기준이 없는 경우 위원회 심의를 통해 적용여부 결정

 # 용적률 인센티브(최대 4%)를 위해 전기차 충전소를 설치하려고 계획했는데, 한전에서 일부 불가 통보를 받았습니다. 한전에서 허용한 범위만큼만 설치하면 인센티브를 제대로 받을 수 없을 것 같은데 어찌해야 할까요?

한국전력공사는 전기차 충전소 설치에 지역별 총량제를 적용하고 있습니다. 예컨대 연접한 아파트단지에서 재건축이나 리모델링을 먼저 추진하면서 전기차 충전소를 확보한 경우, 후발 사업 추진 단지에서는 원하는 만큼의 충전소를 설치할 수 없는 경우가 있습니다.

7. 권리변동계획수립

이 단계에서 조합은 무엇을 해야 할까?

① 리모델링허가(사업계획승인)를 신청하기 전에 조합은 권리변동계획을 수립하여 총회 의결을 받은 뒤, 이를 리모델링허가(사업계획승인)신청 시 함께 제출해야 합니다.

② 권리변동계획의 구체적인 내용은 주택법 시행령 제77조 제1항 각 호의 사항을 정하는 것인데, 리모델링 전후의 권리변동과 그에 따른 조합원의 비용분담 산정 업무를 수행할 감정평가법인이 미리 선정되어 있어야 합니다. 해당 연도의 예산안에는 감정평가법인에 대한 용역비가 계상되어 있어야 하며, 이전(직전이 아니라도 무방. 이하 같음) 총회에서는 예산 범위 내에서의 용역업체 선정을 대의원회에 위임하는 안건이 통과되어 있는 것이 좋습니다.

③ 이 단계에서 산출되는 분담금 또한 평면 설계가 확정이 되지 않고 공사도급(본)계약에 따른 공사비 확정이 이루어지지 않은 상황을 전제로 한 것이라 아직 '추정치'에 해당한다는 점에 대하여 조합원들에게 잘 설명해야 합니다.

④ 조합설립 이전에 동의서 징구에 필요한 개략적인 분담금을 산출하기 위하여 미리 감정평가법인을 선정하는 경우도 있습니다. 다만 이 단계에서 산출된 금액은 구체적이고 확정된 데이터를 기반으로 한 것이 아니기에 권리변동계획 수립 시 도출된 수치와는 차이가 발생할 수밖에 없습니다. 즉, 권리변동계획 수립 단계에서는 상대적으로 현실적인 조합원 분담금이 도출되는데 최초 산정된 액수를 상회하는 수치에 해당하여 조합원들의 걱정과 불만이 고조될 가능성이 크다고 할 것이기에, 미리 조합원들에게 액수가 변동하게 된 이유에 대하여 충분한 설명이 이루어야 할 것입니다. 이러한 설명에는 감정평가업체, 정비업체의 조력이 이루어지게 됩니다.

[주택법]

제67조 (권리변동계획의 수립) 세대수가 증가되는 리모델링을 하는 경우에는 기존 주택의 권리변동, 비용분담 등 대통령령으로 정하는 사항에 대한 계획(이하 "권리변동계획"이라 한다)을 수립하여 사업계획승인 또는 행위허가를 받아야 한다.

권리변동계획 수립은 언제 하는 것인가요?

세대수 증가형 리모델링의 경우 사업계획승인(또는 리모델링허가)을 받기 전 권리변동계획을 수립하게 되는데, '권리변동'은 대지 및 건축물의 권리변동, 비용분담, 분양계획 등을 포괄하는 내용이기에 사업계획승인(또는 리모델링허가)의 전제가 되기 때문입니다.

한 명의 조합원이 두 채의 아파트와, 두 개의 상가를 소유하고 있다면 리모델링 후 몇 개까지 소유할 수 있는 것인가요?

이와 관련하여 재건축과는 달리 특별히 법령에서 제한하고 있는 바가 없기에, 조합규약에서 달리 정하는 경우가 아니라면 두 채의 아파트와 두 개의 상가 소유를 유지할 수 있습니다.

제76조 (공동주택 리모델링에 따른 특례)

① 공동주택의 소유자가 리모델링에 의하여 전유부분(「집합건물의 소유 및 관리에 관한 법률」 제2조 제3호에 따른 전유부분을 말한다. 이하 이 조에서 같다)의 면적이 늘거나 줄어드는 경우에는 「집합건물의 소유 및 관리에 관한 법률」 제12조 및 제20조 제1항에도 불구하고 대지사용권은 변하지 아니하는 것으로 본다. 다만, 세대수 증가를 수반하는 리모델링의 경우에는 권리변동계획에 따른다.

② 공동주택의 소유자가 리모델링에 의하여 일부 공용부분(「집합건물의 소유 및 관리에 관한 법률」 제2조 제4호에 따른 공용부분을 말한다. 이하 이 조에서 같다)의 면적을 전유부분의 면적으로 변경한 경우에는 「집합건물의 소유 및 관리에 관한 법률」 제12조에도 불구하고 그 소유자의 나머지 공용부분의 면적은 변하지 아니하는 것으로 본다.

③ 제1항의 대지사용권 및 제2항의 공용부분의 면적에 관하여는 제1항과 제2항에도 불구하고 소유자가 「집합건물의 소유 및 관리에 관한 법률」 제28조에 따른 규약으로 달리 정한 경우에는 그 규약에 따른다.

⑥ 권리변동계획에 따라 소유권이 이전되는 토지 또는 건축물에 대한 권리의 확정 등에 관하여는 「도시 및 주거환경정비법」 제87조를 준용한다. 이 경우 "토지등소유자에게 분양하는 대지 또는 건축물"은 "권리변동계획에 따라 구분소유자에게 소유권이 이전되는 토지 또는 건축물"로, "일반에게 분양하는 대지 또는 건축물"은 "권리변동계획에 따라 구분소유자 외의 자에게 소유권이 이전되는 토지 또는 건축물"로 본다.

[주택법 시행령]

제77조 (권리변동계획의 내용)

① 법 제67조에서 "기존 주택의 권리변동, 비용분담 등 대통령령으로 정하는 사항"이란 다음 각 호의 사항을 말한다.

1. 리모델링 전후의 대지 및 건축물의 권리변동 명세

권리변동계획에 대지사용권에 대한 내용도 포함이 되나요?

현재 진행되고 있는 거의 모든 공동주택리모델링사업은 세대수가 증가되는 방식으로 이루어지고 있으며 이 경우 기존 세대가 향유하는 대지사용권의 일부씩을 증가되는 세대로 배분하는 형태이기에, 주택법 제76조 제1항 단서에 따라 대지사용권의 변경에 대한 내용이 권리변동계획 수립 시 포함되어야 합니다.

세대수가 증가하는 경우 대지지분은 어떻게 되는 건가요?

세대수 증가가 이루어지는 리모델링은 증가된 세대에 부여되는 대지지분으로 인하여 기존 소유자들의 대지지분이 줄어들게 되며, 이는 권리변동계획 수립 시에 '리모델링 전후 대지 및 건축물의 권리변동 명세' 부분에서 정해지게 됩니다.

조합원이 다른 세대(다른 동, 다른 호수, 다른 평형, 또는 신축세대)로 이동 가능한가요?

이에 대하여 주택법령은 특별히 제한 규정을 두고 있지 않기에, 위와 같이 조합원들이 다른 세대로 이동하는 내용으로 권리변동계획을 수립하여도 무방합니다.

기존 조합원들을 별동으로 이전시키고, 일반분양 대상을 리모델링한 기존 세대로 하는 것이 가능한가요?

주택법 제67조 및 동법 시행령 제77조 제1항 제1호는 권리변동과 관련하여, '기존 주택의 권리변동(리모델링 전후의 대지 및 건축물의 권리변동 명세), 비용분담 등의 사항을 정한 권리변동계획을 수립하여 사업계획승인 또는 행위허가를 받아야 한다.'라는 사업시행자의 의무만을 규정하고 있을 뿐, 달리 구체적인 권리변동의 수립기준 및 제한 등에 관한 사항을 정하고 있지 않습니다. 따라서 위와 같은 권리변동계획 수립에는 상당한 재량이 허용된다고 볼 수 있기에 해당 계획의 내용이 사회상규를 현저히 위반하거나 조합원 간 형평을 전혀 고려하지 않는 등의 특별한 사유가 없는 한 유효한 것으로 인정될 수 있다고 판단됩니다.

2. 조합원의 비용분담
3. 사업비
4. 조합원 외의 자에 대한 분양계획
5. 그 밖에 리모델링과 관련된 권리 등에 대하여 해당 시·도 또는 시·군의 조례로 정하는 사항

② 제1항 제1호 및 제2호에 따라 대지 및 건축물의 권리변동 명세를 작성하거나 조합원의 비용분담 금액을 산정하는 경우에는 「감정평가 및 감정평가사에 관한 법률」 제2조 제4호에 따른 감정평가법인등이 리모델링 전후의 재산 또는 권리에 대하여 평가한 금액을 기준으로 할 수 있다.

8. 매도청구

이 단계에서 조합은 무엇을 해야 할까?

① 리모델링허가 신청에 대한 결의에 동의하지 않은 세대를 대상으로 한 매도청구는, 민사소송으로 진행됩니다. 이를 위해서는 변호사를 선정하여야 하며, 앞서 언급된 다른 업체들의 선정과 동일하게 미리 매도청구에 대한 예산(보통 명도소송과 기타 소송들을 포함한 포괄적 항목으로서 '법률비용'을 계상)이 미리 수립되어 있어야 하고, 이전 총회에서 협력업체 선정을 대의원회에 위임하는 안건이 통과되어 있는 것이 좋습니다.

② 매도청구소송은 뒤늦게 조합원 지위를 유지하고자 입장을 선회하거나 (해당 세대에 대한) 감정평가 금액을 다투는 등의 쟁점이 포함되는 경우 상당 기간 장기화될 가능성이 있기 때문에 정비사업이나 리모델링 영역에 경험이 풍부한 변호사를 가급적 미리 선정하여, 신속하게 소 제기를 행하는 것이 좋습니다.

[주택법]

제22조 (매도청구 등)

② 제1항에도 불구하고 제66조 제2항에 따른 리모델링의 허가를 신청하기 위한 동의율을 확보한 경우 리모델링 결의를 한 리모델링주택조합은 그 리모델링 결의에 찬성하지 아니하는 자의 주택 및 토지에 대하여 매도청구를 할 수 있다.

 # 매도청구 행사는 언제부터 할 수 있는 건가요?

리모델링조합은 주택법 제22조 제1항이 아니라, 동조 제2항, 제3항, 집합건물법 제48조에 따라 매도청구를 행사하게 되며, 리모델링허가를 신청하기 위한 동의율이 확보된 때로부터 가능하다 할 것입니다.

'리모델링 결의' 이후라는 것이 언제를 의미하는 것인가요?

여러 하급심 판결들에서 설시하고 있는 '리모델링 결의'라는 표현은, 주택법 제22조 제2항의 '조합설립에 대한 동의'의 의미로 쓰는 경우와, 동법 제66조에서의 '리모델링허가'의 의미로 쓰는 경우로 나누어져 있고 이 때문에 리모델링조합의 매도청구권 발생 시기가 언제인지에 대하여 논란이 있었습니다. 그런데 재건축의 경우 도시정비법 제64조에서 (리모델링허가에 상응하는) 사업시행계획인가 고시 이후로 그 시기를 정하고 있고, 최근 발의된 '공동주택 리모델링에 관한 특별법안' 제15조 제1항에서 리모델링허가 이후에 매도청구권을 행사할 수 있도록 명시하고 있다는 점 등을 종합적으로 고려한다면 '리모델링허가' 이후로 해석하는 것이 타당할 것입니다.

③ 제1항 및 제2항에 따른 매도청구에 관하여는 「집합건물의 소유 및 관리에 관한 법률」 제48조를 준용한다. 이 경우 구분소유권 및 대지사용권은 주택건설사업 또는 리모델링사업의 매도청구의 대상이 되는 건축물 또는 토지의 소유권과 그 밖의 권리로 본다.

매도청구는 어떤 방식으로 진행이 되는 것인가요?

리모델링허가를 위한 동의율인 75%가 충족이 되는 경우, 조합은 주택법 제22조 제2, 3항, 집합건물법 제48조에 따라 미동의자들에게 리모델링사업에 참여할지 여부를 최고한 뒤 2개월의 시간을 주게 됩니다. 기간 내에 회답이 없거나 불참 의사를 밝히는 경우 변호사가 매도청구의 소를 제기함과 동시에 처분금지가처분(점유이전금지 청구취지를 포함)을 신청하게 됩니다. 매도청구소송 결과에 따라 조합은 해당 세대의 소유권을 취득하게 되는데, 매매대금은 위 소송에서 법원이 선정한 감정인의 감정 결과에 따라 정해집니다.

[집합건물의 소유 및 관리에 관한 법률]

제48조(구분소유권 등의 매도청구 등)

① 재건축의 결의가 있으면 집회를 소집한 자는 지체 없이 그 결의에 찬성하지 아니한 구분소유자(그의 승계인을 포함한다)에 대하여 그 결의 내용에 따른 재건축에 참가할 것인지 여부를 회답할 것을 서면으로 촉구하여야 한다.

'지체 없이'라는 것은 무슨 의미인가요?

서울고등법원은 주택법 제22조 제3항에 의하여 준용되는 집합건물법 제48조 제1항에 의하면, 리모델링주택조합이 리모델링 결의에 찬성하지 않은 구분소유자에 대하여 매도청구권을 행사하기 위해서는 먼저 그 구분소유자에게 리모델링에 참가할 것인지 여부를 회답할 것을 지체 없이 서면으로 촉구하여야 하며, 여기에서 '지체 없이'는 리모델링 결의가 이루어진 직후는 아니더라도 적어도 리모델링사업의 진행 정도에 비추어 적절한 시점에는 이루어져야 함을 의미(재건축에 대한 것으로, 대법원 2015. 2. 12. 선고 2013다15623, 15630(병합) 판결 등 참조)한다고 판시하였습니다(서울고등법원 2019. 5. 17. 선고 2018나2063717판결).

 # 최초 분양자 명의로 소유권보존등기가 이루어진 이후 승계인인 현재 소유자 명의로 등기 정리가 안 되어 있는 상황이라면, 매도청구소송의 상대방은 누가 되어야 하는 것인가요?

아파트 분양자가 분양자 소유의 아파트를 이미 제3자에게 분양하여 그의 일부 잔대금 청산이 완결될 때까지만 그의 소유권을 보유하고 있는 상태라고 하더라도, 소유권보존등기가 아직 분양자 명의로 남아 있는 이상 그 분양자는 대외적으로 그 아파트의 처분권을 갖고 있는 적법한 소유자라고 할 것이므로, 집합건물법 제48조에 정하고 있는 매도청구권은 대외적인 법률상의 처분권을 갖고 있는 등기부상 소유자인 분양자에게 행사하여야 합니다(재건축에 대한 것으로, 대법원 2000. 6. 23. 선고 99다630844판결 참조).

② 제1항의 촉구를 받은 구분소유자는 촉구를 받은 날부터 2개월 이내에 회답하여야 한다.
③ 제2항의 기간 내에 회답하지 아니한 경우 그 구분소유자는 재건축에 참가하지 아니하겠다는 뜻을 회답한 것으로 본다.
④ 제2항의 기간이 지나면 재건축 결의에 찬성한 각 구분소유자, 재건축 결의 내용에 따른 재건축에 참가할 뜻을 회답한 각 구분소유자(그의 승계인을 포함한다) 또는 이들 전원의 합의에 따라 구분소유권과 대지사용권을 매수하도록 지정된 자(이하 "매수지정자"라 한다)는 제2항의 기간 만료일부터 2개월 이내에 재건축에 참가하지 아니하겠다는 뜻을 회답한 구분소유자(그의 승계인을 포함한다)에게 구분소유권과 대지사용권을 시가로 매도할 것을 청구할 수 있다. 재건축 결의가 있은 후에 이 구분소유자로부터 대지사용권만을 취득한 자의 대지사용권에 대하여도 또한 같다.

 # 리모델링결의에 대한 회답을 촉구한 때로부터 2개월이 경과되었고, 그 만료일로부터 다시 2개월이 지나기 전에 매도청구소장을 접수하였지만 상대방에게 도달된 것은 2개월이 경과된 이후인데 괜찮을까요?

제척기간 도과 전에 소를 제기하였음에도 송달 지연 등의 사유로 우연히 소장부본의 송달만이 집합건물법 제48조가 정하고 있는 제척기간 도과 후로 되었다고 하여 매도청구권의 행사가 부적법하다고 할 수는 없습니다(대법원 2003. 5. 27. 선고 2002다14532 판결 등 참조). 한편 매매대금은 매매계약 체결일로 의제되는 소장 부본 송달일의 시가를 기준으로 산정된다는 점을 주의해야 합니다(서울남부지방법원 2007. 4. 27. 선고 2005가합21037판결 참조).

⑤ 제4항에 따른 청구가 있는 경우에 재건축에 참가하지 아니하겠다는 뜻을 회답한 구분소유자가 건물을 명도(明渡)하면 생활에 현저한 어려움을 겪을 우려가 있고 재건축의 수행에 큰 영향이 없을 때에는 법원은 그 구분소유자의 청구에 의하여 대금 지급일 또는 제공일부터 1년을 초과하지 아니하는 범위에서 건물 명도에 대하여 적당한 기간을 허락할 수 있다.
⑥ 재건축 결의일부터 2년 이내에 건물 철거공사가 착수되지 아니한 경우에는 제4항에 따라 구분소유권이나 대지사용권을 매도한 자는 이 기간이 만료된 날부터 6개월 이내에 매수인이 지급한 대금에 상당하는 금액을 그 구분소유권이나 대지사용권을 가지고 있는 자에게 제공하고 이들의 권리를 매도할 것을 청구할 수 있다. 다만, 건물 철거공사가 착수되지 아니한 타당한 이유가 있을 경우에는 그러하지 아니하다.
⑦ 제6항 단서에 따른 건물 철거공사가 착수되지 아니한 타당한 이유가 없어진 날부터 6개월 이내에 공사에 착수하지 아니하는 경우에는 제6항 본문을 준용한다. 이 경우 같은 항 본문 중 "이 기간이 만료된 날부터 6개월 이내에"는 "건물 철거공사가 착수되지 아니한 타당한 이유가 없어진 것을 안 날부터 6개월 또는 그 이유가 없어진 날부터 2년 중 빠른 날까지"로 본다.

9-1. 리모델링허가

이 단계에서 조합은 무엇을 해야 할까?

① 조합설립 때와 같은 66.7%가 아니라 75%의 동의율이 필요하다는 점에서 조합 입장에서는 매우 힘들고 고민이 많아지는 시기입니다. 권리변동계획수립을 통해 조합원들은 보다 구체화된 분담금 액수를 인지하게 되었기에, 만약 시공자 선정 이후 집값 상승분과 장래 기대치가 충분하지 않을 경우 75%를 채우는 것에는 생각보다 많은 시간이 소요될 수도 있습니다. 이를 대비하여, 단톡방, 인터넷카페, 총회 등을 이용하여 향후의 신속한 사업 진행 방법과 비전이 제시되어야 할 것입니다.

② 주택법 시행규칙 제28조 제2항 각호에서 정하고 있는 리모델링허가 신청 서류의 구비는 설계업체와 정비업체가 주로 수행하게 되므로, 조합에서는 리모델링허가 동의서를 징구하는데 집중하셔야 합니다.

③ 리모델링허가(사업계획승인)를 받은 뒤에는 시공자와의 공사도급(본)계약을 체결하게 되는데, 실질적인 공사비와 이에 따른 분담금이 결정되는 사항이기 때문에 조합은 신중한 자세로 시공자와의 협상에 임하게 됩니다. 최근에는 시공자 선정 직후 이루어지는 공사도급가계약의 서식을 단순화시키면서 체결 절차가 간이화되는 사례가 늘어나고 있으며, 이 경우 본계약 시 비로소 정해지는 주요 내용이 많아 본계약 체결에 많은 시간이 소요될 수밖에 없습니다.

④ 공사도급(본)계약이 체결된 이후 조합은 분담금확정총회를 준비하게 되며, 이에 대한 준비는 정비업체, 시공자, 감정평가업체가 협력하여 수행하게 됩니다.

[주택법]

제66조(리모델링의 허가 등)

〈제1항, 2항 ⇒ 벌칙규정 : 제104조 제11호 / 양벌규정 : 제105조 제2항〉

① 공동주택(부대시설과 복리시설을 포함한다)의 입주자·사용자 또는 관리주체가 공동주택을 리모델링하려고 하는 경우

에는 허가와 관련된 면적, 세대수 또는 입주자 등의 동의 비율에 관하여 대통령령으로 정하는 기준 및 절차 등에 따라 시장·군수·구청장의 허가를 받아야 한다.

리모델링 행위허가와 사업계획승인은 어떻게 다른 것인가요?

공동주택리모델링은 주택법 제15조 및 동법 시행령 제27조 제1항 제2호에 따라 증가하는 세대수가 30세대 이상인 경우 '주택건설사업의 시행'으로서 사업계획승인권자에게 사업계획을 승인받아야 하며, 주택법 제66조에 따라 구분소유자들의 리모델링 결의로써 '공동주택리모델링'을 하는 부분에 대하여 시장·군수·구청장에게 행위허가를 받아야 합니다. 즉, 사업계획승인은 일정 호수 이상의 주택건설사업을 시행하려는 자가 받아야 하는 행정절차로서 환경영향평가나 경관심의 등과 같은 요건이 추가되며, 행위허가는 공동주택의 관리에 관한 사항으로 공동주택의 입주자·사용자 또는 관리주체가 공동주택 리모델링 등의 행위를 하려는 경우 받아야 하는 행정절차입니다.

주택법 시행령 제75조 제1항 별표 4에 따라 행위허가 시 주택단지 전체를 리모델링하고자 하는 경우에는 전체 구분소유자 및 의결권의 각 75퍼센트 이상의 동의와 각 동별 구분소유자 및 의결권의 각 50퍼센트 이상의 동의(동을 리모델링하고자 하는 경우에는 그 동의 구분소유자 및 의결권의 각 75퍼센트 이상의 동의)를 얻어야 합니다. 주택법은 사업계획승인 신청을 위한 동의율 기준은 별도로 규정하고 있지 않으며, 실무상 사업계획승인 및 행위허가 신청을 동시에 제출하고 있습니다(국토교통부 주택정비과, 2015. 10. 12. 자 민원에 대한 회신).

② 제1항에도 불구하고 대통령령으로 정하는 기준 및 절차 등에 따라 리모델링 결의를 한 리모델링주택조합이나 소유자 전원의 동의를 받은 입주자대표회의(「공동주택관리법」 제2조 제1항 제8호에 따른 입주자대표회의를 말하며, 이하 "입주자대표회의"라 한다)가 시장·군수·구청장의 허가를 받아 리모델링을 할 수 있다.

⑤ 제1항 또는 제2항에 따른 리모델링에 관하여 시장·군수·구청장이 관계 행정기관의 장과 협의하여 허가받은 사항에 관하여는 제19조를 준용한다.

⑥ 제1항에 따라 시장·군수·구청장이 세대수 증가형 리모델링(대통령령으로 정하는 세대수 이상으로 세대수가 증가하는 경우로 한정한다. 이하 이 조에서 같다)을 허가하려는 경우에는 기반시설에의 영향이나 도시·군관리계획과의 부합 여부 등에 대하여 「국토의 계획 및 이용에 관한 법률」 제113조 제2항에 따라 설치된 시·군·구도시계획위원회(이하 "시·군·구도시계획위원회"라 한다)의 심의를 거쳐야 한다.

〈제7항 ⇒ 벌칙규정 : 제102조 제12호〉

⑦ 공동주택의 입주자·사용자·관리주체·입주자대표회의 또는 리모델링주택조합이 제1항 또는 제2항에 따른 리모델링에 관하여 시장·군수·구청장의 허가를 받은 후 그 공사를 완료하였을 때에는 시장·군수·구청장의 사용검사를 받아야 하며, 사용검사에 관하여는 제49조를 준용한다.

⑧ 시장·군수·구청장은 제7항에 해당하는 자가 거짓이나 그 밖의 부정한 방법으로 제1항·제2항 및 제5항에 따른 허가를 받은 경우에는 행위허가를 취소할 수 있다.

⑨ 제71조에 따른 리모델링 기본계획 수립 대상지역에서 세대수 증가형 리모델링을 허가하려는 시장·군수·구청장은 해당 리모델링 기본계획에 부합하는 범위에서 허가하여야 한다.

우리 단지는 리모델링기본계획 수립이 안 되어 있는데, 리모델링허가를 받을 때 어떤 영향이 있을까요?

주택법 제71조 이하 규정에도 불구하고 리모델링 기본계획이 수립되지 않은 지역이 있는데, 이와 같은 기본계획의 부재가 리모델링사업 추진에 있어 장해요소로 작용한다고 보기는 어렵습니다. 한편, 제66조 제6항, 제9항에 따라 기본계획 부합여부에 대한 검토가 이루어지는 것은 50세대 이상이 증가하는 경우로 한정됩니다.

제96조 (청문) 국토교통부장관 또는 지방자치단체의 장은 다음 각 호의 어느 하나에 해당하는 처분을 하려면 청문을 하여야 한다.

4. 제66조 제8항에 따른 행위허가의 취소

[주택법 시행령]

제75조 (리모델링의 허가 기준 등)

① 법 제66조 제1항 및 제2항에 따른 리모델링허가 기준은 별표 4와 같다.

② 법 제66조 제1항 및 제2항에 따른 리모델링허가를 받으려는 자는 허가신청서에 국토교통부령으로 정하는 서류를 첨부하여 시장·군수·구청장에게 제출하여야 한다.

③ 법 제66조 제2항에 따라 리모델링에 동의한 소유자는 리모델링주택조합 또는 입주자대표회의가 제2항에 따라 시장·군수·구청장에게 허가신청서를 제출하기 전까지 서면으로 동의를 철회할 수 있다.

[주택법 시행령 별표 4]

구분	세부기준
1. 동의비율	가. 입주자·사용자 또는 관리주체의 경우 공사기간, 공사방법 등이 적혀 있는 동의서에 입주자 전체의 동의를 받아야 한다. 나. 리모델링주택조합의 경우 다음의 사항이 적혀 있는 결의서에 주택단지 전체를 리모델링하는 경우에는 주택단지 전체 구분소유자 및 의결권의 각 75퍼센트 이상의 동의와 각 동별 구분소유자 및 의결권의 각 50퍼센트 이상의 동의를 받아야 하며(리모델링을 하지 않는 별동의 건축물로 입주자 공유가 아닌 복리시설 등의 소유자는 권리변동이 없는 경우에 한정하여 동의비율 산정에서 제외한다), 동을 리모델링하는 경우에는 그 동의 구분소유자 및 의결권의 각 75퍼센트 이상의 동의를 받아야 한다. 1) 리모델링 설계의 개요 2) 공사비 3) 조합원의 비용분담 명세

	다. 입주자대표회의 경우 다음의 사항이 적혀 있는 결의서에 주택단지의 소유자 전원의 동의를 받아야 한다. 1) 리모델링 설계의 개요 2) 공사비 3) 소유자의 비용분담 명세
2. 허용행위	가. 공동주택 1) 리모델링은 주택단지별 또는 동별로 한다. 2) 복리시설을 분양하기 위한 것이 아니어야 한다. 다만, 1층을 필로티 구조로 전용하여 세대의 일부 또는 전부를 부대시설 및 복리시설 등으로 이용하는 경우에는 그렇지 않다. 3) 2)에 따라 1층을 필로티 구조로 전용하는 경우 제13조에 따른 수직증축 허용범위를 초과하여 증축하는 것이 아니어야 한다. 4) 내력벽의 철거에 의하여 세대를 합치는 행위가 아니어야 한다. 나. 입주자 공유가 아닌 복리시설 등 1) 사용검사를 받은 후 10년 이상 지난 복리시설로서 공동주택과 동시에 리모델링하는 경우로서 시장·군수·구청장이 구조안전에 지장이 없다고 인정하는 경우로 한정한다. 2) 증축은 기존건축물 연면적 합계의 10분의 1 이내여야 하고, 증축 범위는 「건축법 시행령」 제6조 제2항 제2호 나목에 따른다. 다만, 주택과 주택 외의 시설이 동일 건축물로 건축된 경우는 주택의 증축 면적 비율의 범위 안에서 증축할 수 있다.

 # 단지 내에 있는 어린이집이 리모델링에 동의를 하고 있지 않은데, 사업 진행이 가능한 것일까요?

주택법 시행령 제75조 제1항, 별표 4에 따라 입주자 공유가 아닌 복리시설의 소유자는 리모델링을 하지 않는 경우, 리모델링허가에 대한 동의비율 산정에서 제외됩니다. 이 경우 '권리변동이 없는 경우'라는 조건이 걸리는데, 세대수 증가형 리모델링의 경우에도 리모델링에 참여하지 않는 어린이집이 소유하고 있는 대지지분은 변동하지 않고 기존 아파트 소유자들의 대지지분의 일부씩을 떼어 일반분양분의 대지지분을 만들어 내는 방식이기에 위 조건에 저촉되지 않는다 할 것입니다. 다만 민원 제기의 가능성은 농후하기에 이 부분에 대하여는 협의가 필요하다 할 것입니다.

 # 조합규약에는 리모델링 대상이 '공동주택과 복리시설'로 되어 있는데, 일부 상가 소유자와 도저히 연락이 닿지를 않아 리모델링허가 신청에 있어 상가동의 동의율을 충족할 수가 없다면 어찌해야 되는 것일까요?

서울행정법원은 조합설립인가 당시 조합규약에서 사업시행구역 토지 내 공동주택 및 복리시설을 리모델링한다고 정하고 있었는데, 이후 상가 소유자들의 등기상 주소지로 우편물을 발송하고 용역업체에 연락처 파악 업무를 위탁하였으며 관할 행정청에 관련 자료공개를 요청하는 등 노력을 경주하였으나, 다수의 소재불명으로 상가를 리모델링 대상에 제외하는 내용으로 리모델링허가를 받은 경우, 상가 소유자들에게 조합원 자격은 인정될 수 없다고 판시하였습니다. 나아가 토지지분을 아파트 구분소유자들과 상가 소유자들이 공유하고 있다고 하더라도 리모델링으로 인하여 상가 소유자들의 권리변동이 발생하지 않는 경우에 해당하기에 동의비율 산정에서 제외된다고 판단하였습니다(서울행정법원 2020. 5. 26. 선고 2019구합65511판결).

 # 한 동만 따로 조합을 설립하여 리모델링을 추진하고 있는데, 수평증축을 위해서 아파트 전체 공용부분 부지의 일부를 편입할 수 있을까요?

이와 관련하여 부산지방법원은, '동별 리모델링주택조합(전체 33개 동 중 1개 동)이 아파트 전체 구분소유자들의 공유에 속하는 공용부분의 부지를 당해 동 건물의 부지에 편입하여 수평 증축하는 내용으로 리모델링을 하는 경우, 구 집합건물의 소유 및 관리에 관한 법률 제15조에 따라 전체구분소유자 및 의결권의 각 3/4 이상의 동의 결의가 필요하다(부산지방법원 2007. 11. 29. 선고 2007구합1607판결)'고 판시한 바 있습니다.

 # 리모델링허가 신청을 위한 동의서를 징구하는 대신 총회 의결로 갈음할 수 있을까요?

행위허가신청에 관한 동의를 조합설립 동의 또는 조합원 총회의 의결로 갈음하기로 하는 것은, 구분소유자의 진정한 의사를 확인하기 위한 절차적 보호장치로서 행위허가 시 별도로 동의요건을 갖추도록 규정하고 있는 주택법령에 반하여 위법하다 할 것입니다(서울행정법원 2008. 7. 25. 선고 2007구합47626판결 참조).

 # 리모델링허가 동의율을 산정하는데 공유자가 있는 경우는 분모를 어떻게 설정해야 하나요?

주택법 제66조 제1항, 동법 시행령 제75조 제1항 별표 4에서는 '전체구분소유자' 및 '의결권'의 각 75퍼센트 이상의 동의와 각 동별 구분소유자 및 의결권의 각 50퍼센트 이상의 동의를 요하고 있으며, 주택법 제11조 제3항은 구분소유자의 정의는 집합건물법 제2조 제2호를, 의결권의 경우 집합건물법 제37조를 따르도록 하고 있습니다. 집합건물법 제2조 제2호는 도시정비법상' 토지등소유자'에, 집합건물법 제37조는 도시정비법상 '토지면적'에 각각 대응하는 개념이라 할 것입니다. 이를 전제로 구분소유권을 공유하고 있는 다수의 인원 전부를 분모에 산입하는 경우 한 사람이 전체 지분을 가진 세대보다 높은 의결권의 가치를 부여하는 것으로 귀결되어 불합리하다는 점을 고려한다면, 결국 각 세대는 공유자의 숫자와는 무관하게 한 개로 분모에 들어가게 됩니다.

 # '소유자의 비용분담 명세'라는 것은 무엇을 의미하나요?

서울고등법원은 장차 리모델링사업에 참가할 경우에 리모델링 비용을 어떻게 분담할 것인지 예측할 수 있을 만큼 비용분담의 기준이 구분소유자들에게 제시되었다고 보기 어렵다면, 해당 리모델링 결의는 주택법 시행령 제75조 제1항 별표 4에서 정하고 있는 리모델링 비용의 분담에 관한 사항이 정하여지지 않은 것으로서 무효라고 봄이

상당하다고 판시하였습니다(서울고등법원 2019. 5. 17. 선고 2018나2063717판결).

[주택법 시행규칙]

제28조 (리모델링의 신청 등)

① 영 제75조 제2항에 따른 허가신청서는 별지 제26호서식과 같다.

② 영 제75조 제2항에서 "국토교통부령으로 정하는 서류"란 다음 각 호의 서류를 말한다.

1. 리모델링하려는 건축물의 종별에 따른 「건축법 시행규칙」 제6조 제1항 각 호의 서류 및 도서. 다만, 증축을 포함하는 리모델링의 경우에는 「건축법 시행규칙」 별표 3 제1호에 따른 건축계획서 중 구조계획서(기존 내력벽, 기둥, 보 등 골조의 존치계획서를 포함한다), 지질조사서 및 시방서를 포함한다.
2. 영 별표 4 제1호에 따른 입주자의 동의서 및 법 제22조에 따른 매도청구권 행사를 입증할 수 있는 서류

리모델링 행위허가 동의 시 인감도장과 인감증명서가 필요한가요?

주택법 시행령 제75조에 따른 리모델링허가 기준에는 리모델링 설계의 개요, 공사비, 조합원의 비용분담 명세가 적혀 있는 결의서에 주택단지 전체를 리모델링하는 경우 주택단지 전체 구분소유자 및 의결권의 각 75퍼센트 이상의 동의와 각 동별 구분소유자 및 의결권의 각 50퍼센트 이상의 동의를 받도록 규정하고 있으나, 동 서류 제출 시 지장날인 또는 인감도장(인감증명서 첨부)을 받아야 하는 별도 규정은 없기에 필수적으로 요구되는 사항이라고 볼 수 없습니다(국토교통부 주택정비과, 2017. 7. 19. 자 민원에 대한 회신).

리모델링허가를 위한 서류 중 주택법 시행규칙 제28조 제2항 제2호의 '매도청구권 행사를 입증할 수 있는 서류'에는 무엇이 있나요?

주택법 제22조 제3항은 매도청구에 관하여 집합건물의 소유 및 관리에 관한 법률 제48조를 준용하도록 하고 있습니다. 집합건물의 소유 및 관리에 관한 법률 제48조에서는 리모델링에 참가하지 아니하겠다는 뜻을 회답한 구분소유자에게 구분소유권과 대지사용권을 시가로 매도할 것으로 청구할 수 있다고 규정하고 있는바 위 규정에 근거한 매도청구소송 접수증 또한 '매도청구권 행사를 입증할 수 있는 서류'에 해당한다고 볼 수 있을 것입니다(국토교통부 주택정비과, 2017. 7. 19. 자 민원 회신 내용 참조).

3. 세대를 합치거나 분할하는 등 세대수를 증감시키는 행위를 하는 경우에는 그 동의 변경 전과 변경 후의 평면도
4. 법 제2조 제25호 다목에 따른 세대수 증가형 리모델링(이하 "세대수 증가형 리모델링"이라 한다)을 하는 경우에는 법 제67조에 따른 권리변동계획서

5. 법 제68조 제1항에 따른 증축형 리모델링을 하는 경우에는 같은 조 제5항에 따른 안전진단결과서

6. 리모델링주택조합의 경우에는 주택조합설립인가서 사본

③ 영 제75조 제2항에 따른 리모델링허가 신청을 받은 시장·군수·구청장은 그 신청이 영 별표 4에 따른 기준에 적합한 경우에는 별지 제27호서식의 리모델링허가증명서를 발급하여야 한다.

④ 법 제66조 제7항에 따라 리모델링에 관한 사용검사를 받으려는 자는 별지 제28호서식의 신청서에 다음 각 호의 서류를 첨부하여 시장·군수·구청장에게 제출하여야 한다.

1. 감리자의 감리의견서(「건축법」에 따른 감리대상인 경우만 해당한다)

2. 시공자의 공사확인서

⑤ 시장·군수·구청장은 제4항에 따른 신청서를 받은 경우에는 사용검사 대상이 허가한 내용에 적합한지를 확인한 후 별지 제29호서식의 사용검사필증을 발급하여야 한다.

9-2. 사업계획승인

이 단계에서 조합은 무엇을 해야 할까?

① 리모델링사업에 따라 30세대 이상 증가하는 경우 사업계획승인을 받아야 하며, 재건축사업의 '사업시행계획인가'에 대응하는 단계라 할 수 있습니다. 사업계획승인 단계에서는 주택과 부대시설(복리시설 포함)의 배치, 설계에 대한 검토가 이루어지는 것이 가장 핵심적인 사항이라 할 것이기에 설계업체와 시공자의 많은 조력이 이루어지게 됩니다.

② 사업계획승인 신청을 하기 위한 도서는 총회에서 조합원들의 의결을 받아야 비로소 제출할 수 있는 것이기에, 모든 조합원들의 요구사항이 전부 반영될 수는 없다고 하더라도 설문조사 등을 통한 지속적인 의견 수렴은 반드시 이루어져야 하고, 이것은 조합이 수행해야 하는 필수적인 부분이라 할 것입니다.

③ 1) 사업계획승인 신청을 하기 전 지자체별 환경영향평가 조례에서 정한 연면적 이상에 해당하는 사업지의 경우 환경영향평가를 받아야 하고, 2) 유치원, 초등학교, 중학교, 고등학교가 사업부지의 200m 이내에 있다면 일정한 경우 교육영향평가서를 제출해 교육청의 승인을 받아야 되는데, 교육영향평가의 경우 해당 교육시설과의 '협의'를 주된 내용으로 하기에 조합이 미리 충분한 시간을 두고 방안을 고민하여야 합니다.

④ 최대 굴착 깊이가 20m 이상인 굴착공사를 수반하는 경우 지하안전평가 대상이 되며, 이와 별도로 재해영향평가 대상이 되는지 체크한 뒤 해당되는 경우 사업계획승인 신청 이전 이를 수행할 업체를 선정하고 결과물을 도출해야 합니다.

⑤ 사업계획승인을 받고 3개월이 지난 날로부터 30일 내에 조합은 외부회계감사를 받아야 하며, 이를 이행하지 않을 시 처벌을 받을 수 있습니다.

[주택법]

제14조의3 (회계감사)

〈제1항 ⇒ 벌칙규정 : 제104조 제4호의4 / 양벌규정 : 제105조 제2항〉

① 주택조합은 대통령령으로 정하는 바에 따라 회계감사를 받아야 하며, 그 감사결과를 관할 시장·군수·구청장에게 보고하여야 한다.

〈제2항 ⇒ 벌칙규정 : 제104조 제4호의5 / 양벌규정 : 제105조 제2항〉

② 주택조합의 임원 또는 발기인은 계약금등(해당 주택조합사업에 관한 모든 수입에 따른 금전을 말한다)의 징수·보관·예치·집행 등 모든 거래 행위에 관하여 장부를 월별로 작성하여 그 증빙서류와 함께 제11조에 따른 주택조합 해산인가를 받는 날까지 보관하여야 한다. 이 경우 주택조합의 임원 또는 발기인은 「전자문서 및 전자거래 기본법」 제2조 제2호에 따른 정보처리시스템을 통하여 장부 및 증빙서류를 작성하거나 보관할 수 있다.

제15조 (사업계획의 승인)

〈제1항 ⇒ 벌칙규정 : 제102조 제5호〉

① 대통령령으로 정하는 호수 이상의 주택건설사업을 시행하려는 자 또는 대통령령으로 정하는 면적 이상의 대지조성사업을 시행하려는 자는 다음 각 호의 사업계획승인권자(이하 "사업계획승인권자"라 한다. 국가 및 한국토지주택공사가 시행하는 경우와 대통령령으로 정하는 경우에는 국토교통부장관을 말하며, 이하 이 조, 제16조부터 제19조까지 및 제21조에서 같다)에게 사업계획승인을 받아야 한다. 다만, 주택 외의 시설과 주택을 동일 건축물로 건축하는 경우 등 대통령령으로 정하는 경우에는 그러하지 아니하다.

1. 주택건설사업 또는 대지조성사업으로서 해당 대지면적이 10만제곱미터 이상인 경우 : 특별시장·광역시장·특별자치시장·도지사 또는 특별자치도지사(이하 "시·도지사"라 한다) 또는 「지방자치법」 제198조에 따라 서울특별시·광역시 및 특별자치시를 제외한 인구 50만 이상의 대도시(이하 "대도시"라 한다)의 시장
2. 주택건설사업 또는 대지조성사업으로서 해당 대지면적이 10만제곱미터 미만인 경우 : 특별시장·광역시장·특별자치시장·특별자치도지사 또는 시장·군수

② 제1항에 따라 사업계획승인을 받으려는 자는 사업계획승인신청서에 주택과 그 부대시설 및 복리시설의 배치도, 대지조성공사 설계도서 등 대통령령으로 정하는 서류를 첨부하여 사업계획승인권자에게 제출하여야 한다.

 # 사업계획승인신청 시 조합이 대지권 전체를 소유하고 있어야 하는 것인가요?

주택법 제21조 제1항에 따라 조합은 원칙적으로 사업부지 내 전체 대지의 소유권을 확보해야 하나, 동법 제22조 제2항에 기한 매도청구가 이루어지는 경우에는 예외를 인정하고 있습니다. 주택법 제15조 제2항, 동법 시행령 제27조 제6항 제1호 카목, 동법 시행규칙 제12조 제4항 제2호, 제28조 제2항 제2호에 따라 사업계획승인신청을 하는 경우 첨부해야 하는 자료에는 매도청구권 행사를 입증할 수 있는 서류가 포함되며, 결국 사업계획승인신청 당시까지 조합이 사업부지 내 대지 소유권의 전부를 소유해야 하는 것은 아닙니다. 다만 주택법 제21조 제2항은 착공을 위해서는 해당 대지 소유자와의 합의 또는 매도청구소송 1심 승소판결이 있어야 한다고 정하고 있습니다.

〈제3항 ⇒ 벌칙규정 : 제102조 제5호〉

③ 주택건설사업을 시행하려는 자는 대통령령으로 정하는 호수 이상의 주택단지를 공구별로 분할하여 주택을 건설·공급할 수 있다. 이 경우 제2항에 따른 서류와 함께 다음 각 호의 서류를 첨부하여 사업계획승인권자에게 제출하고 사업계획승인을 받아야 한다.

1. 공구별 공사계획서
2. 입주자모집계획서
3. 사용검사계획서

〈제4항 ⇒ 벌칙규정 : 제102조 제5호〉

④ 제1항 또는 제3항에 따라 승인받은 사업계획을 변경하려면 사업계획승인권자로부터 변경승인을 받아야 한다. 다만, 국토교통부령으로 정하는 경미한 사항을 변경하는 경우에는 그러하지 아니하다.

⑤ 제1항 또는 제3항의 사업계획은 쾌적하고 문화적인 주거생활을 하는 데에 적합하도록 수립되어야 하며, 그 사업계획에는 부대시설 및 복리시설의 설치에 관한 계획 등이 포함되어야 한다.

⑥ 사업계획승인권자는 제1항 또는 제3항에 따라 사업계획을 승인하였을 때에는 이에 관한 사항을 고시하여야 한다. 이 경우 국토교통부장관은 관할 시장·군수·구청장에게, 특별시장, 광역시장 또는 도지사는 관할 시장, 군수 또는 구청장에게 각각 사업계획승인서 및 관계 서류의 사본을 지체 없이 송부하여야 한다.

제16조 (사업계획의 이행 및 취소 등)

① 사업주체는 제15조 제1항 또는 제3항에 따라 승인받은 사업계획대로 사업을 시행하여야 하고, 다음 각 호의 구분에 따라 공사를 시작하여야 한다. 다만, 사업계획승인권자는 대통령령으로 정하는 정당한 사유가 있다고 인정하는 경우에는 사업주체의 신청을 받아 그 사유가 없어진 날부터 1년의 범위에서 제1호 또는 제2호 가목에 따른 공사의 착수기간을 연장할 수 있다.

1. 제15조 제1항에 따라 승인을 받은 경우 : 승인받은 날부터 5년 이내
2. 제15조 제3항에 따라 승인을 받은 경우
   가. 최초로 공사를 진행하는 공구 : 승인받은 날부터 5년 이내
   나. 최초로 공사를 진행하는 공구 외의 공구 : 해당 주택단지에 대한 최초 착공신고일부터 2년 이내

〈제2항 ⇒ 과태료규정 : 제106조 제3항 제2호〉

② 사업주체가 제1항에 따라 공사를 시작하려는 경우에는 국토교통부령으로 정하는 바에 따라 사업계획승인권자에게 신고하여야 한다.

③ 사업계획승인권자는 제2항에 따른 신고를 받은 날부터 20일 이내에 신고수리 여부를 신고인에게 통지하여야 한다.

④ 사업계획승인권자는 다음 각 호의 어느 하나에 해당하는 경우 그 사업계획의 승인을 취소(제2호 또는 제3호에 해당하는 경우 「주택도시기금법」 제26조에 따라 주택분양보증이 된 사업은 제외한다)할 수 있다.

1. 사업주체가 제1항(제2호 나목은 제외한다)을 위반하여 공사를 시작하지 아니한 경우
2. 사업주체가 경매·공매 등으로 인하여 대지소유권을 상실한 경우
3. 사업주체의 부도·파산 등으로 공사의 완료가 불가능한 경우

⑤ 사업계획승인권자는 제4항 제2호 또는 제3호의 사유로 사업계획승인을 취소하고자 하는 경우에는 사업주체에게 사업계획 이행, 사업비 조달 계획 등 대통령령으로 정하는 내용이 포함된 사업 정상화 계획을 제출받아 계획의 타당성을 심사한

후 취소 여부를 결정하여야 한다.

⑥ 제4항에도 불구하고 사업계획승인권자는 해당 사업의 시공자 등이 제21조 제1항에 따른 해당 주택건설대지의 소유권 등을 확보하고 사업주체 변경을 위하여 제15조 제4항에 따른 사업계획의 변경승인을 요청하는 경우에 이를 승인할 수 있다.

제17조 (기반시설의 기부채납)

① 사업계획승인권자는 제15조 제1항 또는 제3항에 따라 사업계획을 승인할 때 사업주체가 제출하는 사업계획에 해당 주택건설사업 또는 대지조성사업과 직접적으로 관련이 없거나 과도한 기반시설의 기부채납(寄附採納)을 요구하여서는 아니 된다.

관할 행정청이 사업계획승인 당시 정한 부관을 사후에 임의로 변경하는 것이 가능한가요?

당초 사업계획승인조건에서는 사업시행자가 주변도로 편입지를 무상양수하는 것으로 정해져 있었는데 그 후에 행정청이 이를 유상양도하는 것으로 정하여 사업계획승인 변경고시를 한 것은 사후부담으로서 위법하고, 아파트의 준공검사 등이 임박한 상태였다는 점 등에 비추어 그 주변도로 편입지 매매계약이 불공정한 법률행위로서 민법 제104조에 반하여 무효라고 판시한 사례가 있습니다(대법원 2009. 11. 12. 선고 2008다98006판결).

② 국토교통부장관은 기부채납 등과 관련하여 다음 각 호의 사항이 포함된 운영기준을 작성하여 고시할 수 있다.

1. 주택건설사업의 기반시설 기부채납 부담의 원칙 및 수준에 관한 사항
2. 주택건설사업의 기반시설의 설치기준 등에 관한 사항

③ 사업계획승인권자는 제2항에 따른 운영기준의 범위에서 지역여건 및 사업의 특성 등을 고려하여 자체 실정에 맞는 별도의 기준을 마련하여 운영할 수 있으며, 이 경우 미리 국토교통부장관에게 보고하여야 한다.

제18조 (사업계획의 통합심의 등)

① 사업계획승인권자는 필요하다고 인정하는 경우에 도시계획·건축·교통 등 사업계획승인과 관련된 다음 각 호의 사항을 통합하여 검토 및 심의(이하 "통합심의"라 한다)할 수 있다.

1. 「건축법」에 따른 건축심의
2. 「국토의 계획 및 이용에 관한 법률」에 따른 도시·군관리계획 및 개발행위 관련 사항
3. 「대도시권 광역교통 관리에 관한 특별법」에 따른 광역교통 개선대책
4. 「도시교통정비 촉진법」에 따른 교통영향평가
5. 「경관법」에 따른 경관심의

경관심의는 무엇이고, 특별한 주의사항이 있을까요?

서울시의 경우 경관지구 내 일정 높이, 건폐율을 초과하는 건축물과 중점경관관리구역(역사도심, 한강변, 주요산 주변) 내 일정 층수 이상의 건축물을 경관심의 대상으로 정하고 있습니다. 최고 3개 층만이 증축될 수 있는 수직증축과 수평증축은 크게 문제될 것이 없다 할 것이나, 별동 증축이 이루어지는 경우에는 기본 설계 단계부터 주변 지역과의 관계 또는 같은 사업지 내의 다른 동에 미치는 영향을 면밀히 고려하여 진행해야 하며, 특히 한강변에 위치한 아파트의 경우 그 중요성은 배가(倍加)된다고 할 것입니다.

6. 그 밖에 사업계획승인권자가 필요하다고 인정하여 통합심의에 부치는 사항

② 제15조 제1항 또는 제3항에 따라 사업계획승인을 받으려는 자가 통합심의를 신청하는 경우 제1항 각 호와 관련된 서류를 첨부하여야 한다. 이 경우 사업계획승인권자는 통합심의를 효율적으로 처리하기 위하여 필요한 경우 제출기한을 정하여 제출하도록 할 수 있다.

③ 사업계획승인권자가 통합심의를 하는 경우에는 다음 각 호의 어느 하나에 해당하는 위원회에 속하고 해당 위원회의 위원장의 추천을 받은 위원들과 사업계획승인권자가 속한 지방자치단체 소속 공무원으로 소집된 공동위원회를 구성하여 통합심의를 하여야 한다. 이 경우 공동위원회의 구성, 통합심의의 방법 및 절차에 관한 사항은 대통령령으로 정한다.

1. 「건축법」에 따른 중앙건축위원회 및 지방건축위원회
2. 「국토의 계획 및 이용에 관한 법률」에 따라 해당 주택단지가 속한 시·도에 설치된 지방도시계획위원회
3. 「대도시권 광역교통 관리에 관한 특별법」에 따라 광역교통 개선대책에 대하여 심의권한을 가진 국가교통위원회
4. 「도시교통정비 촉진법」에 따른 교통영향평가심의위원회
5. 「경관법」에 따른 경관위원회
6. 제1항 제6호에 대하여 심의권한을 가진 관련 위원회

④ 사업계획승인권자는 통합심의를 한 경우 특별한 사유가 없으면 심의 결과를 반영하여 사업계획을 승인하여야 한다.

⑤ 통합심의를 거친 경우에는 제1항 각 호에 대한 검토·심의·조사·협의·조정 또는 재정을 거친 것으로 본다.

제19조 (다른 법률에 따른 인가·허가 등의 의제 등)

① 사업계획승인권자가 제15조에 따라 사업계획을 승인 또는 변경 승인할 때 다음 각 호의 허가·인가·결정·승인 또는 신고 등(이하 "인·허가등"이라 한다)에 관하여 제3항에 따른 관계 행정기관의 장과 협의한 사항에 대하여는 해당 인·허가등을 받은 것으로 보며, 사업계획의 승인고시가 있은 때에는 다음 각 호의 관계 법률에 따른 고시가 있은 것으로 본다.

1. 「건축법」 제11조에 따른 건축허가, 같은 법 제14조에 따른 건축신고, 같은 법 제16조에 따른 허가·신고사항의 변경 및 같은 법 제20조에 따른 가설건축물의 건축허가 또는 신고
2. 「공간정보의 구축 및 관리 등에 관한 법률」 제15조 제4항에 따른 지도등의 간행 심사
3. 「공유수면 관리 및 매립에 관한 법률」 제8조에 따른 공유수면의 점용·사용허가, 같은 법 제10조에 따른 협의 또는 승인, 같은 법 제17조에 따른 점용·사용 실시계획의 승인 또는 신고, 같은 법 제28조에 따른 공유수면의 매립면허, 같은 법 제35조에 따른 국가 등이 시행하는 매립의 협의 또는 승인 및 같은 법 제38조에 따른 공유수면매립실시계획의 승인
4. 「광업법」 제42조에 따른 채굴계획의 인가

5. 「국토의 계획 및 이용에 관한 법률」 제30조에 따른 도시·군관리계획(같은 법 제2조 제4호 다목의 계획 및 같은 호 마목의 계획 중 같은 법 제51조 제1항에 따른 지구단위계획구역 및 지구단위계획만 해당한다)의 결정, 같은 법 제56조에 따른 개발행위의 허가, 같은 법 제86조에 따른 도시·군계획시설사업시행자의 지정, 같은 법 제88조에 따른 실시계획의 인가 및 같은 법 제130조 제2항에 따른 타인의 토지에의 출입허가
6. 「농어촌정비법」 제23조에 따른 농업생산기반시설의 사용허가
7. 「농지법」 제34조에 따른 농지전용(農地轉用)의 허가 또는 협의
8. 「도로법」 제36조에 따른 도로공사 시행의 허가, 같은 법 제61조에 따른 도로점용의 허가
9. 「도시개발법」 제3조에 따른 도시개발구역의 지정, 같은 법 제11조에 따른 시행자의 지정, 같은 법 제17조에 따른 실시계획의 인가 및 같은 법 제64조 제2항에 따른 타인의 토지에의 출입허가
10. 「사도법」 제4조에 따른 사도(私道)의 개설허가
11. 「사방사업법」 제14조에 따른 토지의 형질변경 등의 허가, 같은 법 제20조에 따른 사방지(砂防地) 지정의 해제
12. 「산림보호법」 제9조 제1항 및 같은 조 제2항 제1호·제2호에 따른 산림보호구역에서의 행위의 허가·신고. 다만, 「산림자원의 조성 및 관리에 관한 법률」에 따른 채종림 및 시험림과 「산림보호법」에 따른 산림유전자원보호구역의 경우는 제외한다.
13. 「산림자원의 조성 및 관리에 관한 법률」 제36조 제1항·제4항에 따른 입목벌채등의 허가·신고. 다만, 같은 법에 따른 채종림 및 시험림과 「산림보호법」에 따른 산림유전자원보호구역의 경우는 제외한다.
14. 「산지관리법」 제14조·제15조에 따른 산지전용허가 및 산지전용신고, 같은 법 제15조의2에 따른 산지일시사용허가·신고
15. 「소하천정비법」 제10조에 따른 소하천공사 시행의 허가, 같은 법 제14조에 따른 소하천 점용 등의 허가 또는 신고
16. 「수도법」 제17조 또는 제49조에 따른 수도사업의 인가, 같은 법 제52조에 따른 전용상수도 설치의 인가
17. 「연안관리법」 제25조에 따른 연안정비사업실시계획의 승인
18. 「유통산업발전법」 제8조에 따른 대규모점포의 등록
19. 「장사 등에 관한 법률」 제27조 제1항에 따른 무연분묘의 개장허가
20. 「지하수법」 제7조 또는 제8조에 따른 지하수 개발·이용의 허가 또는 신고
21. 「초지법」 제23조에 따른 초지전용의 허가
22. 「택지개발촉진법」 제6조에 따른 행위의 허가
23. 「하수도법」 제16조에 따른 공공하수도에 관한 공사 시행의 허가, 같은 법 제34조 제2항에 따른 개인하수처리시설의 설치신고
24. 「하천법」 제30조에 따른 하천공사 시행의 허가 및 하천공사실시계획의 인가, 같은 법 제33조에 따른 하천의 점용허가 및 같은 법 제50조에 따른 하천수의 사용허가
25. 「부동산 거래신고 등에 관한 법률」 제11조에 따른 토지거래계약에 관한 허가

② 인·허가등의 의제를 받으려는 자는 제15조에 따른 사업계획승인을 신청할 때에 해당 법률에서 정하는 관계 서류를 함께 제출하여야 한다.

③ 사업계획승인권자는 제15조에 따라 사업계획을 승인하려는 경우 그 사업계획에 제1항 각 호의 어느 하나에 해당하는 사항이 포함되어 있는 경우에는 해당 법률에서 정하는 관계 서류를 미리 관계 행정기관의 장에게 제출한 후 협의하여야 한다. 이 경우 협의 요청을 받은 관계 행정기관의 장은 사업계획승인권자의 협의 요청을 받은 날부터 20일 이내에 의견을

제출하여야 하며, 그 기간 내에 의견을 제출하지 아니한 경우에는 협의가 완료된 것으로 본다.

④ 제3항에 따라 사업계획승인권자의 협의 요청을 받은 관계 행정기관의 장은 해당 법률에서 규정한 인·허가등의 기준을 위반하여 협의에 응하여서는 아니 된다.

⑤ 대통령령으로 정하는 비율 이상의 국민주택을 건설하는 사업주체가 제1항에 따라 다른 법률에 따른 인·허가등을 받은 것으로 보는 경우에는 관계 법률에 따라 부과되는 수수료 등을 면제한다.

제21조 (대지의 소유권 확보 등)

① 제15조 제1항 또는 제3항에 따라 주택건설사업계획의 승인을 받으려는 자는 해당 주택건설대지의 소유권을 확보하여야 한다. 다만, 다음 각 호의 어느 하나에 해당하는 경우에는 그러하지 아니하다.

1. 「국토의 계획 및 이용에 관한 법률」 제49조에 따른 지구단위계획(이하 "지구단위계획"이라 한다)의 결정(제19조 제1항 제5호에 따라 의제되는 경우를 포함한다)이 필요한 주택건설사업의 해당 대지면적의 80퍼센트 이상을 사용할 수 있는 권원(權原)[제5조 제2항에 따라 등록사업자와 공동으로 사업을 시행하는 주택조합(리모델링주택조합은 제외한다)의 경우에는 95퍼센트 이상의 소유권을 말한다. 이하 이 조, 제22조 및 제23조에서 같다]을 확보하고(국공유지가 포함된 경우에는 해당 토지의 관리청이 해당 토지를 사업주체에게 매각하거나 양여할 것을 확인한 서류를 사업계획승인권자에게 제출하는 경우에는 확보한 것으로 본다), 확보하지 못한 대지가 제22조 및 제23조에 따른 매도청구 대상이 되는 대지에 해당하는 경우
2. 사업주체가 주택건설대지의 소유권을 확보하지 못하였으나 그 대지를 사용할 수 있는 권원을 확보한 경우
3. 국가·지방자치단체·한국토지주택공사 또는 지방공사가 주택건설사업을 하는 경우
4. 제66조 제2항에 따라 리모델링 결의를 한 리모델링주택조합이 제22조 제2항에 따라 매도청구를 하는 경우

② 사업주체가 제16조 제2항에 따라 신고한 후 공사를 시작하려는 경우 사업계획승인을 받은 해당 주택건설대지에 제22조 및 제23조에 따른 매도청구 대상이 되는 대지가 포함되어 있으면 해당 매도청구 대상 대지에 대하여는 그 대지의 소유자가 매도에 대하여 합의를 하거나 매도청구에 관한 법원의 승소판결(확정되지 아니한 판결을 포함한다)을 받은 경우에만 공사를 시작할 수 있다.

사업부지 내 토지 전체의 소유권을 확보해야 하는 시한은 언제인가요?

조합은 주택공급에 관한 규칙 제15조에 제1항 본문에 따라 사업계획승인 당시에는 아니더라도 입주자를 모집하기 위해서는 100%의 대지 소유권을 확보하여야 하나, 동항 제1호에 따라 소유권을 확보하지 못한 대지가 매도청구소송의 대상으로서 법원에 소를 제기하여 승소 판결(판결의 확정을 요하지는 않습니다)을 받은 경우에는 주택법 제49조에 따른 사용검사 전까지만 해당 주택건설 대지의 소유권을 확보하면 일반분양을 할 수 있습니다. 한편, 일반분양을 위해서는 원칙적으로 동 규칙 제16조 제1항에 따라 저당권, 가등기담보권, 가압류, 가처분, 전세권, 지상권 및 부동산임차권을 말소해야 합니다(예외 있음).

제28조 (간선시설의 설치 및 비용의 상환)

① 사업주체가 대통령령으로 정하는 호수 이상의 주택건설사업을 시행하는 경우 또는 대통령령으로 정하는 면적 이상의 대지조성사업을 시행하는 경우 다음 각 호에 해당하는 자는 각각 해당 간선시설을 설치하여야 한다. 다만, 제1호에 해당하는 시설로서 사업주체가 제15조 제1항 또는 제3항에 따른 주택건설사업계획 또는 대지조성사업계획에 포함하여 설치하려는 경우에는 그러하지 아니하다.

1. 지방자치단체 : 도로 및 상하수도시설
2. 해당 지역에 전기·통신·가스 또는 난방을 공급하는 자 : 전기시설·통신시설·가스시설 또는 지역난방시설
3. 국가 : 우체통

② 제1항 각 호에 따른 간선시설은 특별한 사유가 없으면 제49조 제1항에 따른 사용검사일까지 설치를 완료하여야 한다.

③ 제1항에 따른 간선시설의 설치 비용은 설치의무자가 부담한다. 이 경우 제1항 제1호에 따른 간선시설의 설치 비용은 그 비용의 50퍼센트의 범위에서 국가가 보조할 수 있다.

④ 제3항에도 불구하고 제1항의 전기간선시설을 지중선로(地中線路)로 설치하는 경우에는 전기를 공급하는 자와 지중에 설치할 것을 요청하는 자가 각각 50퍼센트의 비율로 그 설치 비용을 부담한다. 다만, 사업지구 밖의 기간시설로부터 그 사업지구 안의 가장 가까운 주택단지(사업지구 안에 1개의 주택단지가 있는 경우에는 그 주택단지를 말한다)의 경계선까지 전기간선시설을 설치하는 경우에는 전기를 공급하는 자가 부담한다.

⑤ 지방자치단체는 사업주체가 자신의 부담으로 제1항 제1호에 해당하지 아니하는 도로 또는 상하수도시설(해당 주택건설사업 또는 대지조성사업과 직접적으로 관련이 있는 경우로 한정한다)의 설치를 요청할 경우에는 이에 따를 수 있다.

⑥ 제1항에 따른 간선시설의 종류별 설치 범위는 대통령령으로 정한다.

⑦ 간선시설 설치의무자가 제2항의 기간까지 간선시설의 설치를 완료하지 못할 특별한 사유가 있는 경우에는 사업주체가 그 간선시설을 자기부담으로 설치하고 간선시설 설치의무자에게 그 비용의 상환을 요구할 수 있다.

⑧ 제7항에 따른 간선시설 설치 비용의 상환 방법 및 절차 등에 필요한 사항은 대통령령으로 정한다.

제29조 (공공시설의 귀속 등)

① 사업주체가 제15조 제1항 또는 제3항에 따라 사업계획승인을 받은 사업지구의 토지에 새로 공공시설을 설치하거나 기존의 공공시설에 대체되는 공공시설을 설치하는 경우 그 공공시설의 귀속에 관하여는 「국토의 계획 및 이용에 관한 법률」 제65조 및 제99조를 준용한다. 이 경우 "개발행위허가를 받은 자"는 "사업주체"로, "개발행위허가"는 "사업계획승인"으로, "행정청인 시행자"는 "한국토지주택공사 및 지방공사"로 본다.

제43조 (주택의 감리자 지정 등)

① 사업계획승인권자가 제15조 제1항 또는 제3항에 따른 주택건설사업계획을 승인하였을 때와 시장·군수·구청장이 제66조 제1항 또는 제2항에 따른 리모델링의 허가를 하였을 때에는 「건축사법」 또는 「건설기술 진흥법」에 따른 감리자격이 있는 자를 대통령령으로 정하는 바에 따라 해당 주택건설공사의 감리자로 지정하여야 한다. 다만, 사업주체가 국가·지방자치단체·한국토지주택공사·지방공사 또는 대통령령으로 정하는 자인 경우와 「건축법」 제25조에 따라 공사감리를 하는 도시형 생활주택의 경우에는 그러하지 아니하다.

② 사업계획승인권자는 감리자가 감리자의 지정에 관한 서류를 부정 또는 거짓으로 제출하거나, 업무 수행 중 위반 사항이 있음을 알고도 묵인하는 등 대통령령으로 정하는 사유에 해당하는 경우에는 감리자를 교체하고, 그 감리자에 대하여는

1년의 범위에서 감리업무의 지정을 제한할 수 있다.

③ 사업주체(제66조 제1항 또는 제2항에 따른 리모델링의 허가만 받은 자도 포함한다. 이하 이 조, 제44조 및 제47조에서 같다)와 감리자 간의 책임 내용 및 범위는 이 법에서 규정한 것 외에는 당사자 간의 계약으로 정한다.

④ 국토교통부장관은 제3항에 따른 계약을 체결할 때 사업주체와 감리자 간에 공정하게 계약이 체결되도록 하기 위하여 감리용역표준계약서를 정하여 보급할 수 있다.

제61조 (저당권설정 등의 제한)

〈제1항 ⇒ 벌칙규정 : 제102조 제17호〉

① 사업주체는 주택건설사업에 의하여 건설된 주택 및 대지에 대하여는 입주자 모집공고 승인 신청일(주택조합의 경우에는 사업계획승인 신청일을 말한다) 이후부터 입주예정자가 그 주택 및 대지의 소유권이전등기를 신청할 수 있는 날 이후 60일까지의 기간 동안 입주예정자의 동의 없이 다음 각 호의 어느 하나에 해당하는 행위를 하여서는 아니 된다. 다만, 그 주택의 건설을 촉진하기 위하여 대통령령으로 정하는 경우에는 그러하지 아니하다.

1. 해당 주택 및 대지에 저당권 또는 가등기담보권 등 담보물권을 설정하는 행위
2. 해당 주택 및 대지에 전세권·지상권(地上權) 또는 등기되는 부동산임차권을 설정하는 행위
3. 해당 주택 및 대지를 매매 또는 증여 등의 방법으로 처분하는 행위

② 제1항에서 “소유권이전등기를 신청할 수 있는 날”이란 사업주체가 입주예정자에게 통보한 입주가능일을 말한다.

③ 제1항에 따른 저당권설정 등의 제한을 할 때 사업주체는 해당 주택 또는 대지가 입주예정자의 동의 없이는 양도하거나 제한물권을 설정하거나 압류·가압류·가처분 등의 목적물이 될 수 없는 재산임을 소유권등기에 부기등기(附記登記)하여야 한다. 다만, 사업주체가 국가·지방자치단체 및 한국토지주택공사 등 공공기관이거나 해당 대지가 사업주체의 소유가 아닌 경우 등 대통령령으로 정하는 경우에는 그러하지 아니하다.

④ 제3항에 따른 부기등기는 주택건설대지에 대하여는 입주자 모집공고 승인 신청(주택건설대지 중 주택조합이 사업계획승인 신청일까지 소유권을 확보하지 못한 부분이 있는 경우에는 그 부분에 대한 소유권이전등기를 말한다)과 동시에 하여야 하고, 건설된 주택에 대하여는 소유권보존등기와 동시에 하여야 한다. 이 경우 부기등기의 내용 및 말소에 관한 사항은 대통령령으로 정한다.

⑤ 제4항에 따른 부기등기일 이후에 해당 대지 또는 주택을 양수하거나 제한물권을 설정받은 경우 또는 압류·가압류·가처분 등의 목적물로 한 경우에는 그 효력을 무효로 한다. 다만, 사업주체의 경영부실로 입주예정자가 그 대지를 양수받는 경우 등 대통령령으로 정하는 경우에는 그러하지 아니하다.

⑥ 사업주체의 재무 상황 및 금융거래 상황이 극히 불량한 경우 등 대통령령으로 정하는 사유에 해당되어 「주택도시기금법」에 따른 주택도시보증공사(이하 “주택도시보증공사”라 한다)가 분양보증을 하면서 주택건설대지를 주택도시보증공사에 신탁하게 할 경우에는 제1항과 제3항에도 불구하고 사업주체는 그 주택건설대지를 신탁할 수 있다.

⑦ 제6항에 따라 사업주체가 주택건설대지를 신탁하는 경우 신탁등기일 이후부터 입주예정자가 해당 주택건설대지의 소유권이전등기를 신청할 수 있는 날 이후 60일까지의 기간 동안 해당 신탁의 종료를 원인으로 하는 사업주체의 소유권이전등기청구권에 대한 압류·가압류·가처분 등은 효력이 없음을 신탁계약조항에 포함하여야 한다.

⑧ 제6항에 따른 신탁등기일 이후부터 입주예정자가 해당 주택건설대지의 소유권이전등기를 신청할 수 있는 날 이후 60일까지의 기간 동안 해당 신탁의 종료를 원인으로 하는 사업주체의 소유권이전등기청구권을 압류·가압류·가처분 등의 목적물로 한 경우에는 그 효력을 무효로 한다.

제96조 (청문) 국토교통부장관 또는 지방자치단체의 장은 다음 각 호의 어느 하나에 해당하는 처분을 하려면 청문을 하여야 한다.

3. 제16조 제4항에 따른 사업계획승인의 취소

[주택법 시행령]

제23조 (주택조합의 사업계획승인 신청 등)

① 주택조합은 설립인가를 받은 날부터 2년 이내에 법 제15조에 따른 사업계획승인(제27조 제1항 제2호에 따른 사업계획승인 대상이 아닌 리모델링인 경우에는 법 제66조 제2항에 따른 허가를 말한다)을 신청하여야 한다.

조합설립인가 이후 3년이 되는 시점에 리모델링허가(사업계획승인) 신청이 가능한 것인가요?

법원은 리모델링주택조합은 설립인가를 받은 날부터 2년 이내에 리모델링허가(사업계획승인) 신청을 해야 하는데, 이를 정하고 있는 주택법 시행령 제23조 제1항은 강행규정이나 효력규정이 아니라 훈시규정에 불과하기에 위 기간이 경과한 이후에 신청이 이루어졌다고 하여 이를 받아들인 처분이 위법하거나 재량권을 일탈·남용하였다고 볼 수 없다는 입장을 보이고 있습니다(서울행정법원 2012. 2. 1. 선고 2011구합32850판결, 같은 취지로 국토교통부 주택정비과, 2018. 1. 29. 민원에 대한 회신). 나아가 설립인가를 받은 날부터 2년이 지나도록 허가를 신청하지 아니하였다 해도 별도의 설립인가 취소처분이 없는 한 설립인가의 효력이 바로 상실되는 것이 아님은 물론이고, 시장·군수·구청장이 허가요건 충족이 이루어졌음에도 '2년이 지났다는 이유'만으로 리모델링허가(사업계획승인) 신청을 거부할 수는 없다 할 것입니다(법제처 2011. 6. 9. 자 법령해석, 안건번호 11-0153).

② 주택조합은 등록사업자가 소유하는 공공택지를 주택건설대지로 사용해서는 아니 된다. 다만, 경매 또는 공매를 통하여 취득한 공공택지는 예외로 한다.

제26조 (주택조합의 회계감사)

① 법 제14조의3 제1항에 따라 주택조합은 다음 각 호의 어느 하나에 해당하는 날부터 30일 이내에 「주식회사 등의 외부감사에 관한 법률」 제2조 제7호에 따른 감사인의 회계감사를 받아야 한다.

2. 법 제15조에 따른 사업계획승인(제27조 제1항 제2호에 따른 사업계획승인 대상이 아닌 리모델링인 경우에는 법 제66조 제2항에 따른 허가를 말한다)을 받은 날부터 3개월이 지난 날

② 제1항에 따른 회계감사에 대해서는 「주식회사 등의 외부감사에 관한 법률」 제16조에 따른 회계감사기준을 적용한다.

③ 제1항에 따른 회계감사를 한 자는 회계감사 종료일부터 15일 이내에 회계감사 결과를 관할 시장·군수·구청장과 해당 주택조합에 각각 통보하여야 한다.

④ 시장·군수·구청장은 제3항에 따라 통보받은 회계감사 결과의 내용을 검토하여 위법 또는 부당한 사항이 있다고 인정되

는 경우에는 그 내용을 해당 주택조합에 통보하고 시정을 요구할 수 있다.

제27조 (사업계획의 승인)

① 법 제15조 제1항 각 호 외의 부분 본문에서 "대통령령으로 정하는 호수"란 다음 각 호의 구분에 따른 호수 및 세대수를 말한다.

2. 공동주택 : 30세대(리모델링의 경우에는 증가하는 세대수를 기준으로 한다). 다만, 다음 각 목의 어느 하나에 해당하는 공동주택을 건설(리모델링의 경우는 제외한다)하는 경우에는 50세대로 한다.

⑥ 법 제15조 제2항에서 "주택과 그 부대시설 및 복리시설의 배치도, 대지조성공사 설계도서 등 대통령령으로 정하는 서류"란 다음 각 호의 구분에 따른 서류를 말한다.

1. 주택건설사업계획 승인신청의 경우 : 다음 각 목의 서류. 다만, 제29조에 따른 표본설계도서에 따라 사업계획승인을 신청하는 경우에는 라목의 서류는 제외한다.

가. 신청서

나. 사업계획서

다. 주택과 그 부대시설 및 복리시설의 배치도

라. 공사설계도서. 다만, 대지조성공사를 우선 시행하는 경우만 해당하며, 사업주체가 국가, 지방자치단체, 한국토지주택공사 또는 지방공사인 경우에는 국토교통부령으로 정하는 도서로 한다.

마. 「국토의 계획 및 이용에 관한 법률 시행령」 제96조 제1항 제3호 및 제97조 제6항 제3호의 사항을 적은 서류(법 제24조 제2항에 따라 토지를 수용하거나 사용하려는 경우만 해당한다)

바. 제16조 각 호의 사실을 증명하는 서류(공동사업시행의 경우만 해당하며, 법 제11조 제1항에 따른 주택조합이 단독으로 사업을 시행하는 경우에는 제16조 제1항 제2호 및 제3호의 사실을 증명하는 서류를 말한다)

사. 법 제19조 제3항에 따른 협의에 필요한 서류

아. 법 제29조 제1항에 따른 공공시설의 귀속에 관한 사항을 기재한 서류

자. 주택조합설립인가서(주택조합만 해당한다)

차. 법 제51조 제2항 각 호의 어느 하나의 사실 또는 이 영 제17조 제1항 각 호의 사실을 증명하는 서류(「건설산업기본법」 제9조에 따른 건설업 등록을 한 자가 아닌 경우만 해당한다)

카. 그 밖에 국토교통부령으로 정하는 서류

제30조 (사업계획의 승인절차 등)

① 사업계획승인권자는 법 제15조에 따른 사업계획승인의 신청을 받았을 때에는 정당한 사유가 없으면 신청받은 날부터 60일 이내에 사업주체에게 승인 여부를 통보하여야 한다.

② 국토교통부장관은 제27조 제3항 각 호에 해당하는 주택건설사업계획의 승인을 하였을 때에는 지체 없이 관할 시·도지사에게 그 내용을 통보하여야 한다.

③ 사업계획승인권자는 「주택도시기금법」에 따른 주택도시기금(이하 "주택도시기금"이라 한다)을 지원받은 사업주체에게 법 제15조 제4항 본문에 따른 사업계획의 변경승인을 하였을 때에는 그 내용을 해당 사업에 대한 융자를 취급한 기금수탁자에게 통지하여야 한다.

④ 주택도시기금을 지원받은 사업주체가 사업주체를 변경하기 위하여 법 제15조 제4항 본문에 따른 사업계획의 변경승인

을 신청하는 경우에는 기금수탁자로부터 사업주체 변경에 관한 동의서를 받아 첨부하여야 한다.

⑤ 사업계획승인권자는 법 제15조 제6항 전단에 따라 사업계획승인의 고시를 할 때에는 다음 각 호의 사항을 포함하여야 한다.

1. 사업의 명칭
2. 사업주체의 성명·주소(법인인 경우에는 법인의 명칭·소재지와 대표자의 성명·주소를 말한다)
3. 사업시행지의 위치·면적 및 건설주택의 규모
4. 사업시행기간
5. 법 제19조 제1항에 따라 고시가 의제되는 사항

제31조 (공사 착수기간의 연장) 법 제16조 제1항 각 호 외의 부분 단서에서 "대통령령으로 정하는 정당한 사유가 있다고 인정하는 경우"란 다음 각 호의 어느 하나에 해당하는 경우를 말한다.

1. 「매장문화재 보호 및 조사에 관한 법률」 제11조에 따라 문화재청장의 매장문화재 발굴허가를 받은 경우
2. 해당 사업시행지에 대한 소유권 분쟁(소송절차가 진행 중인 경우만 해당한다)으로 인하여 공사 착수가 지연되는 경우
3. 법 제15조에 따른 사업계획승인의 조건으로 부과된 사항을 이행함에 따라 공사 착수가 지연되는 경우
4. 천재지변 또는 사업주체에게 책임이 없는 불가항력적인 사유로 인하여 공사 착수가 지연되는 경우
5. 공공택지의 개발·조성을 위한 계획에 포함된 기반시설의 설치 지연으로 공사 착수가 지연되는 경우
6. 해당 지역의 미분양주택 증가 등으로 사업성이 악화될 우려가 있거나 주택건설경기가 침체되는 등 공사에 착수하지 못할 부득이한 사유가 있다고 사업계획승인권자가 인정하는 경우

제32조 (사업계획승인의 취소) 법 제16조 제5항에서 "사업계획 이행, 사업비 조달 계획 등 대통령령으로 정하는 내용"이란 다음 각 호의 내용을 말한다.

1. 공사일정, 준공예정일 등 사업계획의 이행에 관한 계획
2. 사업비 확보 현황 및 방법 등이 포함된 사업비 조달 계획
3. 해당 사업과 관련된 소송 등 분쟁사항의 처리 계획

제35조 (통합심의의 방법과 절차)

① 법 제18조 제3항에 따라 사업계획을 통합심의하는 경우 사업계획승인권자는 공동위원회를 개최하기 7일 전까지 회의 일시, 장소 및 상정 안건 등 회의 내용을 위원에게 알려야 한다.

② 공동위원회의 회의는 재적위원 과반수의 출석으로 개의(開議)하고, 출석위원 과반수의 찬성으로 의결한다.

③ 공동위원회 위원장은 통합심의와 관련하여 필요하다고 인정하거나 사업계획승인권자가 요청한 경우에는 당사자 또는 관계자를 출석하게 하여 의견을 듣거나 설명하게 할 수 있다.

④ 공동위원회는 사업계획승인과 관련된 사항, 당사자 또는 관계자의 의견 및 설명, 관계 기관의 의견 등을 종합적으로 검토하여 심의하여야 한다.

⑤ 공동위원회는 회의 시 회의내용을 녹취하고, 다음 각 호의 사항을 회의록으로 작성하여 「공공기록물 관리에 관한 법률」에 따라 보존하여야 한다.

1. 회의일시·장소 및 공개여부
2. 출석위원 서명부

3. 상정된 의안 및 심의결과

4. 그 밖에 주요 논의사항 등

⑥ 공동위원회의 회의에 참석한 위원에게는 예산의 범위에서 수당 및 여비를 지급할 수 있다. 다만, 공무원인 위원이 소관 업무와 직접 관련되어 위원회에 출석하는 경우에는 그러하지 아니하다.

⑦ 이 영에서 규정한 사항 외에 공동위원회 운영에 필요한 사항은 위원회의 의결을 거쳐 위원장이 정한다.

제71조 (입주자의 동의 없이 저당권설정 등을 할 수 있는 경우 등) 법 제61조 제1항 각 호 외의 부분 단서에서 "대통령령으로 정하는 경우"란 다음 각 호의 어느 하나에 해당하는 경우를 말한다.

1. 해당 주택의 입주자에게 주택구입자금의 일부를 융자해 줄 목적으로 주택도시기금이나 다음 각 목의 금융기관으로부터 주택건설자금의 융자를 받는 경우

   가. 「은행법」에 따른 은행

   나. 「중소기업은행법」에 따른 중소기업은행

   다. 「상호저축은행법」에 따른 상호저축은행

   라. 「보험업법」에 따른 보험회사

   마. 그 밖의 법률에 따라 금융업무를 수행하는 기관으로서 국토교통부령으로 정하는 기관

2. 해당 주택의 입주자에게 주택구입자금의 일부를 융자해 줄 목적으로 제1호 각 목의 금융기관으로부터 주택구입자금의 융자를 받는 경우

3. 사업주체가 파산(「채무자 회생 및 파산에 관한 법률」 등에 따른 법원의 결정·인가를 포함한다. 이하 같다), 합병, 분할, 등록말소 또는 영업정지 등의 사유로 사업을 시행할 수 없게 되어 사업주체가 변경되는 경우

제72조 (부기등기 등)

① 법 제61조 제3항 본문에 따른 부기등기(附記登記)에는 같은 조 제4항 후단에 따라 다음 각 호의 구분에 따른 내용을 명시하여야 한다.

1. 대지의 경우 : "이 토지는 「주택법」에 따라 입주자를 모집한 토지(주택조합의 경우에는 주택건설사업계획승인이 신청된 토지를 말한다)로서 입주예정자의 동의 없이는 양도하거나 제한물권을 설정하거나 압류·가압류·가처분 등 소유권에 제한을 가하는 일체의 행위를 할 수 없음"이라는 내용

2. 주택의 경우 : "이 주택은 「부동산등기법」에 따라 소유권보존등기를 마친 주택으로서 입주예정자의 동의 없이는 양도하거나 제한물권을 설정하거나 압류·가압류·가처분 등 소유권에 제한을 가하는 일체의 행위를 할 수 없음"이라는 내용

② 법 제61조 제3항 단서에서 "사업주체가 국가·지방자치단체 및 한국토지주택공사 등 공공기관이거나 해당 대지가 사업주체의 소유가 아닌 경우 등 대통령령으로 정하는 경우"란 다음 각 호의 구분에 따른 경우를 말한다.

1. 대지의 경우 : 다음 각 목의 어느 하나에 해당하는 경우. 이 경우 라목 또는 마목에 해당하는 경우로서 법원의 판결이 확정되어 소유권을 확보하거나 권리가 말소되었을 때에는 지체 없이 제1항에 따른 부기등기를 하여야 한다.

   가. 사업주체가 국가·지방자치단체·한국토지주택공사 또는 지방공사인 경우

   나. 사업주체가 「택지개발촉진법」등 관계 법령에 따라 조성된 택지를 공급받아 주택을 건설하는 경우로서 해당 대지의 지적정리가 되지 아니하여 소유권을 확보할 수 없는 경우. 이 경우 대지의 지적정리가 완료된 때에는 지체 없

이 제1항에 따른 부기등기를 하여야 한다.

다. 조합원이 주택조합에 대지를 신탁한 경우

라. 해당 대지가 다음의 어느 하나에 해당하는 경우. 다만, 2) 및 3)의 경우에는 법 제23조 제2항 및 제3항에 따른 감정평가액을 공탁하여야 한다.

1) 법 제22조 또는 제23조에 따른 매도청구소송(이하 이 항에서 "매도청구소송"이라 한다)을 제기하여 법원의 승소판결(판결이 확정될 것을 요구하지 아니한다)을 받은 경우

2) 해당 대지의 소유권 확인이 곤란하여 매도청구소송을 제기한 경우

3) 사업주체가 소유권을 확보하지 못한 대지로서 법 제15조에 따라 최초로 주택건설사업계획승인을 받은 날 이후 소유권이 제3자에게 이전된 대지에 대하여 매도청구소송을 제기한 경우

마. 사업주체가 소유권을 확보한 대지에 저당권, 가등기담보권, 전세권, 지상권 및 등기되는 부동산임차권이 설정된 경우로서 이들 권리의 말소소송을 제기하여 승소판결(판결이 확정될 것을 요구하지 아니한다)을 받은 경우

2. 주택의 경우 : 해당 주택의 입주자로 선정된 지위를 취득한 자가 없는 경우. 다만, 소유권보존등기 이후 입주자모집공고의 승인을 신청하는 경우는 제외한다.

③ 사업주체는 법 제61조 제4항 후단에 따라 법 제15조에 따른 사업계획승인이 취소되거나 입주예정자가 소유권이전등기를 신청한 경우를 제외하고는 제1항에 따른 부기등기를 말소할 수 없다. 다만, 소유권이전등기를 신청할 수 있는 날부터 60일이 지나면 부기등기를 말소할 수 있다.

④ 법 제61조 제5항 단서에서 "사업주체의 경영부실로 입주예정자가 그 대지를 양수받는 경우 등 대통령령으로 정하는 경우"란 다음 각 호의 어느 하나에 해당하는 경우를 말한다.

1. 제71조 제1호 또는 제2호에 해당하여 해당 대지에 저당권, 가등기담보권, 전세권, 지상권 및 등기되는 부동산임차권을 설정하는 경우
2. 제71조 제3호에 해당하여 다른 사업주체가 해당 대지를 양수하거나 시공보증자 또는 입주예정자가 해당 대지의 소유권을 확보하거나 압류·가압류·가처분 등을 하는 경우

⑤ 법 제61조 제6항에서 "사업주체의 재무 상황 및 금융거래 상황이 극히 불량한 경우 등 대통령령으로 정하는 사유"란 다음 각 호의 어느 하나에 해당하는 경우를 말한다.

1. 최근 2년간 연속된 경상손실로 인하여 자기자본이 잠식된 경우
2. 자산에 대한 부채의 비율이 500퍼센트를 초과하는 경우
3. 사업주체가 법 제61조 제3항에 따른 부기등기를 하지 않고 주택도시보증공사에 해당 대지를 신탁하려는 경우

제39조 (간선시설의 설치 등)

① 법 제28조 제1항 각 호 외의 부분 본문에서 "대통령령으로 정하는 호수"란 다음 각 호의 구분에 따른 호수 또는 세대수를 말한다.

2. 공동주택인 경우 : 100세대(리모델링의 경우에는 늘어나는 세대수를 기준으로 한다)

③ 사업계획승인권자는 제1항 또는 제2항에 따른 규모 이상의 주택건설 또는 대지조성에 관한 사업계획을 승인하였을 때에는 그 사실을 지체 없이 법 제28조 제1항 각 호의 간선시설 설치의무자(이하 "간선시설 설치의무자"라 한다)에게 통지하여야 한다.

④ 간선시설 설치의무자는 사업계획에서 정한 사용검사 예정일까지 해당 간선시설을 설치하지 못할 특별한 사유가 있을 때

에는 제3항에 따른 통지를 받은 날부터 1개월 이내에 그 사유와 설치 가능 시기를 명시하여 해당 사업주체에게 통보하여야 한다.

⑤ 법 제28조 제6항에 따른 간선시설의 종류별 설치범위는 별표 2와 같다.

제40조 (간선시설 설치비의 상환)

① 법 제28조 제7항에 따라 사업주체가 간선시설을 자기부담으로 설치하려는 경우 간선시설 설치의무자는 사업주체와 간선시설의 설치비 상환계약을 체결하여야 한다.

② 제1항에 따른 상환계약에서 정하는 설치비의 상환기한은 해당 사업의 사용검사일부터 3년 이내로 하여야 한다.

③ 간선시설 설치의무자가 제1항에 따른 상환계약에 따라 상환하여야 하는 금액은 다음 각 호의 금액을 합산한 금액으로 한다.

1. 설치비용
2. 상환 완료 시까지의 설치비용에 대한 이자. 이 경우 이자율은 설치비 상환계약 체결일 당시의 정기예금 금리(「은행법」에 따라 설립된 은행 중 수신고를 기준으로 한 전국 상위 6개 시중은행의 1년 만기 정기예금 금리의 산술평균을 말한다)로 하되, 상환계약에서 달리 정한 경우에는 그에 따른다.

[주택법 시행규칙]

제12조 (사업계획의 승인신청 등)

① 영 제27조 제6항 제1호 가목 및 나목에 따른 신청서 및 사업계획서는 별지 제15호서식에 따른다.

② 영 제27조 제6항 제1호 라목 본문 및 같은 항 제2호 다목 본문에 따른 공사설계도서는 각각 별표 2와 같다.

③ 영 제27조 제6항 제1호 라목 단서 및 같은 항 제2호 다목 단서에서 "국토교통부령으로 정하는 도서"란 각각 별표 2에 따른 도서 중 위치도, 지형도 및 평면도를 말한다.

④ 영 제27조 제6항 제1호 카목에서 "국토교통부령으로 정하는 서류"란 다음 각 호의 서류를 말한다.

1. 간선시설 설치계획도(축척 1만분의 1부터 5만분의 1까지)
2. 사업주체가 토지의 소유권을 확보하지 못한 경우에는 토지사용 승낙서(「택지개발촉진법」 등 관계 법령에 따라 택지로 개발·분양하기로 예정된 토지에 대하여 해당 토지를 사용할 수 있는 권원을 확보한 경우에는 그 권원을 증명할 수 있는 서류를 말한다). 다만, 사업주체가 다음 각 목의 어느 하나에 해당하는 경우에는 제외한다.
   가. 국가
   나. 지방자치단체
   다. 「한국토지주택공사법」에 따른 한국토지주택공사(이하 "한국토지주택공사"라 한다)
   라. 「지방공기업법」 제49조에 따라 주택건설사업을 목적으로 설립된 지방공사(이하 "지방공사"라 한다)
   마. 「민간임대주택에 관한 특별법」 제20조 제1항에 따라 지정을 받은 임대사업자
3. 영 제43조 제1항에 따라 작성하는 설계도서 중 국토교통부장관이 정하여 고시하는 도서
4. 별표 3에 따른 서류(국가, 지방자치단체 또는 한국토지주택공사가 사업계획승인을 신청하는 경우만 해당한다)
5. 협회에서 발급받은 등록사업자의 행정처분 사실을 확인하는 서류(협회가 관리하는 전산정보자료를 포함한다)
6. 「민간임대주택에 관한 특별법」 제20조 제1항에 따라 지정을 받았음을 증명하는 서류(같은 항에 따라 지정을 받은 임대사업자만 해당한다)
7. 제28조 제2항 각 호의 서류(리모델링의 경우만 해당한다)

⑤ 영 제27조 제6항 제2호 가목 및 나목에 따른 신청서 및 사업계획서는 별지 제15호서식에 따른다.

⑥ 영 제27조 제6항 제2호 마목에 따른 공급계획서에는 다음 각 호의 사항을 포함하여야 하며, 대지의 용도별·공급대상자별 분할도면을 첨부하여야 한다.

1. 대지의 위치 및 면적
2. 공급대상자
3. 대지의 용도
4. 공급시기·방법 및 조건

⑦ 영 제27조 제6항 제2호 바목에서 "국토교통부령으로 정하는 서류"란 제4항 제1호·제2호 및 제5호의 서류를 말한다.

⑧ 법 제15조 제1항 또는 제3항에 따라 승인을 신청받은 사업계획승인권자(법 제15조 및 영 제90조에 따라 주택건설사업계획 및 대지조성사업계획의 승인을 하는 국토교통부장관, 시·도지사 또는 시장·군수를 말한다. 이하 같다)는「전자정부법」제36조 제1항에 따른 행정정보의 공동이용을 통하여 토지등기사항증명서(사업주체가 국가, 지방자치단체, 한국토지주택공사 또는 지방공사인 경우는 제외한다)와 토지이용계획확인서를 확인하여야 한다.

⑨ 사업계획승인권자는 법 제15조 제1항 또는 제3항에 따라 사업계획의 승인을 하였을 때에는 별지 제16호서식의 승인서를 신청인에게 발급하여야 한다.

⑩ 시·도지사는 매월 말일을 기준으로 별지 제17호서식에 따른 주택건설사업계획승인 결과보고서 및 별지 제18호서식에 따른 주택건설실적보고서를 작성하여 다음 달 15일까지 국토교통부장관에게 송부(전자문서에 따른 송부를 포함한다)하여야 한다. 다만,「공동주택관리법」제88조에 따른 공동주택관리정보시스템에 관련 정보를 입력하는 경우에는 송부한 것으로 본다.

제13조 (사업계획의 변경승인신청 등)

① 사업주체는 법 제15조 제4항 본문에 따라 사업계획의 변경승인을 받으려는 경우에는 별지 제15호서식의 신청서에 사업계획 변경내용 및 그 증명서류를 첨부하여 사업계획승인권자에게 제출(전자문서에 따른 제출을 포함한다)하여야 한다.

② 사업계획승인권자는 법 제15조 제4항 본문에 따라 사업계획변경승인을 하였을 때에는 별지 제16호서식의 승인서를 신청인에게 발급하여야 한다.

③ 사업계획승인권자는 사업주체가 입주자 모집공고(법 제5조 제2항 및 제3항에 따른 사업주체가 주택을 건설하는 경우에는 법 제15조 제1항 또는 제3항에 따른 사업계획승인을 말한다. 이하 이 조에서 같다)를 한 후에는 다음 각 호의 어느 하나에 해당하는 사업계획의 변경을 승인해서는 아니 된다. 다만, 사업주체가 미리 입주예정자(법 제15조 제3항에 따라 주택단지를 공구별로 건설·공급하여 기존 공구에 입주자가 있는 경우 제2호에 대해서는 그 입주자를 포함한다. 이하 이 항 및 제4항에서 같다)에게 사업계획의 변경에 관한 사항을 통보하여 입주예정자 80퍼센트 이상의 동의를 받은 경우에는 예외로 한다.

1. 주택(공급계약이 체결된 주택만 해당한다)의 공급가격에 변경을 초래하는 사업비의 증액
2. 호당 또는 세대당 주택공급면적(바닥면적에 산입되는 면적으로서 사업주체가 공급하는 주택의 면적을 말한다. 이하 같다) 및 대지지분의 변경. 다만, 다음 각 목의 어느 하나에 해당하는 경우는 제외한다.

가. 호당 또는 세대당 공용면적(제2조 제2호 가목에 따른 공용면적을 말한다) 또는 대지지분의 2퍼센트 이내의 증감. 이 경우 대지지분의 감소는「공간정보의 구축 및 관리 등에 관한 법률」제2조 제4호의2에 따른 지적확정측량에 따라 대지지분의 감소가 부득이하다고 사업계획승인권자가 인정하는 경우로서 사업주체가 입주예정자에게 대

지지분의 감소 내용과 사유를 통보한 경우로 한정한다.

나. 입주예정자가 없는 동 단위 공동주택의 세대당 주택공급면적의 변경

④ 사업주체는 입주자 모집공고를 한 후 제2항에 따른 사업계획변경승인을 받은 경우에는 14일 이내에 문서로 입주예정자에게 그 내용을 통보하여야 한다.

⑤ 법 제15조 제4항 단서에서 "국토교통부령으로 정하는 경미한 사항을 변경하는 경우"란 다음 각 호의 어느 하나에 해당하는 경우를 말한다. 다만, 제1호·제3호 및 제7호는 사업주체가 국가, 지방자치단체, 한국토지주택공사 또는 지방공사인 경우로 한정한다.

1. 총사업비의 20퍼센트의 범위에서의 사업비 증감. 다만, 국민주택을 건설하는 경우로서 지원받는 주택도시기금(「주택도시기금법」에 따른 주택도시기금을 말한다)이 증가되는 경우는 제외한다.
2. 건축물이 아닌 부대시설 및 복리시설의 설치기준 변경으로서 다음 각 목의 요건을 모두 갖춘 변경
   가. 해당 부대시설 및 복리시설 설치기준 이상으로의 변경일 것
   나. 위치변경(「건축법」 제2조 제1항 제4호에 따른 건축설비의 위치변경은 제외한다)이 발생하지 아니하는 변경일 것
3. 대지면적의 20퍼센트의 범위에서의 면적 증감. 다만, 지구경계의 변경을 수반하거나 토지 또는 토지에 정착된 물건 및 그 토지나 물건에 관한 소유권 외의 권리를 수용할 필요를 발생시키는 경우는 제외한다.
4. 세대수 또는 세대당 주택공급면적을 변경하지 아니하는 범위에서의 내부구조의 위치나 면적 변경(법 제15조에 따른 사업계획승인을 받은 면적의 10퍼센트 범위에서의 변경으로 한정한다)
5. 내장 재료 및 외장 재료의 변경(재료의 품질이 법 제15조에 따른 사업계획승인을 받을 당시의 재료와 같거나 그 이상인 경우로 한정한다)
6. 사업계획승인의 조건으로 부과된 사항을 이행함에 따라 발생되는 변경. 다만, 공공시설 설치계획의 변경이 필요한 경우는 제외한다.
7. 건축물의 설계와 용도별 위치를 변경하지 아니하는 범위에서의 건축물의 배치조정 및 주택단지 안 도로의 선형변경
8. 「건축법 시행령」 제12조 제3항 각 호의 어느 하나에 해당하는 사항의 변경

⑥ 사업주체는 제5항 각 호의 사항을 변경하였을 때에는 지체 없이 그 변경내용을 사업계획승인권자에게 통보(전자문서에 따른 통보를 포함한다)하여야 한다. 이 경우 사업계획승인권자는 사업주체로부터 통보받은 변경내용이 제5항 각 호의 범위에 해당하는지를 확인하여야 한다.

⑦ 사업계획승인권자(사업계획승인권자와 사용검사권자가 다른 경우만 해당한다)는 다음 각 호의 어느 하나에 해당하는 경우 그 변경내용을 사용검사권자(법 제49조 및 영 제90조에 따라 사용검사 또는 임시 사용승인을 하는 시·도지사 또는 시장·군수·구청장을 말한다. 이하 같다)에게 통보해야 한다.

1. 제2항에 따라 사업계획변경승인서를 발급한 경우
2. 제6항 후단에 따라 확인한 결과 변경내용이 제5항 각 호의 범위에 해당하는 경우

제15조 (공사착수 연기 및 착공신고)

① 사업주체는 법 제16조 제1항 각 호 외의 부분 단서에 따라 공사착수기간을 연장하려는 경우에는 별지 제19호서식의 착공연기신청서를 사업계획승인권자에게 제출(전자문서에 따른 제출을 포함한다)하여야 한다.

② 사업주체는 법 제16조 제2항에 따라 공사착수(법 제15조 제3항에 따라 사업계획승인을 받은 경우에는 공구별 공사착수를 말한다)를 신고하려는 경우에는 별지 제20호서식의 착공신고서에 다음 각 호의 서류를 첨부하여 사업계획승인권자에

게 제출(전자문서에 따른 제출을 포함한다)해야 한다. 다만, 제2호부터 제5호까지의 서류는 주택건설사업의 경우만 해당한다.

1. 사업관계자 상호간 계약서 사본
2. 흙막이 구조도면(지하 2층 이상의 지하층을 설치하는 경우만 해당한다)
3. 영 제43조 제1항에 따라 작성하는 설계도서 중 국토교통부장관이 정하여 고시하는 도서
4. 감리자(법 제43조 제1항에 따라 주택건설공사 감리자로 지정받은 자를 말한다. 이하 같다)의 감리계획서 및 감리의견서
5. 영 제49조 제1항 제3호에 따라 감리자가 검토·확인한 예정공정표

③ 사업계획승인권자는 제1항 및 제2항에 따른 착공연기신청서 또는 착공신고서를 제출받은 경우에는 별지 제21호서식의 착공연기확인서 또는 별지 제22호서식의 착공신고필증을 신청인 또는 신고인에게 발급하여야 한다.

제24조 (입주자의 동의 없이 저당권 설정 등을 할 수 있는 금융기관의 범위) 영 제71조 제1호 마목에서 "국토교통부령으로 정하는 기관"이란 다음 각 호의 기관을 말한다.

1. 「농업협동조합법」에 따른 조합, 농업협동조합중앙회 및 농협은행
2. 「수산업협동조합법」에 따른 수산업협동조합 및 수산업협동조합중앙회
3. 「신용협동조합법」에 따른 신용협동조합 및 신용협동조합중앙회
4. 「새마을금고법」에 따른 새마을금고 및 새마을금고중앙회
5. 「산림조합법」에 따른 산림조합 및 산림조합중앙회
6. 「한국주택금융공사법」에 따른 한국주택금융공사
7. 「우체국예금·보험에 관한 법률」에 따른 체신관서

10. 이주

이 단계에서 조합은 무엇을 해야 할까?

① 조합은 이주기간을 공고하기 이전 조합원들의 이주비(추가이주비를 포함)대출 방안을 마련해야 합니다. 보다 낮은 금리로 이주비 대출을 받기 위해 조합은 많은 금융기관 등을 물색하고 조건을 협의하는 절차를 거쳐야 하는데, 조합 규모에 따라 수천억 원에 이르는 규모이기에 시공자의 도움을 받는다 하더라도 결코 녹록지 않은 과정에 해당한다는 것을 염두에 두셔야 합니다.

② 통상적으로 이주 관련 서류를 받을 때를 전후로 하여 조합의 명의로 신탁등기를 경료하게 됩니다. 이는 소유권이 변동되거나 저당권 등 담보물권이 설정되면서 착공(철거)에 장해가 생기는 것을 방지하기 위한 것으로, 법령에는 따로 규정하고 있는 것이 없기에 조합규약을 근거로 하고 있습니다. 따라서 조합규약에는 조합원들의 신탁등기 경료 의무를 정하고 있는 조항을 반드시 두고 있어야 하며, 조합은 지정한 기간 내에 이를 행하지 않는 조합원에 대하여 소를 제기하는 방식으로 신탁등기 경료를 완료해야 합니다.

③ 이 단계에서는 신탁등기, 명도소송(점유이전금지가처분 포함), 이주관리를 행할 협력업체가 필요하기에 미리 선정이 이루어져야 합니다. 이주관리와 함께 범죄예방 용역을 발주하는 경우도 있는데, 이는 공가(空家)에서 노숙자 기거나 쓰레기 투척, 범죄행위, 청소년 비행 등이 이루어지는 것을 방지하기 위한 것으로 업체 직원이 초소를 설치하여 감시 및 순찰하는 등의 방식으로 이루어지게 됩니다. 이주기간 경과 이후부터는 착공이 지체되는 만큼 불필요한 금융비용이 지속적으로 발생하기에 최대한 빠른 시일 내에 이주가 이루어질 수 있도록 경험 많은 업체를 선정하는 것이 무엇보다 중요합니다. 특히 서울시의 경우 동계(12월~2월) 강제집행이 사실상 금지되고 있기에, 11월까지 집행을 완료할 수 있도록 기간을 정하는 것이 좋습니다.

[주택법]

제76조 (공동주택 리모델링에 따른 특례)

④ 임대차계약 당시 다음 각 호의 어느 하나에 해당하여 그 사실을 임차인에게 고지한 경우로서 제66조 제1항 및 제2항에 따라 리모델링허가를 받은 경우에는 해당 리모델링 건축물에 관한 임대차계약에 대하여 「주택임대차보호법」 제4조 제1항 및 「상가건물 임대차보호법」 제9조 제1항을 적용하지 아니한다.

1. 임대차계약 당시 해당 건축물의 소유자들(입주자대표회의를 포함한다)이 제11조 제1항에 따른 리모델링주택조합설립인가를 받은 경우
2. 임대차계약 당시 해당 건축물의 입주자대표회의가 직접 리모델링을 실시하기 위하여 제68조 제1항에 따라 관할 시장·군수·구청장에게 안전진단을 요청한 경우

신탁등기는 왜 하는 것이며, 언제쯤 하면 되는 것인가요?

리모델링은 재건축과 달리 조합설립 이후에도 처분행위에 제한이 없기에, 제한물권 설정이 이루어지거나 매매 등으로 소유자가 변경될 가능성이 상존하며 이는 필연적으로 사업 진행을 방해하는 요소로 작용하게 됩니다. 나아가 일반분양분에 대한 대지지분은 조합원들이 소유하는 일부씩을 떼어 이전하는 형태이기에 신탁등기를 하지 않는 경우 일반분양계약의 당사자에 조합원 전체가 포함되어 매우 복잡한 형태가 될 수밖에 없기에, 신속하고 효율적인 사업진행을 위하여 조합은 모든 세대에 대한 신탁등기를 경료하고 있습니다.

조합규약에서 신탁등기 시기를 특별히 규정하고 있는 경우가 아니라면, 이주가 이루어지기 위한 이주비 대출의 담보로서 근저당권설정등기가 이루어질 때 같이 행해지는 것이 일반적이나, 그보다 더 이른 시기에 이루어지는 것도 가능합니다. 재건축에 대한 것으로 법원은, 조합원은 사업 목적 달성에 협력할 의무가 있고, '조합설립인가로써 조합규약의 효력이 발생한 날짜의 신탁을 원인으로 한' 소유권이전등기절차를 이행할 의무가 있다[광주고등법원(전주) 2021. 9. 30. 선고 2019나13341판결, 대법원 1997. 5. 30. 선고 96다23887판결]는 입장인바, 이에 따르면 조합설립인가 이후에는 신탁등기가 가능하다고 할 것이며 실제로 가로주택정비사업이나 소규모재건축정비사업의 경우 조합설립인가 이후 신탁등기를 행하는 경우가 종종 있습니다.

만약 조합규약에 신탁등기 관련 규정을 두고 있지 않은 경우는 어떻게 하죠?

주택법령에 따로 근거규정이 존재하지 않기에 조합규약 제정 또는 개정 시 조합은 반드시 조합원들의 신탁등기 의무를 규정하는 조항을 포함시켜야 하며, 이는 사업의 원활한 진행을 위한 필수적인 사항이라 할 것입니다. 최근 설립되고 있는 조합들은 사전 법률검토를 통해 이와 같은 규정을 조합규약에 포함시키고 있으나, 오래전 설립된 조합의 경우 그렇지 않은 경우가 종종 확인되고 있습니다. 만약 조합규약에 이러한 규정이 없고, '조합원의 현물출자의무'에 관한 내용이 있다면 이를 활용할 여지가 있는데, 조합원들은 조합이 진행하는 리모델링사업에 협력할

의무가 있고 조합규약상 현물출자의무에는 사업의 원활한 수행을 위하여 대지지분 및 전유부분에 대한 소유 명의를 신탁 목적으로 조합에 이전할 의무도 포함된다는 논리구성이 가능할 것으로 보입니다(재건축에 대한 것으로, 대법원 1997. 5. 30. 선고 96다23887판결 참조). 그러나 이러한 내용조차 없는 경우라면 조합규약 개정을 통해 신탁등기 관련 내용을 추가한 뒤 후속 절차를 진행해야 할 것입니다.

조합에 신탁등기를 경료한 경우 강제집행이 가능한가요?

신탁재산의 경우 원칙적으로 강제집행이나 경매가 금지되어 있고(신탁법 제22조 제1항) 다만 신탁 전의 원인으로 발생한 권리 또는 신탁사무 처리상 발생한 권리에 기한 경우에만 예외적으로 강제집행이 허용됩니다. 여기에서 '신탁 전의 원인으로 발생한 권리'라 하는 것은 신탁 전에 이미 신탁부동산에 저당권이 설정된 경우와 같이 신탁재산 그 자체를 목적으로 하는 채권이 발생되었을 때를 의미하는 것이고 신탁 전에 위탁자에 관하여 생긴 모든 채권이 이에 포함된다고 할 수는 없습니다(대법원 1987. 5. 12. 선고 86다545판결). 한편 '신탁사무의 처리상 발생한 채권'에는 수탁자의 통상적인 사업활동상의 행위로 인하여 제3자에게 손해가 발생한 경우 피해자인 제3자가 가지는 불법행위에 기한 손해배상채권도 포함되나(대법원 2007. 6. 1. 선고 2005다5843판결), 위탁자를 채무자로 하는 경우는 포함되지 않는다(대법원 2012. 4. 12. 선고 2010두4612판결)는 것이 대법원의 입장입니다.

조합이 신탁등기 후 제3자로부터 토지를 추가로 매입하여 신탁등기를 경료한 경우, 조합은 취득세를 납부해야 되나요?

재건축에 대한 것이지만, 대법원은 주택조합이 제3자로부터 토지를 매입하여 조합명의로 신탁등기를 경료한 경우 그중 조합원용에 해당하는 부분은 개정 후 지방세법 제7조 제8항에 의해 그 조합원이 취득하는 것으로 간주되므로 주택조합에 대하여는 취득세를 부과할 수 없고, 조합원용이 아닌 부분은 제7조 제8항 및 제110조 제1호 단서에 해당하지 않아 제9조 제3항 본문이 적용되므로 취득세 부과대상이 되지 않는다고 판시한 바 있는데(대법원 2008. 2. 14. 선고 2006두9320판결 참조), 이에 따르면 조합에게는 취득세 납부 의무가 없다 할 것입니다.

조합은 언제부터 조합원 이주를 추진할 수 있나요?

서울서부지방법원은 일반적인 리모델링의 사업 추진 절차에 비추어 볼 때 행위허가 전에는 리모델링 공사에 착공할 수 없으므로, 조합원의 이주가 필요한 리모델링사업의 경우 리모델링을 위한 조합원의 이주는 당연히 위 규정에 의한 행위허가 요건이 충족되었음을 전제로 하여 이루어져야 한다고 판시한 바 있습니다(서울서부지방법원 2008. 9. 18. 선고 2007나7250판결 참조).

이주가 시작되는데 관리사무소의 관리계좌에 관리비와 장기수선충당금이 남아 있는 경우 누구에게 귀속시켜야 하나요?

재건축사업에 대한 것이지만 법원은, '장기수선충당금의 납부의무자인 공동주택 전유부분의 소유자와 그 징수·관리주체인 관리단 사이의 법률관계는 금전 위탁계약의 체결이 법으로 강제된 법정 위탁관계로 보아야 하고 장기수선충당금은 그 목적과 용도가 특정돼 관리단에 위탁된 독립재산인 만큼 그 징수·적립의 목적이 소멸하는 때에는 위탁계약관계 역시 종료해 그 수탁자인 관리단은 위탁자인 전유부분 소유자에게 장기수선충당금을 반환해야 한다.'고 판시하였습니다(서울고등법원 2015. 6. 26. 선고 2014나19440 판결). 나아가 위 재판부는 판결문에서 아파트의 마지막 입주자까지 이사를 가서 입주자가 더 이상 존재하지 않을 때에는 아파트의 공동관리의 필요성이 소멸돼 아파트 입주자대표회의는 더 이상 관리비계좌를 운영할 권한이 없다고 설시한 바 있습니다. 따라서 입주자대표회의는 아파트 관리규약에서 별도로 정하고 있는 바가 없다면, 신탁등기가 완료되고 모든 입주자가 이주를 완료하기 전까지 결의를 통해 이를 반환하거나 조합에 인계(조합원인 소유자에게 귀속되어야 하는 부분만큼)하는 것이 타당할 것으로 보입니다.

이주기간이 되었는데 세입자가 임대차기간이 남아 있기에 못 나가겠다고 합니다. 어떻게 해야 하나요?

주택법 제76조 제4항은, 임대차계약 당시 1. 조합설립인가를 받은 사실 또는 2. 입주자대표회의가(직접 리모델링을 실시하는 경우로서) 안전진단을 요청한 사실을 고지한 경우에는 임차인이 주택임대차보호법상 임대차기간의 잔존을 주장할 수 없다고 규정하고 있습니다. 이 규정을 근거로 변호사는 명도소송과 명도단행가처분을 통해 조합이 해당 세대를 인도받을 수 있도록 하고 있습니다.

실제로 조합설립인가 이후에 이루어지는 임대차계약의 체결 또는 갱신 시에는 특약사항에 '임차인은 리모델링 사업 진행에 따른 이주기간 도과 전 이의 없이 이주한다'는 조항을 삽입하고 있으며, 조합은 원활한 이주를 위하여 이러한 내용을 조합원들에게 미리 잘 알려 주셔야 합니다.

한두 명의 조합원이 억지를 부리며 장기간 이주를 거부하고 버티고 있는데, 조합에서 손해배상청구를 할 수 있을까요?

도시정비 사례이기는 하지만, 서울남부지방법원은 약 9개월의 이주지연으로 발생한 이주비 대출이자 증가분, 공사도급계약상 조합의 책임으로 실착공이 이루어지지 못한 경우 발생하는 추가 공사비 합계 5억 원 상당을 조합의 손해로 인정하고 그중 10%의 배상책임을 인정한 바 있고(서울남부지방법원 2019. 5. 10. 선고 2018나56334판결), 대법원도 이주비 대출이자 증가분, 사업비 대출이자 증가분, 이주비를 신청하지 않은 조합원에게 같은 기간 조합이 추가로 지급해야 하는 이자 합계 1일당 1,500만 원 상당을 조합의 손해로 인정하고 그중 약 20%의 배상책임을 인정한 바 있습니다(대법원 2018. 7. 12. 선고 2014다88093판결). 이러한 판결들의 취지는, 합당한 사유 없이 장기간에 걸쳐 이주를 거부하여 조합에 막심한 손해를 야기하는 경우라면 공동주택리모델링에도 당연히 적용될 수 있다 할 것입니다.

 # 구분소유자가 주택에 설정한 주택담보노후연금보증 및 이로 인하여 경료된 소유권등처분금지등기가 있는 경우 사업 추진에 영향을 미치게 되나요?

한국주택금융공사법 시행령 제28조의2 제2항 제3호 내지 제5호는 주택소유자의 한국주택금융공사에 대한 구상채무 이행의 예외로서, 리모델링사업을 위한 조합 등에 참가한 경우를 규정하고 있습니다. 따라서 공동주택리모델링으로 인한 이주, 주민등록 이전, 소유권 이전(신탁등기 포함) 등의 사유가 발생하는 경우 사업진행과 관련하여 특별한 문제가 발생하지 않으며, 주택담보노후연금보증계약의 효력 또한 그대로 유지된다고 할 것입니다.

 # 조합원들의 분담금은 어떻게 마련할 수 있을까요?

조합원들 중에는 여유 자금이 있어서 분담금을 직접 마련할 수 있는 분도 있지만, 대부분 대출을 필요로 하며 조합은 이주가 이루어지기 직전 입찰을 통해 금융기관을 선정하고 시공자의 지급보증 또는 책임준공확약을 전제로 대출을 받게 됩니다. 여기서 대출 조건에 영향을 주는 주된 요소 중 하나가 시공자의 신용등급이며, 메이저 건설사의 경우 높은 신용등급을 보유하고 있기에 이율 등에 있어 보다 좋은 조건으로 계약을 체결할 수 있습니다. 이후 아파트가 완공된다고 해서 곧바로 대출금을 상환해야만 하는 것은 아니고, 주택담보대출로 전환이 가능합니다.

11. 2차 안전진단

이 단계에서는 무엇을 해야 할까?

① 수직증축을 위해서는 기존 아파트의 신축 당시 구조도를 보유하고 있어야 하며 이를 결하는 경우 실질적으로 불가능하기에, 수직증축을 고려하는 경우 조합설립 이전에 구조도의 존재 여부를 확인하고 이를 확보하시는 것부터 시작해야 합니다.

② 지내력기초인 아파트로서는 송파 성지아파트리모델링조합이 전국 최초로 수직증축 방식으로 진행되고 있으며, 국내 대부분의 아파트가 해당되는 파일기초(말뚝기초) 방식으로서는 최근 대치1차현대아파트리모델링조합이 2차 안전성검토를 통과한 첫 사례로 보고된 바 있습니다. 그러나 파일기초 수직증축은 여전히 쉽지 않은 영역이고, 만약 수직증축이 종국적으로 불가한 것으로 결론이 나는 경우 건축심의 단계로 다시 회귀하는 등 많은 어려움이 예정되어 있기에, 수직증축으로의 진행 여부는 설계업체 및 시공자와 많은 논의를 거쳐 신중하게 결정하셔야 합니다.

[주택법]

제68조 (증축형 리모델링의 안전진단)

④ 시장·군수·구청장은 제66조 제1항에 따라 수직증축형 리모델링을 허가한 후에 해당 건축물의 구조안전성 등에 대한 상세 확인을 위하여 안전진단을 실시하여야 한다. 이 경우 안전진단을 의뢰받은 기관은 제2항에 따른 건축구조기술사와 함께 안전진단을 실시하여야 하며, 리모델링을 하려는 자는 안전진단 후 구조설계의 변경 등이 필요한 경우에는 건축구조기술사로 하여금 이를 보완하도록 하여야 한다.

2차 안전진단은 무엇을 하는 것인가요?

2차 안전진단은 이주와 마감재 철거가 완료된 이후에, 수직증축 방식으로 이루어지는 공사 시작 이전 1차 안전진단의 구조안전성 평가(건물기울기, 기초 및 지반침하, 내력비, 기초내력비, 처짐, 내구성 등) 결과를 검증하고, 이에 더해 슬라브 두께 측정과 같은 실내 거주공간에 대한 진단 및 설계변경 여부 확인 등을 행하는 것입니다.

⑤ 제2항 및 제4항에 따라 안전진단을 의뢰받은 기관은 국토교통부장관이 정하여 고시하는 기준에 따라 안전진단을 실시하고, 국토교통부령으로 정하는 방법 및 절차에 따라 안전진단 결과보고서를 작성하여 안전진단을 요청한 자와 시장·군수·구청장에게 제출하여야 한다.

⑥ 시장·군수·구청장은 제1항 및 제4항에 따라 안전진단을 실시하는 비용의 전부 또는 일부를 리모델링을 하려는 자에게 부담하게 할 수 있다.

⑦ 그 밖에 안전진단에 관하여 필요한 사항은 대통령령으로 정한다.

제69조 (전문기관의 안전성 검토 등)

① 시장·군수·구청장은 수직증축형 리모델링을 하려는 자가 「건축법」에 따른 건축위원회의 심의를 요청하는 경우 구조계획상 증축범위의 적정성 등에 대하여 대통령령으로 정하는 전문기관에 안전성 검토를 의뢰하여야 한다.

안전성검토는 무엇을 하는 것이고, 언제 이루어지는 것인가요?

수직증축 리모델링의 경우 1차 안전진단을 통과한 이후 건축심의신청이 접수되면 시장·군수·구청장은 기본설계사항(최초 설계도면)에 대한 1차 안전성검토를 의뢰하게 됩니다. 이때 기존 재료의 특성, 기초 설계지지력, 지반굴착사항, 내진설계, 벽체 보강설계 등에 대한 검토가 이루어지며, 검토 결과를 반영 및 보완한 실시설계사항(검토사항이 반영된 실제 설계)에 대하여 2차 안전성 검토가 이루어지게 됩니다.

② 시장·군수·구청장은 제66조 제1항에 따라 수직증축형 리모델링을 하려는 자의 허가 신청이 있거나 제68조 제4항에 따른 안전진단 결과 국토교통부장관이 정하여 고시하는 설계도서의 변경이 있는 경우 제출된 설계도서상 구조안전의 적정성 여부 등에 대하여 제1항에 따라 검토를 수행한 전문기관에 안전성 검토를 의뢰하여야 한다.

〈제3항 ⇒ 벌칙규정 : 제104조 제8호 / 양벌규정 : 제105조 제2항〉

③ 제1항 및 제2항에 따라 검토의뢰를 받은 전문기관은 국토교통부장관이 정하여 고시하는 검토기준에 따라 검토한 결과를 대통령령으로 정하는 기간 이내에 시장·군수·구청장에게 제출하여야 하며, 시장·군수·구청장은 특별한 사유가 없는 경우 이 법 및 관계 법률에 따른 위원회의 심의 또는 허가 시 제출받은 안전성 검토결과를 반영하여야 한다.

④ 시장·군수·구청장은 제1항 및 제2항에 따른 전문기관의 안전성 검토비용의 전부 또는 일부를 리모델링을 하려는 자에게 부담하게 할 수 있다.

⑤ 국토교통부장관은 시장·군수·구청장에게 제3항에 따라 제출받은 자료의 제출을 요청할 수 있으며, 필요한 경우 시장·군수·구청장으로 하여금 안전성 검토결과의 적정성에 대하여 「건축법」에 따른 중앙건축위원회의 심의를 받도록 요청할 수 있다.

⑥ 시장·군수·구청장은 특별한 사유가 없으면 제5항에 따른 심의결과를 반영하여야 한다.

⑦ 그 밖에 전문기관 검토 등에 관하여 필요한 사항은 대통령령으로 정한다.

제70조 (수직증축형 리모델링의 구조기준)

〈벌칙규정 ① : 제104조 제8호 / 양벌규정 : 제105조 제2항〉

〈벌칙규정 ② : 제98조, 제99조 / 양벌규정 : 제105조〉

수직증축형 리모델링의 설계자는 국토교통부장관이 정하여 고시하는 구조기준에 맞게 구조설계도서를 작성하여야 한다.

[주택법 시행령]

제13조 (수직증축형 리모델링의 허용 요건)

① 법 제2조 제25호 다목 1)에서 "대통령령으로 정하는 범위"란 다음 각 호의 구분에 따른 범위를 말한다.

1. 수직으로 증축하는 행위(이하 "수직증축형 리모델링"이라 한다)의 대상이 되는 기존 건축물의 층수가 15층 이상인 경우 : 3개 층
2. 수직증축형 리모델링의 대상이 되는 기존 건축물의 층수가 14층 이하인 경우 : 2개 층

동별 층수가 다른 경우, 라인별 층수가 다른 경우 수직증축은 몇 층까지 가능한가요?

예를 들어, 총 5개 동 중 1~3동은 15층이고 4~5동은 14층이라면 1~3동은 3개 층까지, 4~5동은 2개 층까지 수직증축이 가능합니다. 나아가 한 개의 동에서 15층인 라인과 14층인 라인이 혼재하는 경우에도 라인별 층수에 따라 15층 라인은 3개 층까지, 14층 라인은 2개 층까지 수직증축이 가능합니다(국토교통부 주택정비과, 2014. 3. 11. 자 민원에 대한 회신).

② 법 제2조 제25호 다목 2)에서 "리모델링 대상 건축물의 구조도 보유 등 대통령령으로 정하는 요건"이란 수직증축형 리모델링의 대상이 되는 기존 건축물의 신축 당시 구조도를 보유하고 있는 것을 말한다.

수직증축을 추진 중인데 건축 당시 구조도가 없는 경우 어떻게 해야 되나요?

우선 대한주택공사에 구조도면의 보유 여부를 문의할 수 있는데, 국토교통부는 유사한 사례에서 '일부 동의 경우 건축 당시의 구조도를 보유하고 있지 않더라도, 주택공사 경기지사에서 제공받은 표준구조도면이 수직증축형 리모델링 대상 건축물의 건축 당시의 구조도에 해당한다면 제공받은 표준구조도면으로 안전진단이 가능할 것으로 판단된다.'는 입장을 밝힌 바 있습니다(국토교통부 주택정비과, 2015. 3. 23. 자 민원에 대한 회신 참조).

수직증축을 추진하고 있는 추진위원회인데, 입주자대표회의에서 아파트 설계도를 주지 않고 있습니다. 어찌해야 될까요?

주택법 시행령 제13조 제2항은 수직증축리모델링의 경우 기존 건축물의 신축 당시 구조도를 보유하고 있을 것을 요건으로 설정하고 있습니다. 이러한 구조도는 대부분 아파트 관리사무소에서 보관되고 있는데, 입주자대표회의 또는 관리소장이 리모델링사업 추진에 비협조적인 경우 이를 제공해 주지 않아 추진위원회가 곤란을 겪는 경우가 종종 있습니다. 이 경우 ① 아파트 관리규약에 근거하여 추진위원회가 아닌 '구분소유자'자격으로 정보공개를 요청하거나, ② 관할 행정청이 건축허가신청 당시 제출된 설계도서를 보관하고 있다면 이에 대하여 정보공개를 청구(제주지방법원 2022. 1. 11. 선고 2021구합5516판결 참조)할 수 있습니다.

복리시설도 수직증축할 수 있나요?

법제처는 입주자 공유가 아닌 복리시설(유치원)의 수직증축이 가능한지 여부와 관련하여, '증축'의 개념에는 수평증축뿐만 아니라 수직증축도 포함되며, 기존건축물 연면적 합계의 10분의 1 범위 등 요건을 충족하는 경우 가능하다는 입장입니다(법제처 2014. 9. 5. 자 법령해석, 안건번호 14-0405).

제78조 (증축형 리모델링의 안전진단)

① 법 제68조 제2항에서 "대통령령으로 정하는 기관"이란 다음 각 호의 어느 하나에 해당하는 기관을 말한다.

1. 「시설물의 안전 및 유지관리에 관한 특별법」 제28조에 따라 등록한 안전진단전문기관(이하 "안전진단전문기관"이라 한다)
2. 「국토안전관리원법」에 따른 국토안전관리원(이하 "국토안전관리원"이라 한다)
3. 「과학기술분야 정부출연연구기관 등의 설립·운영 및 육성에 관한 법률」 제8조에 따른 한국건설기술연구원(이하 "한국건설기술연구원"이라 한다)

② 시장·군수·구청장은 법 제68조 제2항에 따른 안전진단을 실시한 기관에 같은 조 제4항에 따른 안전진단을 의뢰해서는 아니 된다. 다만, 다음 각 호의 어느 하나에 해당하는 경우에는 그러하지 아니하다.

1. 법 제68조 제2항에 따라 안전진단을 실시한 기관이 국토안전관리원 또는 한국건설기술연구원인 경우

2차 안전진단은 어디에 요청해야 하는 것인가요?

조합의 요청으로 이루어지는 1차 안전진단과는 달리 2차 안전진단은 시장·군수·구청장이 직접 기관에 의뢰하게 되며, 원칙적으로 1차 안전진단을 실시한 기관과 다른 곳이어야 하나 예외가 인정되는 경우가 있습니다.

2. 법 제68조 제4항에 따른 안전진단 의뢰(2회 이상 「지방자치단체를 당사자로 하는 계약에 관한 법률」 제9조 제1항 또는 제2항에 따라 입찰에 부치거나 수의계약을 시도하는 경우로 한정한다)에 응하는 기관이 없는 경우

③ 법 제68조 제5항에 따라 안전진단전문기관으로부터 안전진단 결과보고서를 제출받은 시장·군수·구청장은 필요하다고 인정하는 경우에는 제출받은 날부터 7일 이내에 국토안전관리원 또는 한국건설기술연구원에 안전진단 결과보고서의 적정성에 대한 검토를 의뢰할 수 있다.

제79조 (전문기관의 안전성 검토 등)

① 법 제69조 제1항에서 "대통령령으로 정하는 전문기관"이란 국토안전관리원 또는 한국건설기술연구원을 말한다.

② 법 제69조 제3항에서 "대통령령으로 정하는 기간"이란 같은 조 제1항 또는 제2항에 따라 안전성 검토(이하 이 조에서 "검토"라 한다)를 의뢰받은 날부터 30일을 말한다. 다만, 검토 의뢰를 받은 전문기관이 부득이하게 검토기간의 연장이 필요하다고 인정하여 20일의 범위에서 그 기간을 연장(한 차례로 한정한다)한 경우에는 그 연장된 기간을 포함한 기간을 말한다.

③ 검토 의뢰를 받은 전문기관은 검토 의뢰 서류에 보완이 필요한 경우에는 일정한 기간을 정하여 보완하게 할 수 있다.

④ 제2항에 따른 기간을 산정할 때 제3항에 따른 보완기간, 공휴일 및 토요일은 산정대상에서 제외한다.

[주택법 시행규칙]

제29조 (안전진단 결과보고서) 법 제68조 제5항에 따른 안전진단 결과보고서에는 다음 각 호의 사항이 포함되어야 한다.

1. 리모델링 대상 건축물의 증축 가능 여부 및 「도시 및 주거환경정비법」 제2조 제2호 다목에 따른 재건축사업의 시행 여부에 관한 의견
2. 건축물의 구조안전성에 관한 상세 확인 결과 및 구조설계의 변경 필요성(법 제68조 제4항에 따른 안전진단으로 한정한다)

12-1. 설계 및 시공

이 단계에서 조합은 무엇을 해야 할까?

① 앞서 언급한 바와 같이 조합원들에게는 자신이 소유한 세대의 내부 평면 형태가 어떻게 바뀌고 면적이 얼마만큼 늘어나는지가 가장 주된 관심사라고 할 수 있습니다. 때문에 많은 조합들은 미리 설문조사를 통해 라인별, 평형별로 취합된 의견을 반영한 평면 설계를 하고 있는데, 같은 라인은 배관 등의 이유로 동일한 형태가 되어야 합니다.

② 인접해 있는 아파트 단지에서 재건축 또는 리모델링이 진행 중이라면, 시공 과정에서 상호 영향을 줄 가능성이 크다고 할 수 있습니다. 이 중 진동, 소음, 분진 등과 관련한 시공과 관련한 민원에 대하여는 특별한 사정(예컨대 아파트 단지 규모가 현저한 차이가 나는 경우)이 없는 한, 조합 간 합의를 하여 수인범위 내에서는 상호 용인하도록 하는 방식으로 진행하는 것이 좋습니다. 이에 반해 일조권 침해는 일방이 손해를 끼치는 경우에 해당하기에 소송을 통해 시세 하락분을 보전받는 절차를 거치게 됩니다.

③ 구조심의, 굴토심의 관련 용역의 수행은 시공자와의 호흡이 중요하며 건설회사마다 여러 단지에서 합을 맞춰 온 업체가 존재하고 이들 업체와의 협업을 이어나가는 것은 여러모로 효율적이라 볼 수 있습니다. 따라서 착공 이전에 이루어지는 이들 업체의 선정은 조합이 단독으로 하는 것보다 시공자와의 협의를 통해 진행하는 것이 바람직하다고 볼 수 있습니다.

[주택법]

제33조 (주택의 설계 및 시공)

〈벌칙규정 ① : 제98조, 제99조 / 양벌규정 : 제105조〉

〈벌칙규정 ② : 제101조 제1호의2, 제102조 제6호의2 / 양벌규정 : 제105조 제2항〉

① 제15조에 따른 사업계획승인을 받아 건설되는 주택(부대시설과 복리시설을 포함한다. 이하 이 조, 제49조, 제54조 및 제61조에서 같다)을 설계하는 자는 대통령령으로 정하는 설계도서 작성기준에 맞게 설계하여야 한다.

아파트단지가 도로를 사이에 두고 두 블록으로 나누어져 있는데, 지하연결통로를 만들어 두 블록의 지하주차장을 연결하는 것이 가능할까요?

지하연결통로가 필요한 단지의 경우 이러한 설계가 허용된다면 두 블록 간 지하주차장을 공유할 수 있어 주차공간을 효율적으로 이용할 수 있는 것은 물론 경우에 따라 지하주차장 공사비를 절감할 수 있으며, 조경설계에 있어 많은 이점을 누릴 수 있게 됩니다. 공동주택리모델링에서는 2022년 하반기, 광진구에 위치한 자양우성1차아파트리모델링조합이 최초로 관할 행정청인 광진구청과 지하연결통로 설치에 대한 협의를 완료한 바 있기에 해당 사례를 선례로 참고하시면 좋을 것 같습니다.

리모델링을 하면서 복층 방식으로 구조를 변경하는 것이 가능한가요?

소형아파트의 경우 세대 간 내력벽 철거 없이는 앞뒤로 길어지는 터널형 구조가 될 수밖에 없기에 리모델링에 어려움이 많을 수밖에 없습니다. 이를 타개하기 위하여 분당 한솔마을주공5단지에서는 기존 3개 층 중 2번째 층을 절반으로 나누어 1층과 3층이 각각 복층으로 사용하는 설계 구조를 채택하였고, 2022년 2월 성남시의 사업계획승인이 이루어졌습니다. 국토교통부 또한 관련 민원에 대하여, 이러한 방식의 사업 진행이 가능하다는 전제하에 법정된 동의율을 확보하여 권리변동계획을 수립하고 사업계획승인을 받을 수 있으며, 리모델링에 참여하지 않는 구분소유자에 대하여는 매도청구를 진행할 수 있다는 내용으로 회신한 바 있습니다(국토교통부 주택정비과, 2018. 5. 30. 자 민원에 대한 회신 참조).

사업부지에 어린이집이나 유치원을 반드시 설치해야 하나요?

주택 및 복리시설의 설치기준 등에 관하여 정한 '주택건설기준 등에 관한 규정'에 따르면 주택을 건설하는 주택단지 중 2,000세대 이상인 경우 제52조 제1항에 따라 유치원을 건축하여 공급하여야 하고, 300세대 이상인 경우 제55조의2 제3항 제2호에 따라 어린이집을 포함한 주민공동시설을 설치하여야 합니다.

예전 아파트들은 지진에 취약한가요?

내진설계기준이 법제화된 1988년 이전에 지어진 건물은 대다수 지진에 취약할 수밖에 없으며, 내진기준이 강화된(규모 6.0 대비) 1995년 이전에 준공된 아파트들 역시 최근 신축된 아파트들에 비해서는(현재는 규모 6.0~6.5 대비) 상대적으로 안전성이 떨어진다고 볼 수 있습니다. 리모델링이 이루어지는 경우 신축과 동일하게 최신 기준을 적용한 시공이 이루어지기 때문에 이러한 문제는 해결될 수 있습니다.

왜 같은 평수인데 구축 아파트보다 신축 아파트 내부가 더 넓게 느껴지는 것인가요?

1998년 이전에는 아파트 전용면적을 계산할 때 세대 바깥을 둘러싼 외벽 중심선의 수평투영면적을 기준으로 했는데, 1998년 이후에는 외벽의 내부선, 즉 육안으로 확인할 수 있는 벽체 사이의 거리를 기준으로 하는 '안목치수'를 기준으로 하였습니다. 이에 따라 벽체의 두께만큼 면적이 실제로 증가하게 되었고, 여기에 더해 보다 효율적인 내부 설계가 이루어지면서 공간의 활용도가 높아질 수 있게 되었습니다.

② 제1항에 따른 주택을 시공하는 자(이하 "시공자"라 한다)와 사업주체는 설계도서에 맞게 시공하여야 한다.

현재 재건축 공사가 진행 중인 옆 단지에서 소음과 분진이 많이 발생하여 조합원들의 항의가 이어지고 있는데, 어떻게 대응해야 하나요?

재건축, 재개발 또는 리모델링 등 시공 현장에서 발생하는 소음과 분진 등의 정도가 수인한도를 초과하는 경우 손해배상청구권이 발생하게 되고, 소송의 제기, 중앙환경분쟁조정위원회의 재정 신청 등을 통해 이를 행사할 수 있습니다. 이 때 손해배상청구권을 향유하는 주체는 인접해 있는 아파트의 입주자들이기에, 입주자대표회의에서 설명회를 개최하며 홍보하는 경우도 있긴 하지만 채권양도나 권한의 위임 등 별도의 절차를 진행한 바 없는 경우라면 입주자대표회의 또는 리모델링조합은 해당 소송이나 신청의 당사자가 될 수 없습니다.

무엇보다 중요한 것은 배상절차는 상호주의(相互主義)에 입각하여 진행해야 한다는 것입니다. 즉, 먼저 공사가 이루어지고 있는 옆 단지에 클레임을 걸 경우 향후 귀하의 단지에서 공사가 이루어질 때 배상청구가 들어오게 될 것이 자명하기에, 수인한도를 현저하게 초과하는 피해의 발생과 같은 특별한 사정이 없는 한 소음과 분진 또는 진동과 관련하여서는 협약을 체결하여 서로 이에 대하여 수인하기로 하는 방안을 우선적으로 고려해야 하는 것입니다. 다만 일조권 침해의 경우 협의로 마무리하기 어려운 측면이 있기에 궤를 달리하며, 변호사의 자문을 받고 향방을 정하셔야 할 것입니다.

리모델링에도 건축법상 일조권 조항이 적용되는 것인가요?

건축법 제61조, 동법 시행령 제86조에 따른 정북방향 일조권 관련 제한은 리모델링에도 적용이 되며, 이는 설계 시 반드시 고려되어야 하는 부분입니다. 용적율, 건폐율과 같이 제한이 완화될 수 있는 영역이 아니며, 필연적으로 세대수 증가와 사업성에 영향을 미치는 요소로 작용하기에, 반드시 조합설립 추진단계부터 설계업체의 조력을 받아 파악해야 하는 부분이라고 할 수 있습니다.

복층구조의 설계는 어떠한 방식으로 이루어지나요?

2bay 아파트의 경우 끝쪽 세대를 제외하고는 3bay로 늘리는 것이 어렵기에 복층형태의 설계가 대안이 될 수 있으며, 실제로 이렇게 리모델링을 진행한 단지도 존재합니다. 복층형태의 설계는 3개 층을 기준으로 가운데 세대를 반으로 나누어 1층 세대와 3층 세대가 각각 가운데 세대의 절반씩을 복층으로 소유하고, 가운데 세대는 별동 또는 증축되는 세대로 이동하는 것입니다.

내력벽 철거가 안 된다고 하는데, 그렇다면 내부 구조 변경에는 한계가 있는 것이 아닌가요?

내력벽은 옆 세대와의 경계가 되는 '세대 간 내력벽'과 세대 내 공간을 구획하는 '세대 내 내력벽'이 있는데, 주택법 시행령 제75조 제1항, 별표 4에서 금지하고 있는 '내력벽의 철거에 의하여 세대를 합치는 행위'는 '세대 간 내력벽'에만 적용되는 것이기에 '세대 내 내력벽'은 변경이 가능합니다.

제34조 (주택건설공사의 시공 제한 등)

〈벌칙규정 : 제102조 제7호 / 양벌규정 : 제105조 제2항〉

① 제15조에 따른 사업계획승인을 받은 주택의 건설공사는 「건설산업기본법」 제9조에 따른 건설사업자로서 대통령령으로 정하는 자 또는 제7조에 따라 건설사업자로 간주하는 등록사업자가 아니면 이를 시공할 수 없다.

② 공동주택의 방수·위생 및 냉난방 설비공사는 「건설산업기본법」 제9조에 따른 건설사업자로서 대통령령으로 정하는 자(특정열사용기자재를 설치·시공하는 경우에는 「에너지이용 합리화법」에 따른 시공업자를 말한다)가 아니면 이를 시공할 수 없다.

제35조 (주택건설기준 등)

〈벌칙규정 : 제102조 제8호 / 양벌규정 제105조 제2항〉

① 사업주체가 건설·공급하는 주택의 건설 등에 관한 다음 각 호의 기준(이하 "주택건설기준등"이라 한다)은 대통령령으로 정한다.

1. 주택 및 시설의 배치, 주택과의 복합건축 등에 관한 주택건설기준
2. 세대 간의 경계벽, 바닥충격음 차단구조, 구조내력(構造耐力) 등 주택의 구조·설비기준
3. 부대시설의 설치기준
4. 복리시설의 설치기준
5. 대지조성기준
6. 주택의 규모 및 규모별 건설비율

② 지방자치단체는 그 지역의 특성, 주택의 규모 등을 고려하여 주택건설기준등의 범위에서 조례로 구체적인 기준을 정할 수 있다.

③ 사업주체는 제1항의 주택건설기준등 및 제2항의 기준에 따라 주택건설사업 또는 대지조성사업을 시행하여야 한다.

제37조 (에너지절약형 친환경주택 등의 건설기준)

① 사업주체가 제15조에 따른 사업계획승인을 받아 주택을 건설하려는 경우에는 에너지 고효율 설비기술 및 자재 적용 등 대통령령으로 정하는 바에 따라 에너지절약형 친환경주택으로 건설하여야 한다. 이 경우 사업주체는 제15조에 따른 서류에 에너지절약형 친환경주택 건설기준 적용 현황 등 대통령령으로 정하는 서류를 첨부하여야 한다.

② 사업주체가 대통령령으로 정하는 호수 이상의 주택을 건설하려는 경우에는 친환경 건축자재 사용 등 대통령령으로 정하는 바에 따라 건강친화형 주택으로 건설하여야 한다.

리모델링의 경우에도 에너지절약형 친환경주택 조건이 일괄 적용되는 것인가요?

주택건설기준등에 관한 규정 제7조 제12항 제1호에 따라, 공동주택 리모델링에는 동 규정 제64조의 에너지절약형 친환경주택 관련 규정이 적용되지 않기에 의무사항이 아닙니다.

제38조 (장수명 주택의 건설기준 및 인증제도 등)

① 국토교통부장관은 장수명 주택의 건설기준을 정하여 고시할 수 있다.

② 국토교통부장관은 장수명 주택의 공급 활성화를 유도하기 위하여 제1항의 건설기준에 따라 장수명 주택 인증제도를 시행할 수 있다.

③ 사업주체가 대통령령으로 정하는 호수 이상의 주택을 공급하고자 하는 때에는 제2항의 인증제도에 따라 대통령령으로 정하는 기준 이상의 등급을 인정받아야 한다.

④ 국가, 지방자치단체 및 공공기관의 장은 장수명 주택을 공급하는 사업주체 및 장수명 주택 취득자에게 법률 등에서 정하는 바에 따라 행정상·세제상의 지원을 할 수 있다.

⑤ 국토교통부장관은 제2항의 인증제도를 시행하기 위하여 인증기관을 지정하고 관련 업무를 위탁할 수 있다.

⑥ 제2항의 인증제도의 운영과 관련하여 인증기준, 인증절차, 수수료 등은 국토교통부령으로 정한다.

⑦ 제2항의 인증제도에 따라 국토교통부령으로 정하는 기준 이상의 등급을 인정받은 경우 「국토의 계획 및 이용에 관한 법률」에도 불구하고 대통령령으로 정하는 범위에서 건폐율·용적률·높이제한을 완화할 수 있다.

제39조 (공동주택성능등급의 표시)

〈벌칙규정 : 제102조 제9호 / 양벌규정 제105조 제2항〉

사업주체가 대통령령으로 정하는 호수 이상의 공동주택을 공급할 때에는 주택의 성능 및 품질을 입주자가 알 수 있도록 「녹색건축물 조성 지원법」에 따라 다음 각 호의 공동주택성능에 대한 등급을 발급받아 국토교통부령으로 정하는 방법으로 입주자 모집공고에 표시하여야 한다.

1. 경량충격음·중량충격음·화장실소음·경계소음 등 소음 관련 등급
2. 리모델링 등에 대비한 가변성 및 수리 용이성 등 구조 관련 등급
3. 조경·일조확보율·실내공기질·에너지절약 등 환경 관련 등급
4. 커뮤니티시설, 사회적 약자 배려, 홈네트워크, 방범안전 등 생활환경 관련 등급

5. 화재·소방·피난안전 등 화재·소방 관련 등급

제40조 (환기시설의 설치 등)

〈벌칙규정 : 제102조 제10호 / 양벌규정 제105조 제2항〉

사업주체는 공동주택의 실내 공기의 원활한 환기를 위하여 대통령령으로 정하는 기준에 따라 환기시설을 설치하여야 한다.

제43조 (주택의 감리자 지정 등)

〈벌칙규정 : 제98조, 제99조 / 양벌규정 제105조〉

① 사업계획승인권자가 제15조 제1항 또는 제3항에 따른 주택건설사업계획을 승인하였을 때와 시장·군수·구청장이 제66조 제1항 또는 제2항에 따른 리모델링의 허가를 하였을 때에는 「건축사법」 또는 「건설기술 진흥법」에 따른 감리자격이 있는 자를 대통령령으로 정하는 바에 따라 해당 주택건설공사의 감리자로 지정하여야 한다. 다만, 사업주체가 국가·지방자치단체·한국토지주택공사·지방공사 또는 대통령령으로 정하는 자인 경우와 「건축법」 제25조에 따라 공사감리를 하는 도시형 생활주택의 경우에는 그러하지 아니하다.

감리계약은 위임인가요 도급인가요?

건설공사감리계약의 성격은 그 감리의 대상이 된 공사의 완성 여부, 진척 정도와는 독립된 별도의 용역을 제공하는 것을 본질적 내용으로 하는 위임계약에 해당한다는 것이 대법원의 입장입니다(대법원 2000. 8. 22. 선고 2000다19342판결). 다만 감리자의 지정이 사업계획승인권자에 의하여 이루어지는 등 그 특수성이 비추어 위임계약에 관한 민법 규정이 그대로 적용되는 것은 아니라 할 것입니다(대법원 2003. 1. 10. 선고 2002다11236판결).

② 사업계획승인권자는 감리자가 감리자의 지정에 관한 서류를 부정 또는 거짓으로 제출하거나, 업무 수행 중 위반 사항이 있음을 알고도 묵인하는 등 대통령령으로 정하는 사유에 해당하는 경우에는 감리자를 교체하고, 그 감리자에 대하여는 1년의 범위에서 감리업무의 지정을 제한할 수 있다.

③ 사업주체(제66조 제1항 또는 제2항에 따른 리모델링의 허가만 받은 자도 포함한다. 이하 이 조, 제44조 및 제47조에서 같다)와 감리자 간의 책임 내용 및 범위는 이 법에서 규정한 것 외에는 당사자 간의 계약으로 정한다.

④ 국토교통부장관은 제3항에 따른 계약을 체결할 때 사업주체와 감리자 간에 공정하게 계약이 체결되도록 하기 위하여 감리용역표준계약서를 정하여 보급할 수 있다.

감리자의 업무 범위는 어떠한가요?

당해 공사가 설계도서 기타 관계 서류의 내용에 따라 적합하게 시공되는지, 시공자가 사용하는 건축자재가 관계 법령에 의한 기준에 적합한 건축자재인지 여부를 확인하는 것 이외에도, 설계도서가 당해 지형 등에 적합한지를 검토하고 시공계획이 재해의 예방, 시공상의 안전관리를 위하여 문제가 없는지 여부를 검토, 확인하여 설계변경 등의 필요 여부를 판단한 다음, 만약 그 위반사항이나 문제점을 발견한 때에는 지체 없이 시공자 및 발주자에게 이를 시정하도록 통지함으로써, 품질관리·공사관리 및 안전관리 등에 대한 기술지도를 하고, 발주자의 위탁에 의하여 관계 법령에 따라 발주자로서의 감독권한을 대행하여야 할 책임과 의무가 있다 할 것입니다.

만약 이에 위반하여 제3자에게 손해를 입히는 경우 이를 배상할 책임까지 부담할 수 있는데, 공사현장의 지형에 비추어 보아 그 설계가 시공 과정에서 뒤편 옹벽 위에 건설된 아파트의 기초에 영향을 미쳐 위험을 초래할 염려는 없는지 여부를 검토하여 설계 또는 시공방법을 변경할 필요는 없는지 여부를 판단하고 이를 시공자와 발주자에게 통지할 책임과 의무가 인정되는 경우, 실제로 옹벽 위 아파트에 균열이 발생하게 되었다면 감리자는 그로 인한 손해 전부에 대하여 배상책임이 있다고 판단한 사례가 있습니다(대법원 2001. 9. 7. 선고 99다70365판결).

제44조 (감리자의 업무 등)

〈벌칙규정 : 제98조, 제99조 / 양벌규정 제105조〉

〈제1항 ⇒ 벌칙규정 : 제102조 제11호, 제104조 제6호 / 양벌규정 : 제105조 제2항〉

① 감리자는 자기에게 소속된 자를 대통령령으로 정하는 바에 따라 감리원으로 배치하고, 다음 각 호의 업무를 수행하여야 한다.

1. 시공자가 설계도서에 맞게 시공하는지 여부의 확인
2. 시공자가 사용하는 건축자재가 관계 법령에 따른 기준에 맞는 건축자재인지 여부의 확인
3. 주택건설공사에 대하여 「건설기술 진흥법」 제55조에 따른 품질시험을 하였는지 여부의 확인
4. 시공자가 사용하는 마감자재 및 제품이 제54조 제3항에 따라 사업주체가 시장·군수·구청장에게 제출한 마감자재 목록표 및 영상물 등과 동일한지 여부의 확인
5. 그 밖에 주택건설공사의 시공감리에 관한 사항으로서 대통령령으로 정하는 사항

〈제2항 ⇒ 과태료규정 : 제106조 제3항 제3호〉

② 감리자는 제1항 각 호에 따른 업무의 수행 상황을 국토교통부령으로 정하는 바에 따라 사업계획승인권자(제66조 제1항 또는 제2항에 따른 리모델링의 허가만 받은 경우는 허가권자를 말한다. 이하 이 조, 제45조, 제47조 및 제48조에서 같다) 및 사업주체에게 보고하여야 한다.

〈제3항 ⇒ 과태료규정 : 제106조 제3항 제3호의2〉

③ 감리자는 제1항 각 호의 업무를 수행하면서 위반 사항을 발견하였을 때에는 지체 없이 시공자 및 사업주체에게 위반 사항을 시정할 것을 통지하고, 7일 이내에 사업계획승인권자에게 그 내용을 보고하여야 한다.

〈제4항 ⇒ 벌칙규정 : 제104조 제7호 / 양벌규정 : 제105조 제2항〉

④ 시공자 및 사업주체는 제3항에 따른 시정 통지를 받은 경우에는 즉시 해당 공사를 중지하고 위반 사항을 시정한 후 감리자의 확인을 받아야 한다. 이 경우 감리자의 시정 통지에 이의가 있을 때에는 즉시 그 공사를 중지하고 사업계획승인권자에게 서면으로 이의신청을 할 수 있다.

⑤ 제43조 제1항에 따른 감리자의 지정 방법 및 절차와 제4항에 따른 이의신청의 처리 등에 필요한 사항은 대통령령으로 정

한다.

⑥ 사업주체는 제43조 제3항의 계약에 따른 공사감리비를 국토교통부령으로 정하는 바에 따라 사업계획승인권자에게 예치하여야 한다.

⑦ 사업계획승인권자는 제6항에 따라 예치받은 공사감리비를 감리자에게 국토교통부령으로 정하는 절차 등에 따라 지급하여야 한다.

제46조 (건축구조기술사와의 협력)

〈벌칙규정 : 제98조, 제99조 / 양벌규정 제105조〉

〈제1항 ⇒ 벌칙규정 : 제104조 제8호 / 양벌규정 : 제105조 제2항 / 과태료규정 : 제106조 제2항 제5호〉

① 수직증축형 리모델링(세대수가 증가되지 아니하는 리모델링을 포함한다. 이하 같다)의 감리자는 감리업무 수행 중에 다음 각 호의 어느 하나에 해당하는 사항이 확인된 경우에는 「국가기술자격법」에 따른 건축구조기술사(해당 건축물의 리모델링 구조설계를 담당한 자를 말하며, 이하 "건축구조기술사"라 한다)의 협력을 받아야 한다. 다만, 구조설계를 담당한 건축구조기술사가 사망하는 등 대통령령으로 정하는 사유로 감리자가 협력을 받을 수 없는 경우에는 대통령령으로 정하는 건축구조기술사의 협력을 받아야 한다.

1. 수직증축형 리모델링허가 시 제출한 구조도 또는 구조계산서와 다르게 시공하고자 하는 경우
2. 내력벽(耐力壁), 기둥, 바닥, 보 등 건축물의 주요 구조부에 대하여 수직증축형 리모델링허가 시 제출한 도면보다 상세한 도면 작성이 필요한 경우
3. 내력벽, 기둥, 바닥, 보 등 건축물의 주요 구조부의 철거 또는 보강 공사를 하는 경우로서 국토교통부령으로 정하는 경우
4. 그 밖에 건축물의 구조에 영향을 미치는 사항으로서 국토교통부령으로 정하는 경우

② 제1항에 따라 감리자에게 협력한 건축구조기술사는 분기별 감리보고서 및 최종 감리보고서에 감리자와 함께 서명날인하여야 한다.

③ 제1항에 따라 협력을 요청받은 건축구조기술사는 독립되고 공정한 입장에서 성실하게 업무를 수행하여야 한다.

④ 수직증축형 리모델링을 하려는 자는 제1항에 따라 감리자에게 협력한 건축구조기술사에게 적정한 대가를 지급하여야 한다.

제97조 (벌칙 적용에서 공무원 의제) 다음 각 호의 어느 하나에 해당하는 자는 「형법」 제129조부터 제132조까지의 규정을 적용할 때에는 공무원으로 본다.

1. 제44조 및 제45조에 따라 감리업무를 수행하는 자

[주택법 시행령]

제11조 (에너지절약형 친환경주택의 건설기준 및 종류·범위) 법 제2조 제21호에 따른 에너지절약형 친환경주택의 종류·범위 및 건설기준은 「주택건설기준 등에 관한 규정」으로 정한다.

제12조 (건강친화형 주택의 건설기준) 법 제2조 제22호에 따른 건강친화형 주택의 건설기준은 「주택건설기준 등에 관한 규정」으로 정한다.

제43조 (주택의 설계 및 시공)

① 법 제33조 제1항에서 "대통령령으로 정하는 설계도서 작성기준"이란 다음 각 호의 요건을 말한다.

1. 설계도서는 설계도·시방서(示方書)·구조계산서·수량산출서·품질관리계획서 등으로 구분하여 작성할 것
2. 설계도 및 시방서에는 건축물의 규모와 설비·재료·공사방법 등을 적을 것
3. 설계도·시방서·구조계산서는 상호 보완관계를 유지할 수 있도록 작성할 것
4. 품질관리계획서에는 설계도 및 시방서에 따른 품질 확보를 위하여 필요한 사항을 정할 것

② 국토교통부장관은 제1항 각 호의 요건에 관한 세부기준을 정하여 고시할 수 있다.

제44조 (주택건설공사의 시공 제한 등)

① 법 제34조 제1항에서 "대통령령으로 정하는 자"란 「건설산업기본법」 제9조에 따라 건설업(건축공사업 또는 토목건축공사업만 해당한다)의 등록을 한 자를 말한다.

② 법 제34조 제2항에서 "대통령령으로 정하는 자"란 「건설산업기본법」 제9조에 따라 다음 각 호의 어느 하나에 해당하는 건설업의 등록을 한 자를 말한다.

1. 방수설비공사 : 도장·습식·방수·석공사업
2. 위생설비공사 : 기계가스설비공사업
3. 냉·난방설비공사 : 기계가스설비공사업 또는 가스난방공사업[가스난방공사업 중 난방공사(제1종·제2종 또는 제3종)를 말하며, 난방설비공사로 한정한다]

제45조 (주택건설기준 등에 관한 규정) 다음 각 호의 사항은 「주택건설기준 등에 관한 규정」으로 정한다.

1. 법 제35조 제1항 제1호에 따른 주택 및 시설의 배치, 주택과의 복합건축 등에 관한 주택건설기준
2. 법 제35조 제1항 제2호에 따른 주택의 구조·설비기준
3. 법 제35조 제1항 제3호에 따른 부대시설의 설치기준
4. 법 제35조 제1항 제4호에 따른 복리시설의 설치기준

유치원, 어린이집 설치는 필수인 것인가요?

2천세대 이상의 주택을 건설하는 경우 유치원을 설치할 수 있는 대지를 확보하여 분양 또는 공급해야 하고, 당해 주택단지로부터 일정 거리 내에 유치원 등의 시설이 있는 경우에는 예외가 인정될 수 있습니다(주택건설기준 등에 관한 규정 제52조). 한편 300세대 이상의 주택을 건설하는 경우에는 어린이집을 설치하여야 하나, 인근 지역의 시설설치 현황 등을 고려할 때 사업계획승인권자가 필요 없다고 인정하는 경우에는 예외가 인정될 수 있습니다(동 규정 제55조의2).

기존 유치원의 위치를 다른 곳으로 이전시킬 수 있을까요?

① 주택법은 '리모델링'을 대수선 또는 공동주택의 증축으로 규정하면서 별동 증축의 개념을 포함시키고 있고, ② 건축법령의 '리모델링'에는 건축물을 해체하고 종전과 같은 규모의 범위에서 건축물을 다시 축조하는 '개축'의 개념이 포함되어 있습니다. 이를 종합하면, 공동주택의 증축에 부수하여 이루어지는 복리시설의 개축에 대한 명시적인 제한은 존재하지 않는다 할 수 있습니다. 한편 대부분의 지자체별 공동주택 리모델링 기본계획에는 노후화된 상가 및 주민이용시설의 철거 후 별동증축이나 부대복리시설의 신설에 대한 가이드라인을 정하고 있다는 점까지 고려한다면, 기존 유치원을 철거하고 다른 위치에 신축하는 것은 가능하다고 할 것입니다(상가에 대한 것으로, 국토교통부 주택정비과 2020. 10. 26. 자 민원에 대한 회신 및 서울동부지방법원 2022. 12. 16. 자 2022카합10213 결정 참조). 다만 해당 구역에서 동일한 선례가 존재하지 않는 경우 인허가가 지체될 수 있으므로, 미리 관할 행정청과 선제적으로 의논 및 협의를 진행하여 이러한 리스크를 최소화할 필요가 있습니다.

5. 법 제35조 제1항 제5호에 따른 대지조성기준
6. 법 제36조에 따른 도시형 생활주택의 건설기준
7. 법 제37조에 따른 에너지절약형 친환경주택 등의 건설기준
8. 법 제38조에 따른 장수명 주택의 건설기준 및 인증제도
9. 법 제39조에 따른 공동주택성능등급의 표시
10. 법 제40조에 따른 환기시설 설치기준
11. 법 제41조에 따른 바닥충격음 성능등급 인정
12. 법 제42조에 따른 소음방지대책 수립에 필요한 실외소음도와 실외소음도를 측정하는 기준, 실외소음도 측정기관의 지정 요건 및 측정에 소요되는 수수료 등 실외소음도 측정에 필요한 사항

리모델링의 경우 소음방지대책을 무조건 수립해야 하는 것인가요?

주택건설기준 등에 관한 규정 제7조 제12항에 따라 세대 수가 증가하는 리모델링의 경우 소음방지대책의 수립은 수평증축의 경우에는 적용되지 않고, 수직증축이나 별동증축이 이루어지는 경우에 한하여 적용됩니다. 한편 동 규정상 내화구조, 바닥구조, 경계벽, 승강기에 대한 기준도 수직증축, 별동증축(승강기의 경우 별동증축에만 국한)의 경우에만 적용됩니다.

제46조 (주택의 규모별 건설 비율)

① 국토교통부장관은 적정한 주택수급을 위하여 필요하다고 인정하는 경우에는 법 제35조 제1항 제6호에 따라 사업주체가 건설하는 주택의 75퍼센트(법 제5조 제2항 및 제3항에 따른 주택조합이나 고용자가 건설하는 주택은 100퍼센트) 이하의 범위에서 일정 비율 이상을 국민주택규모로 건설하게 할 수 있다.

② 제1항에 따른 국민주택규모 주택의 건설 비율은 주택단지별 사업계획에 적용한다.

제47조 (감리자의 지정 및 감리원의 배치 등)

① 법 제43조 제1항 본문에 따라 사업계획승인권자는 다음 각 호의 구분에 따른 자를 주택건설공사의 감리자로 지정하여야 한다. 이 경우 인접한 둘 이상의 주택단지에 대해서는 감리자를 공동으로 지정할 수 있다.

1. 300세대 미만의 주택건설공사 : 다음 각 목의 어느 하나에 해당하는 자[해당 주택건설공사를 시공하는 자의 계열회사(「독점규제 및 공정거래에 관한 법률」 제2조 제3호에 따른 계열회사를 말한다)는 제외한다. 이하 제2호에서 같다]
   가. 「건축사법」 제23조 제1항에 따라 건축사사무소개설신고를 한 자
   나. 「건설기술 진흥법」 제26조 제1항에 따라 등록한 건설엔지니어링사업자
2. 300세대 이상의 주택건설공사 : 「건설기술 진흥법」 제26조 제1항에 따라 등록한 건설엔지니어링사업자

② 국토교통부장관은 제1항에 따른 지정에 필요한 다음 각 호의 사항에 관한 세부적인 기준을 정하여 고시할 수 있다.

1. 지정 신청에 필요한 제출서류
2. 다른 신청인에 대한 제출서류 공개 및 그 제출서류 내용의 타당성에 대한 이의신청 절차
3. 그 밖에 지정에 필요한 사항

③ 사업계획승인권자는 제2항 제1호에 따른 제출서류의 내용을 확인하기 위하여 필요하면 관계 기관의 장에게 사실 조회를 요청할 수 있다.

④ 제1항에 따라 지정된 감리자는 다음 각 호의 기준에 따라 감리원을 배치하여 감리를 하여야 한다.

1. 국토교통부령으로 정하는 감리자격이 있는 자를 공사현장에 상주시켜 감리할 것
2. 국토교통부장관이 정하여 고시하는 바에 따라 공사에 대한 감리업무를 총괄하는 총괄감리원 1명과 공사분야별 감리원을 각각 배치할 것
3. 총괄감리원은 주택건설공사 전기간(全期間)에 걸쳐 배치하고, 공사분야별 감리원은 해당 공사의 기간 동안 배치할 것
4. 감리원을 해당 주택건설공사 외의 건설공사에 중복하여 배치하지 아니할 것

⑤ 감리자는 법 제16조 제2항에 따라 착공신고를 하거나 감리업무의 범위에 속하는 각종 시험 및 자재확인 등을 하는 경우에는 서명 또는 날인을 하여야 한다.

⑥ 주택건설공사에 대한 감리는 법 또는 이 영에서 정하는 사항 외에는 「건축사법」 또는 「건설기술 진흥법」에서 정하는 바에 따른다.

제48조 (감리자의 교체)

① 법 제43조 제2항에서 "업무 수행 중 위반 사항이 있음을 알고도 묵인하는 등 대통령령으로 정하는 사유에 해당하는 경우"란 다음 각 호의 어느 하나에 해당하는 경우를 말한다.

1. 감리업무 수행 중 발견한 위반 사항을 묵인한 경우
2. 법 제44조 제4항 후단에 따른 이의신청 결과 같은 조 제3항에 따른 시정 통지가 3회 이상 잘못된 것으로 판정된 경우

3. 공사기간 중 공사현장에 1개월 이상 감리원을 상주시키지 아니한 경우. 이 경우 기간 계산은 제47조 제4항에 따라 감리원별로 상주시켜야 할 기간에 각 감리원이 상주하지 아니한 기간을 합산한다.

4. 감리자 지정에 관한 서류를 거짓이나 그 밖의 부정한 방법으로 작성·제출한 경우

5. 감리자 스스로 감리업무 수행의 포기 의사를 밝힌 경우

② 사업계획승인권자는 법 제43조 제2항에 따라 감리자를 교체하려는 경우에는 해당 감리자 및 시공자·사업주체의 의견을 들어야 한다.

③ 사업계획승인권자는 제1항 제5호에도 불구하고 감리자가 다음 각 호의 사유로 감리업무 수행을 포기한 경우에는 그 감리자에 대하여 법 제43조 제2항에 따른 감리업무 지정제한을 하여서는 아니 된다.

1. 사업주체의 부도·파산 등으로 인한 공사 중단

2. 1년 이상의 착공 지연

3. 그 밖에 천재지변 등 부득이한 사유

제49조 (감리자의 업무)

① 법 제44조 제1항 제5호에서 "대통령령으로 정하는 사항"이란 다음 각 호의 업무를 말한다.

1. 설계도서가 해당 지형 등에 적합한지에 대한 확인

2. 설계변경에 관한 적정성 확인

3. 시공계획·예정공정표 및 시공도면 등의 검토·확인

4. 국토교통부령으로 정하는 주요 공정이 예정공정표대로 완료되었는지 여부의 확인

5. 예정공정표보다 공사가 지연된 경우 대책의 검토 및 이행 여부의 확인

6. 방수·방음·단열시공의 적정성 확보, 재해의 예방, 시공상의 안전관리 및 그 밖에 건축공사의 질적 향상을 위하여 국토교통부장관이 정하여 고시하는 사항에 대한 검토·확인

② 국토교통부장관은 주택건설공사의 시공감리에 관한 세부적인 기준을 정하여 고시할 수 있다.

제50조 (이의신청의 처리) 사업계획승인권자는 법 제44조 제4항 후단에 따른 이의신청을 받은 경우에는 이의신청을 받은 날부터 10일 이내에 처리 결과를 회신하여야 한다. 이 경우 감리자에게도 그 결과를 통보하여야 한다.

제52조 (건축구조기술사와의 협력)

① 법 제46조 제1항 각 호 외의 부분 단서에서 "구조설계를 담당한 건축구조기술사가 사망하는 등 대통령령으로 정하는 사유로 감리자가 협력을 받을 수 없는 경우"란 다음 각 호의 어느 하나에 해당하는 경우를 말한다.

1. 구조설계를 담당한 건축구조기술사(「국가기술자격법」에 따른 건축구조기술사로서 해당 건축물의 리모델링을 담당한 자를 말한다. 이하 같다)의 사망 또는 실종으로 감리자가 협력을 받을 수 없는 경우

2. 구조설계를 담당한 건축구조기술사의 해외 체류, 장기 입원 등으로 감리자가 즉시 협력을 받을 수 없는 경우

3. 구조설계를 담당한 건축구조기술사가 「국가기술자격법」에 따라 국가기술자격이 취소되거나 정지되어 감리자가 협력을 받을 수 없는 경우

② 법 제46조 제1항 각 호 외의 부분 단서에서 "대통령령으로 정하는 건축구조기술사"란 리모델링주택조합 등 리모델링을 하는 자(이하 이 조에서 "리모델링주택조합등"이라 한다)가 추천하는 건축구조기술사를 말한다.

③ 수직증축형 리모델링(세대수가 증가하지 아니하는 리모델링을 포함한다)의 감리자는 구조설계를 담당한 건축구조기술사가 제1항 각 호의 어느 하나에 해당하게 된 경우에는 지체 없이 리모델링주택조합등에 건축구조기술사 추천을 의뢰하여야 한다. 이 경우 추천의뢰를 받은 리모델링주택조합등은 지체 없이 건축구조기술사를 추천하여야 한다.

제52조의2 (사업주체 등에 대한 감리자의 통보 등)

① 감리자는 감리업무 수행을 위하여 필요한 경우에는 주택건설공사의 수급인(하수급인을 포함한다. 이하 이 조에서 같다)에게 다음 각 호의 자료의 제공을 요청할 수 있다.

1. 수급인의 시공자격에 관한 자료
2. 수급인의 건설기술인 배치에 관한 자료

② 감리자는 감리업무 수행 중 다음 각 호의 사실을 확인한 때에는 이를 사업주체 또는 사업계획승인권자에게 통보할 수 있다.

1. 주택건설공사의 수급인이 「건설산업기본법」 제16조에 따른 시공자격을 갖추지 못한 건설사업자에게 주택건설공사를 하도급한 사실
2. 주택건설공사의 수급인이 「건설산업기본법」 제40조 제1항에 따라 공사현장에 건설기술인을 배치하지 않은 사실

[주택법 시행규칙]

제2조 (주거전용면적의 산정방법) 「주택법」(이하 "법"이라 한다) 제2조 제6호 후단에 따른 주거전용면적(주거의 용도로만 쓰이는 면적을 말한다. 이하 같다)의 산정방법은 다음 각 호의 기준에 따른다.

2. 공동주택의 경우 : 외벽의 내부선을 기준으로 산정한 면적. 다만, 2세대 이상이 공동으로 사용하는 부분으로서 다음 각 목의 어느 하나에 해당하는 공용면적은 제외하며, 이 경우 바닥면적에서 주거전용면적을 제외하고 남는 외벽면적은 공용면적에 가산한다.
   가. 복도, 계단, 현관 등 공동주택의 지상층에 있는 공용면적
   나. 가목의 공용면적을 제외한 지하층, 관리사무소 등 그 밖의 공용면적

세대면적? 공급면적? 전용면적? 실평수? 용어가 헷갈립니다.

전용면적은 독립적·배타적 사용 공간으로 안방, 거실, 침실, 주방 및 화장실 등 현관문 안쪽 공간의 면적을 의미하며, 아파트 분양광고에서 쉽게 볼 수 있는 '59㎡', '84㎡'와 같은 표현이 여기에 해당합니다. 공용면적은 주거공용면적과 기타공용면적으로 나누어지는데, 주거공용면적은 계단과 복도, 엘리베이터, 중앙현관 등 같은 동이나 라인 주민들과 공동으로 사용하는 공간을, 기타공용면적은 단지 내에서 주민 전체가 공동으로 사용하는 지하주차장, 관리사무소, 노인정, 커뮤니티시설 등의 공간을 뜻합니다. 전용면적과 주거공용면적을 더한 것이 분양면적이며, 세대면적이나 공급면적 모두 분양면적과 같은 의미로서 아파트 크기를 언급하거나 가격이 평당 얼마라고 할 때 기준이 되는 것이 바로 분양면적(= 공급면적, 세대면적)이라고 기억하시면 됩니다.

한편 발코니는 전용면적에 포함되지 않는 (시공자가 제공하는) 서비스면적에 해당하는데, 건축법 시행령 제2조 제14호에 따라 발코니는 거실, 침실, 창고 등(전용면적)으로 변환하여 사용할 수 있습니다. 발코니 확장은 보통 시

공자와의 공사도급계약서에서 유상 옵션으로 들어가고 있으며, 전용면적 증가율이 상당하기 때문에 조합원들은 대다수 이를 선택하고 있습니다. 전용면적과 서비스면적을 합한 것이 실면적 또는 실평수에 해당합니다.

분양면적에 기타공용면적을 더한 것이 계약면적이며, 시공자에게 지급하는 공사비는 공사비 단가에 계약면적을 곱하여 계산하게 됩니다.

제17조 (주택건설기준 등에 관한 규정) 다음 각 호의 사항은 「주택건설기준 등에 관한 규칙」으로 정한다.

1. 법 제38조에 따른 장수명 주택의 인증기준·인증절차 및 수수료 등
2. 법 제41조 제2항 제3호에 따른 바닥충격음 성능등급 인정제품의 품질관리기준
3. 법 제51조에 따른 공업화주택의 성능기준·생산기준 및 인정절차
4. 법 제53조 제2항에 따른 기술능력을 갖추고 있는 자

제18조 (감리원의 배치기준 등)

① 영 제47조 제4항 제1호에서 "국토교통부령으로 정하는 감리자격이 있는 자"란 다음 각 호의 구분에 따른 사람을 말한다.

1. 감리업무를 총괄하는 총괄감리원의 경우
   가. 1천세대 미만의 주택건설공사 : 「건설기술 진흥법 시행령」 별표 1 제2호에 따른 건설사업관리 업무를 수행하는 특급기술인 또는 고급기술인. 다만, 300세대 미만의 주택건설공사인 경우에는 다음의 요건을 모두 갖춘 사람을 포함한다.
      1) 「건축사법」에 따른 건축사 또는 건축사보일 것
      2) 「건설기술 진흥법 시행령」 별표 1 제2호에 따른 건설기술인 역량지수에 따라 등급을 산정한 결과 건설사업관리 업무를 수행하는 특급기술인 또는 고급기술인에 준하는 등급에 해당할 것
      3) 「건설기술 진흥법 시행령」 별표 3 제2호나목에 따른 기본교육 및 전문교육을 받았을 것
   나. 1천세대 이상의 주택건설공사 : 「건설기술 진흥법 시행령」 별표 1 제2호에 따른 건설사업관리 업무를 수행하는 특급기술인
2. 공사분야별 감리원의 경우 : 「건설기술 진흥법 시행령」 별표 1 제2호에 따른 건설사업관리 업무를 수행하는 건설기술인. 다만, 300세대 미만의 주택건설공사인 경우에는 다음 각 목의 요건을 모두 갖춘 사람을 포함한다.
   가. 「건축사법」에 따른 건축사 또는 건축사보일 것
   나. 「건설기술 진흥법 시행령」 별표 1 제2호에 따른 건설기술인 역량지수에 따라 등급을 산정한 결과 건설사업관리 업무를 수행하는 초급 이상의 건설기술인에 준하는 등급에 해당할 것
   다. 「건설기술 진흥법 시행령」 별표 3 제2호 나목에 따른 기본교육 및 전문교육을 받았을 것

② 감리자는 사업주체와 협의하여 감리원의 배치계획을 작성한 후 사업계획승인권자 및 사업주체에게 각각 보고(전자문서에 의한 보고를 포함한다)하여야 한다. 배치계획을 변경하는 경우에도 또한 같다.

③ 영 제49조 제1항 제4호에서 "국토교통부령으로 정하는 주요 공정"이란 다음 각 호의 공정을 말한다.

1. 지하 구조물 공사
2. 옥탑층 골조 및 승강로 공사
3. 세대 내부 바닥의 미장 공사
4. 승강기 설치 공사

5. 지하 관로 매설 공사

④ 감리자는 법 제44조 제2항에 따라 사업계획승인권자(법 제66조 제1항에 따른 리모델링의 허가만 받은 경우는 허가권자를 말한다. 이하 이 조 및 제20조에서 같다) 및 사업주체에게 다음 각 호의 구분에 따라 감리업무 수행 상황을 보고(전자문서에 따른 보고를 포함한다)해야 하며, 감리업무를 완료하였을 때에는 최종보고서를 제출(전자문서에 따른 제출을 포함한다)해야 한다.

1. 영 제49조 제1항 제4호의 업무 : 예정공정표에 따른 제3항 각 호의 공정 완료 예정 시기
2. 영 제49조 제1항 제5호의 업무 : 공사 지연이 발생한 때. 이 경우 국토교통부장관이 정하여 고시하는 기준에 따라 보고해야 한다.
3. 제1호 및 제2호 외의 감리업무 수행 상황 : 분기별

제18조의2 (공사감리비의 예치 및 지급 등)

① 사업주체는 감리자와 법 제43조 제3항에 따른 계약(이하 이 조에서 "계약"이라 한다)을 체결한 경우 사업계획승인권자에게 계약 내용을 통보하여야 한다. 이 경우 통보를 받은 사업계획승인권자는 즉시 사업주체 및 감리자에게 공사감리비 예치 및 지급 방식에 관한 내용을 안내하여야 한다.

② 사업주체는 해당 공사감리비를 계약에서 정한 지급예정일 14일 전까지 사업계획승인권자에게 예치하여야 한다.

③ 감리자는 계약에서 정한 공사감리비 지급예정일 7일 전까지 사업계획승인권자에게 공사감리비 지급을 요청하여야 하며, 사업계획승인권자는 제18조 제3항에 따른 감리업무 수행 상황을 확인한 후 공사감리비를 지급하여야 한다.

④ 제2항 및 제3항에도 불구하고 계약에서 선급금의 지급, 계약의 해제·해지 및 감리 용역의 일시중지 등의 사유 발생 시 공사감리비의 예치 및 지급 등에 관한 사항을 별도로 정한 경우에는 그 계약에 따른다.

⑤ 사업계획승인권자는 제3항 또는 제4항에 따라 공사감리비를 지급한 경우 그 사실을 즉시 사업주체에게 통보하여야 한다.

⑥ 제1항부터 제5항까지에서 규정한 사항 외에 공사감리비 예치 및 지급 등에 필요한 사항은 시·도지사 또는 시장·군수가 정한다.

제19조 (건축구조기술사와의 협력)

① 법 제46조 제1항 제3호에서 "국토교통부령으로 정하는 경우"란 다음 각 호의 어느 하나에 해당하는 경우를 말한다.

1. 내력벽(耐力壁), 기둥, 바닥, 보 등 건축물의 주요 구조부의 철거 공사를 하는 경우로서 철거 범위나 공법의 변경이 필요한 경우
2. 내력벽, 기둥, 바닥, 보 등 건축물의 주요 구조부의 보강 공사를 하는 경우로서 공법이나 재료의 변경이 필요한 경우
3. 내력벽, 기둥, 바닥, 보 등 건축물의 주요 구조부의 보강 공사에 신기술 또는 신공법을 적용하는 경우로서 법 제69조 제3항에 따른 전문기관의 안전성 검토결과 「국가기술자격법」에 따른 건축구조기술사의 협력을 받을 필요가 있다고 인정되는 경우

② 법 제46조 제1항 제4호에서 "국토교통부령으로 정하는 경우"란 다음 각 호의 어느 하나에 해당하는 경우를 말한다.

1. 수직·수평 증축에 따른 골조 공사 시 기존 부위와 증축 부위의 접합부에 대한 공법이나 재료의 변경이 필요한 경우
2. 건축물 주변의 굴착공사로 구조안전에 영향을 주는 경우

[주택건설기준 등에 관한 규정]

제58조 (공동주택성능등급의 표시)

법 제39조 각 호 외의 부분에서 "대통령령으로 정하는 호수"란 500세대를 말한다.

제64조 (에너지절약형 친환경 주택의 건설기준 등)

① 「주택법」 제15조에 따른 사업계획승인을 받은 공동주택을 건설하는 경우에는 다음 각 호의 어느 하나 이상의 기술을 이용하여 주택의 총 에너지사용량 또는 총 이산화탄소배출량을 절감할 수 있는 에너지절약형 친환경 주택(이하 이 장에서 "친환경 주택"이라 한다)으로 건설하여야 한다.

1. 고단열·고기능 외피구조, 기밀설계, 일조확보 및 친환경자재 사용 등 저에너지 건물 조성기술
2. 고효율 열원설비, 제어설비 및 고효율 환기설비 등 에너지 고효율 설비기술
3. 태양열, 태양광, 지열 및 풍력 등 신·재생에너지 이용기술
4. 자연지반의 보존, 생태면적율의 확보 및 빗물의 순환 등 생태적 순환기능 확보를 위한 외부환경 조성기술
5. 건물에너지 정보화 기술, 자동제어장치 및 「지능형전력망의 구축 및 이용촉진에 관한 법률」 제2조 제2호에 따른 지능형전력망 등 에너지 이용효율을 극대화하는 기술

② 제1항에 해당하는 주택을 건설하려는 자가 법 제15조에 따른 사업계획승인을 신청하는 경우에는 친환경 주택 에너지 절약계획을 제출하여야 한다.

③ 친환경 주택의 건설기준 및 에너지 절약계획에 관하여 필요한 세부적인 사항은 국토교통부장관이 정하여 고시한다.

제65조 (건강친화형 주택의 건설기준)

① 500세대 이상의 공동주택을 건설하는 경우에는 다음 각 호의 사항을 고려하여 세대 내의 실내공기 오염물질 등을 최소화할 수 있는 건강친화형 주택으로 건설하여야 한다.

1. 오염물질을 적게 방출하거나 오염물질의 발생을 억제 또는 저감시키는 건축자재(붙박이 가구 및 붙박이 가전제품을 포함한다)의 사용에 관한 사항
2. 청정한 실내환경 확보를 위한 마감공사의 시공관리에 관한 사항
3. 실내공기의 원활한 환기를 위한 환기설비의 설치, 성능검증 및 유지관리에 관한 사항
4. 환기설비 등을 이용하여 신선한 바깥의 공기를 실내에 공급하는 환기의 시행에 관한 사항

② 건강친화형 주택의 건설기준 등에 관하여 필요한 세부적인 사항은 국토교통부장관이 정하여 고시한다.

제65조의2 (장수명 주택의 인증대상 및 인증등급 등)

① 법 제38조 제2항에 따른 인증제도로 같은 조 제1항에 따른 장수명 주택(이하 "장수명 주택"이라 한다)에 대하여 부여하는 등급은 다음 각 호와 같이 구분한다.

1. 최우수 등급
2. 우수 등급
3. 양호 등급
4. 일반 등급

② 법 제38조 제3항에서 "대통령령으로 정하는 호수"란 1,000세대를 말한다.

③ 법 제38조 제3항에서 "대통령령으로 정하는 기준 이상의 등급"이란 제1항 제4호에 따른 일반 등급 이상의 등급을 말한다.

④ 법 제38조 제5항에 따른 인증기관은 「녹색건축물 조성 지원법」 제16조 제2항에 따라 지정된 인증기관으로 한다.

⑤ 법 제38조 제7항에 따라 장수명 주택의 건폐율·용적률은 다음 각 호의 구분에 따라 조례로 그 제한을 완화할 수 있다.

1. 건폐율 : 「국토의 계획 및 이용에 관한 법률」 제77조 및 같은 법 시행령 제84조 제1항에 따라 조례로 정한 건폐율의 100분의 115를 초과하지 아니하는 범위에서 완화. 다만, 「국토의 계획 및 이용에 관한 법률」 제77조에 따른 건폐율의 최대한도를 초과할 수 없다.
2. 용적률 : 「국토의 계획 및 이용에 관한 법률」 제78조 및 같은 법 시행령 제85조 제1항에 따라 조례로 정한 용적률의 100분의 115를 초과하지 아니하는 범위에서 완화. 다만, 「국토의 계획 및 이용에 관한 법률」 제78조에 따른 용적률의 최대한도를 초과할 수 없다.

12-2. 세대구분형공동주택

[주택법]

제2조(정의) 이 법에서 사용하는 용어의 뜻은 다음과 같다.

19. "세대구분형 공동주택"이란 공동주택의 주택 내부 공간의 일부를 세대별로 구분하여 생활이 가능한 구조로 하되, 그 구분된 공간의 일부를 구분소유 할 수 없는 주택으로서 대통령령으로 정하는 건설기준, 설치기준, 면적기준 등에 적합한 주택을 말한다.

 # 일부 세대를 세대구분형(A + B)으로 하는 경우, A와 B를 각각 다른 사람이 소유자로 등기할 수 있나요?

주택법 제2조 제19호는 세대구분형 공동주택의 경우 구분된 공간의 일부를 구분소유할 수 없다고 규정하고 있는데, 이는 사실상 별개의 세대인 것처럼 사용할 수 있는 것뿐이며 각각의 세대를 따로 소유하거나 등기할 수는 없음을 의미합니다.

[주택법 시행령]

제9조 (세대구분형 공동주택)

① 법 제2조 제19호에서 "대통령령으로 정하는 건설기준, 설치기준, 면적기준 등에 적합한 주택"이란 다음 각 호의 구분에 따른 요건을 충족하는 공동주택을 말한다.

1. 법 제15조에 따른 사업계획의 승인을 받아 건설하는 공동주택의 경우 : 다음 각 목의 요건을 모두 충족할 것
   가. 세대별로 구분된 각각의 공간마다 별도의 욕실, 부엌과 현관을 설치할 것

나. 하나의 세대가 통합하여 사용할 수 있도록 세대 간에 연결문 또는 경량구조의 경계벽 등을 설치할 것

다. 세대구분형 공동주택의 세대수가 해당 주택단지 안의 공동주택 전체 세대수의 3분의 1을 넘지 않을 것

라. 세대별로 구분된 각각의 공간의 주거전용면적(주거의 용도로만 쓰이는 면적으로서 법 제2조 제6호 후단에 따른 방법으로 산정된 것을 말한다. 이하 같다) 합계가 해당 주택단지 전체 주거전용면적 합계의 3분의 1을 넘지 않는 등 국토교통부장관이 정하여 고시하는 주거전용면적의 비율에 관한 기준을 충족할 것

2. 「공동주택관리법」 제35조에 따른 행위의 허가를 받거나 신고를 하고 설치하는 공동주택의 경우 : 다음 각 목의 요건을 모두 충족할 것

가. 구분된 공간의 세대수는 기존 세대를 포함하여 2세대 이하일 것

나. 세대별로 구분된 각각의 공간마다 별도의 욕실, 부엌과 구분 출입문을 설치할 것

다. 세대구분형 공동주택의 세대수가 해당 주택단지 안의 공동주택 전체 세대수의 10분의 1과 해당 동의 전체 세대수의 3분의 1을 각각 넘지 않을 것. 다만, 특별자치시장, 특별자치도지사, 시장, 군수 또는 구청장(구청장은 자치구의 구청장을 말하며, 이하 "시장·군수·구청장"이라 한다)이 부대시설의 규모 등 해당 주택단지의 여건을 고려하여 인정하는 범위에서 세대수의 기준을 넘을 수 있다.

라. 구조, 화재, 소방 및 피난안전 등 관계 법령에서 정하는 안전 기준을 충족할 것

② 제1항에 따라 건설 또는 설치되는 주택과 관련하여 법 제35조에 따른 주택건설기준 등을 적용하는 경우 세대구분형 공동주택의 세대수는 그 구분된 공간의 세대수에 관계없이 하나의 세대로 산정한다.

12-3. 착공신고

이 단계에서 조합은 무엇을 해야 할까?

① 착공신고를 행하는 주체는 조합이지만, 필요 도서의 정리 등 실질적인 준비를 행하는 것은 시공자입니다.

② 2022. 8. 4.부터 해체공사 신고·허가 절차가 강화되었기에 해체심의와 해체감리자지정이 적기에 차질 없이 이루어질 수 있도록 만전을 기해야 합니다. 특히 이러한 제도의 변경을 제대로 인지하지 못한 관할 행정청의 실기(失期)로 인하여 공사 일정에 차질이 생기지 않도록 이주절차가 종료됨과 동시에 해체계획서 작성, 해체감리자지정 신청 등의 준비를 시작해야 합니다.

③ 수직증축의 경우 마감재 철거가 이루어진 후 착공신고를 행하기 전, 구조 안전성을 확인하는 2차 안전진단이 이루어지는데 이는 시공자와 설계업체의 역량이 총 집중되는 매우 전문적인 영역이기는 하나, 조합은 관할 행정청과의 끊임없는 스킨십을 통해 기술적인 측면이 아니라 행정적인 측면에서 장해가 생기지 않도록 계속적으로 확인하고 의견을 개진해야 합니다.

[주택법]

제16조 (사업계획의 이행 및 취소 등)

① 사업주체는 제15조 제1항 또는 제3항에 따라 승인받은 사업계획대로 사업을 시행하여야 하고, 다음 각 호의 구분에 따라 공사를 시작하여야 한다. 다만, 사업계획승인권자는 대통령령으로 정하는 정당한 사유가 있다고 인정하는 경우에는 사업주체의 신청을 받아 그 사유가 없어진 날부터 1년의 범위에서 제1호 또는 제2호 가목에 따른 공사의 착수기간을 연장할 수 있다.

1. 제15조 제1항에 따라 승인을 받은 경우 : 승인받은 날부터 5년 이내
2. 제15조 제3항에 따라 승인을 받은 경우
   가. 최초로 공사를 진행하는 공구 : 승인받은 날부터 5년 이내
   나. 최초로 공사를 진행하는 공구 외의 공구 : 해당 주택단지에 대한 최초 착공신고일부터 2년 이내

② 사업주체가 제1항에 따라 공사를 시작하려는 경우에는 국토교통부령으로 정하는 바에 따라 사업계획승인권자에게 신고하여야 한다.

③ 사업계획승인권자는 제2항에 따른 신고를 받은 날부터 20일 이내에 신고수리 여부를 신고인에게 통지하여야 한다.

④ 사업계획승인권자는 다음 각 호의 어느 하나에 해당하는 경우 그 사업계획의 승인을 취소(제2호 또는 제3호에 해당하는 경우 「주택도시기금법」 제26조에 따라 주택분양보증이 된 사업은 제외한다)할 수 있다.

1. 사업주체가 제1항(제2호 나목은 제외한다)을 위반하여 공사를 시작하지 아니한 경우
2. 사업주체가 경매·공매 등으로 인하여 대지소유권을 상실한 경우
3. 사업주체의 부도·파산 등으로 공사의 완료가 불가능한 경우

⑤ 사업계획승인권자는 제4항 제2호 또는 제3호의 사유로 사업계획승인을 취소하고자 하는 경우에는 사업주체에게 사업계획 이행, 사업비 조달 계획 등 대통령령으로 정하는 내용이 포함된 사업 정상화 계획을 제출받아 계획의 타당성을 심사한 후 취소 여부를 결정하여야 한다.

⑥ 제4항에도 불구하고 사업계획승인권자는 해당 사업의 시공자 등이 제21조 제1항에 따른 해당 주택건설대지의 소유권 등을 확보하고 사업주체 변경을 위하여 제15조 제4항에 따른 사업계획의 변경승인을 요청하는 경우에 이를 승인할 수 있다.

제60조 (견본주택의 건축기준)

〈제1항 ⇒ 벌칙규정 : 제102조 제16호 / 양벌규정 : 제105조 제2항〉

① 사업주체가 주택의 판매촉진을 위하여 견본주택을 건설하려는 경우 견본주택의 내부에 사용하는 마감자재 및 가구는 제15조에 따른 사업계획승인의 내용과 같은 것으로 시공·설치하여야 한다.

② 사업주체는 견본주택의 내부에 사용하는 마감자재를 제15조에 따른 사업계획승인 또는 마감자재 목록표와 다른 마감자재로 설치하는 경우로서 다음 각 호의 어느 하나에 해당하는 경우에는 일반인이 그 해당 사항을 알 수 있도록 국토교통부령으로 정하는 바에 따라 그 공급가격을 표시하여야 한다.

1. 분양가격에 포함되지 아니하는 품목을 견본주택에 전시하는 경우
2. 마감자재 생산업체의 부도 등으로 인한 제품의 품귀 등 부득이한 경우

〈제3항 ⇒ 벌칙규정 : 제102조 제16호 / 양벌규정 : 제105조 제2항〉

③ 견본주택에는 마감자재 목록표와 제15조에 따라 사업계획승인을 받은 서류 중 평면도와 시방서(示方書)를 갖춰 두어야 하며, 견본주택의 배치·구조 및 유지관리 등은 국토교통부령으로 정하는 기준에 맞아야 한다.

[건축법]

제21조 (착공신고 등)

① 제11조·제14조 또는 제20조 제1항에 따라 허가를 받거나 신고를 한 건축물의 공사를 착수하려는 건축주는 국토교통부령으로 정하는 바에 따라 허가권자에게 공사계획을 신고하여야 한다.

② 제1항에 따라 공사계획을 신고하거나 변경신고를 하는 경우 해당 공사감리자(제25조 제1항에 따른 공사감리자를 지정한 경우만 해당된다)와 공사시공자가 신고서에 함께 서명하여야 한다.

③ 허가권자는 제1항 본문에 따른 신고를 받은 날부터 3일 이내에 신고수리 여부 또는 민원 처리 관련 법령에 따른 처리기간의 연장 여부를 신고인에게 통지하여야 한다.

④ 허가권자가 제3항에서 정한 기간 내에 신고수리 여부 또는 민원 처리 관련 법령에 따른 처리기간의 연장 여부를 신고인에게 통지하지 아니하면 그 기간이 끝난 날의 다음 날에 신고를 수리한 것으로 본다.

⑤ 건축주는 「건설산업기본법」 제41조를 위반하여 건축물의 공사를 하거나 하게 할 수 없다.

⑥ 제11조에 따라 허가를 받은 건축물의 건축주는 제1항에 따른 신고를 할 때에는 제15조 제2항에 따른 각 계약서의 사본을 첨부하여야 한다.

[주택법 시행규칙]

제15조 (공사착수 연기 및 착공신고)

① 사업주체는 법 제16조 제1항 각 호 외의 부분 단서에 따라 공사착수기간을 연장하려는 경우에는 별지 제19호서식의 착공연기신청서를 사업계획승인권자에게 제출(전자문서에 따른 제출을 포함한다)하여야 한다.

② 사업주체는 법 제16조 제2항에 따라 공사착수(법 제15조 제3항에 따라 사업계획승인을 받은 경우에는 공구별 공사착수를 말한다)를 신고하려는 경우에는 별지 제20호서식의 착공신고서에 다음 각 호의 서류를 첨부하여 사업계획승인권자에게 제출(전자문서에 따른 제출을 포함한다)해야 한다. 다만, 제2호부터 제5호까지의 서류는 주택건설사업의 경우만 해당한다.

1. 사업관계자 상호간 계약서 사본
2. 흙막이 구조도면(지하 2층 이상의 지하층을 설치하는 경우만 해당한다)
3. 영 제43조 제1항에 따라 작성하는 설계도서 중 국토교통부장관이 정하여 고시하는 도서
4. 감리자(법 제43조 제1항에 따라 주택건설공사 감리자로 지정받은 자를 말한다. 이하 같다)의 감리계획서 및 감리의견서
5. 영 제49조 제1항 제3호에 따라 감리자가 검토·확인한 예정공정표

③ 사업계획승인권자는 제1항 및 제2항에 따른 착공연기신청서 또는 착공신고서를 제출받은 경우에는 별지 제21호서식의 착공연기확인서 또는 별지 제22호서식의 착공신고필증을 신청인 또는 신고인에게 발급하여야 한다.

제23조 (주택의 공급 등)

① 다음 각 호의 사항은 「주택공급에 관한 규칙」으로 정한다.

3. 법 제60조에 따른 견본주택의 건축기준

13-1. 입주자예정협의회

이 단계에서 조합은 무엇을 해야 할까?

주택법은 입주 예정자들로 구성된 입주자예정협의회가 공사 현장을 방문하여 시공상의 하자 또는 마감재의 시공 상태 등을 점검하고 문제가 발견될 경우 보완을 요청할 수 있는 근거를 마련하고 있으며, 조합원들 또한 당연히 그 구성원의 자격을 가지고 있습니다. 다만 전문가가 아닌 경우 시공상의 문제점을 면밀하게 확인하는 것은 매우 어렵기에, 하자진단을 할 수 있는 전문업체의 조력을 받아 진행하는 것이 좋습니다.

[주택법]

제48조의2 (사전방문 등)

〈제1항 ⇒ 과태료규정 : 제106조 제1항 제1호〉

① 사업주체는 제49조 제1항에 따른 사용검사를 받기 전에 입주예정자가 해당 주택을 방문하여 공사 상태를 미리 점검(이하 "사전방문"이라 한다)할 수 있게 하여야 한다.

② 입주예정자는 사전방문 결과 하자[공사상 잘못으로 인하여 균열·침하(沈下)·파손·들뜸·누수 등이 발생하여 안전상·기능상 또는 미관상의 지장을 초래할 정도의 결함을 말한다. 이하 같다]가 있다고 판단하는 경우 사업주체에게 보수공사 등 적절한 조치를 해줄 것을 요청할 수 있다.

〈제3항 ⇒ 과태료규정 : 제106조 제3항 제4호의2〉

③ 제2항에 따라 하자(제4항에 따라 사용검사권자가 하자가 아니라고 확인한 사항은 제외한다)에 대한 조치 요청을 받은 사업주체는 대통령령으로 정하는 바에 따라 보수공사 등 적절한 조치를 하여야 한다. 이 경우 입주예정자가 조치를 요청한 하자 중 대통령령으로 정하는 중대한 하자는 대통령령으로 정하는 특별한 사유가 없으면 사용검사를 받기 전까지 조치를 완료하여야 한다.

④ 제3항에도 불구하고 입주예정자가 요청한 사항이 하자가 아니라고 판단하는 사업주체는 대통령령으로 정하는 바에 따라 제49조 제1항에 따른 사용검사를 하는 시장·군수·구청장(이하 "사용검사권자"라 한다)에게 하자 여부를 확인해줄 것을 요청할 수 있다. 이 경우 사용검사권자는 제48조의3에 따른 공동주택 품질점검단의 자문을 받는 등 대통령령으로 정

하는 바에 따라 하자 여부를 확인할 수 있다.

〈제5항 ⇒ 과태료규정 : 제106조 제3항 제4호의3〉

⑤ 사업주체는 제3항에 따라 조치한 내용 및 제4항에 따라 하자가 아니라고 확인받은 사실 등을 대통령령으로 정하는 바에 따라 입주예정자 및 사용검사권자에게 알려야 한다.

⑥ 국토교통부장관은 사전방문에 필요한 표준양식을 정하여 보급하고 활용하게 할 수 있다.

⑦ 제2항에 따라 보수공사 등 적절한 조치가 필요한 하자의 구체적인 기준 등에 관한 사항은 대통령령으로 정하고, 제1항부터 제6항까지에서 규정한 사항 외에 사전방문의 절차 및 방법 등에 관한 사항은 국토교통부령으로 정한다.

제48조의3 (품질점검단의 설치 및 운영 등)

① 시·도지사는 제48조의2에 따른 사전방문을 실시하고 제49조 제1항에 따른 사용검사를 신청하기 전에 공동주택의 품질을 점검하여 사업계획의 내용에 적합한 공동주택이 건설되도록 할 목적으로 주택 관련 분야 등의 전문가로 구성된 공동주택 품질점검단(이하 "품질점검단"이라 한다)을 설치·운영할 수 있다. 이 경우 시·도지사는 품질점검단의 설치·운영에 관한 사항을 조례로 정하는 바에 따라 대도시 시장에게 위임할 수 있다.

② 품질점검단은 대통령령으로 정하는 규모 및 범위 등에 해당하는 공동주택의 건축·구조·안전·품질관리 등에 대한 시공품질을 대통령령으로 정하는 바에 따라 점검하여 그 결과를 시·도지사(제1항 후단의 경우에는 대도시 시장을 말한다)와 사용검사권자에게 제출하여야 한다.

〈제3항 ⇒ 과태료규정 : 제106조 제1항 제2호〉

③ 사업주체는 제2항에 따른 품질점검단의 점검에 협조하여야 하며 이에 따르지 아니하거나 기피 또는 방해해서는 아니 된다.

〈제4항 ⇒ 과태료규정 : 제106조 제3항 제4호의4〉

④ 사용검사권자는 품질점검단의 시공품질 점검을 위하여 필요한 경우에는 사업주체, 감리자 등 관계자에게 공동주택의 공사현황 등 국토교통부령으로 정하는 서류 및 관련 자료의 제출을 요청할 수 있다. 이 경우 자료제출을 요청받은 자는 정당한 사유가 없으면 이에 따라야 한다.

⑤ 사용검사권자는 제2항에 따라 제출받은 점검결과를 제49조 제1항에 따른 사용검사가 있은 날부터 2년 이상 보관하여야 하며, 입주자(입주예정자를 포함한다)가 관련 자료의 공개를 요구하는 경우에는 이를 공개하여야 한다.

⑥ 사용검사권자는 대통령령으로 정하는 바에 따라 제2항에 따른 품질점검단의 점검결과에 대한 사업주체의 의견을 청취한 후 하자가 있다고 판단하는 경우 보수·보강 등 필요한 조치를 명하여야 한다. 이 경우 대통령령으로 정하는 중대한 하자는 대통령령으로 정하는 특별한 사유가 없으면 사용검사를 받기 전까지 조치하도록 명하여야 한다.

〈제7항 ⇒ 과태료규정 : 제106조 제3항 제4호의5〉

⑦ 제6항에 따라 보수·보강 등의 조치명령을 받은 사업주체는 대통령령으로 정하는 바에 따라 조치를 하고, 그 결과를 사용검사권자에게 보고하여야 한다. 다만, 조치명령에 이의가 있는 사업주체는 사용검사권자에게 이의신청을 할 수 있다.

⑧ 사용검사권자는 공동주택의 시공품질 관리를 위하여 제48조의2에 따라 사업주체에게 통보받은 사전방문 후 조치결과, 제6항 및 제7항에 따른 조치명령, 조치결과, 이의신청 등에 관한 사항을 대통령령으로 정하는 정보시스템에 등록하여야 한다.

⑨ 제1항부터 제8항까지에서 규정한 사항 외에 품질점검단의 구성 및 운영, 이의신청 절차 및 이의신청에 따른 조치 등에 필요한 사항은 대통령령으로 정한다.

제50조 (사용검사 등의 특례에 따른 하자보수보증금 면제)

① 제49조 제3항에 따라 사업주체의 파산 등으로 입주예정자가 사용검사를 받을 때에는 「공동주택관리법」 제38조 제1항에도 불구하고 입주예정자의 대표회의가 사용검사권자에게 사용검사를 신청할 때 하자보수보증금을 예치하여야 한다.

② 제1항에 따라 입주예정자의 대표회의가 하자보수보증금을 예치할 경우 제49조 제4항에도 불구하고 2015년 12월 31일 당시 제15조에 따른 사업계획승인을 받아 사실상 완공된 주택에 사업주체의 파산 등으로 제49조 제1항 또는 제3항에 따른 사용검사를 받지 아니하고 무단으로 점유하여 거주(이하 이 조에서 "무단거주"라 한다)하는 입주예정자가 2016년 12월 31일까지 사용검사권자에게 사용검사를 신청할 때에는 다음 각 호의 구분에 따라 「공동주택관리법」 제38조 제1항에 따른 하자보수보증금을 면제하여야 한다.

1. 무단거주한 날부터 1년이 지난 때 : 10퍼센트
2. 무단거주한 날부터 2년이 지난 때 : 35퍼센트
3. 무단거주한 날부터 3년이 지난 때 : 55퍼센트
4. 무단거주한 날부터 4년이 지난 때 : 70퍼센트
5. 무단거주한 날부터 5년이 지난 때 : 85퍼센트
6. 무단거주한 날부터 10년이 지난 때 : 100퍼센트

③ 제2항 각 호의 무단거주한 날은 주택에 최초로 입주예정자가 입주한 날을 기산일로 한다. 이 경우 입주예정자가 입주한 날은 주민등록 신고일이나 전기, 수도요금 영수증 등으로 확인한다.

④ 제1항에 따라 무단거주하는 입주예정자가 사용검사를 받았을 때에는 제49조 제2항을 준용한다. 이 경우 "사업주체"를 "무단거주하는 입주예정자"로 본다.

⑤ 제1항에 따라 입주예정자의 대표회의가 하자보수보증금을 예치한 경우 「공동주택관리법」 제36조 제3항에 따른 담보책임기간은 제2항에 따라 면제받은 기간만큼 줄어드는 것으로 본다.

[주택법 시행령]

제53조의2 (사전방문 결과에 대한 조치 등)

① 법 제48조의2 제2항에 따른 하자(이하 "하자"라 한다)의 범위는 「공동주택관리법 시행령」 제37조 각 호의 구분에 따르며, 하자의 판정기준은 같은 영 제47조 제3항에 따라 국토교통부장관이 정하여 고시하는 바에 따른다.

② 법 제48조의2 제2항에 따라 하자에 대한 조치 요청을 받은 사업주체는 같은 조 제3항에 따라 다음 각 호의 구분에 따른 시기까지 보수공사 등의 조치를 완료하기 위한 계획(이하 "조치계획"이라 한다)을 국토교통부령으로 정하는 바에 따라 수립하고, 해당 계획에 따라 보수공사 등의 조치를 완료해야 한다.

1. 제4항에 해당하는 중대한 하자인 경우 : 사용검사를 받기 전. 다만, 제5항의 사유가 있는 경우에는 입주예정자와 협의(공용부분의 경우에는 입주예정자 3분의 2 이상의 동의를 받아야 한다)하여 정하는 날로 한다.
2. 그 밖의 하자인 경우 : 다음 각 목의 구분에 따른 시기. 다만, 제5항의 사유가 있거나 입주예정자와 협의(공용부분의 경우에는 입주예정자 3분의 2 이상의 동의를 받아야 한다)한 경우에는 입주예정자와 협의하여 정하는 날로 한다.
   가. 전유부분 : 입주예정자에게 인도하기 전
   나. 공용부분 : 사용검사를 받기 전

③ 조치계획을 수립한 사업주체는 법 제48조의2에 따른 사전방문 기간의 종료일부터 7일 이내에 사용검사권자(법 제49조 제1항에 따라 사용검사를 하는 자를 말한다. 이하 같다)에게 해당 조치계획을 제출해야 한다.

④ 법 제48조의2 제3항 후단에서 "대통령령으로 정하는 중대한 하자"란 다음 각 호의 어느 하나에 해당하는 하자로서 사용검사권자가 중대한 하자라고 인정하는 하자를 말한다.

1. 내력구조부 하자 : 다음 각 목의 어느 하나에 해당하는 결함이 있는 경우로서 공동주택의 구조안전상 심각한 위험을 초래하거나 초래할 우려가 있는 정도의 결함이 있는 경우

가. 철근콘크리트 균열

나. 「건축법」 제2조 제1항 제7호의 주요구조부의 철근 노출

2. 시설공사별 하자 : 다음 각 목의 어느 하나에 해당하는 결함이 있는 경우로서 입주예정자가 공동주택에서 생활하는 데 안전상·기능상 심각한 지장을 초래하거나 초래할 우려가 있는 정도의 결함이 있는 경우

가. 토목 구조물 등의 균열

나. 옹벽·차도·보도 등의 침하(沈下)

다. 누수, 누전, 가스 누출

라. 가스배관 등의 부식, 배관류의 동파

마. 다음의 어느 하나에 해당하는 기구·설비 등의 기능이나 작동 불량 또는 파손

1) 급수·급탕·배수·위생·소방·난방·가스 설비 및 전기·조명 기구

2) 발코니 등의 안전 난간 및 승강기

⑤ 법 제48조의2 제3항 후단에서 "대통령령으로 정하는 특별한 사유"란 다음 각 호의 어느 하나에 해당하여 사용검사를 받기 전까지 중대한 하자에 대한 보수공사 등의 조치를 완료하기 어렵다고 사용검사권자로부터 인정받은 사유를 말한다.

1. 공사 여건상 자재, 장비 또는 인력 등의 수급이 곤란한 경우

2. 공정 및 공사의 특성상 사용검사를 받기 전까지 보수공사 등을 하기 곤란한 경우

3. 그 밖에 천재지변이나 부득이한 사유가 있는 경우

제53조의3 (사전방문 결과 하자 여부의 확인 등)

① 사업주체는 법 제48조의2 제4항 전단에 따라 하자 여부 확인을 요청하려면 사용검사권자에게 제53조의2 제3항에 따라 조치계획을 제출할 때 다음 각 호의 자료를 첨부해야 한다.

1. 입주예정자가 보수공사 등의 조치를 요청한 내용

2. 입주예정자가 보수공사 등의 조치를 요청한 부분에 대한 설계도서 및 현장사진

3. 하자가 아니라고 판단하는 이유

4. 감리자의 의견

5. 그 밖에 하자가 아님을 증명할 수 있는 자료

② 사용검사권자는 제1항에 따라 요청을 받은 경우 제53조의2 제1항의 판정기준에 따라 하자 여부를 판단해야 하며, 하자 여부를 판단하기 위하여 필요한 경우에는 법 제48조의3 제1항에 따른 공동주택 품질점검단(이하 "품질점검단"이라 한다)에 자문할 수 있다.

③ 사용검사권자는 제1항에 따라 확인 요청을 받은 날부터 7일 이내에 하자 여부를 확인하여 해당 사업주체에게 통보해야 한다.

④ 사업주체는 법 제48조의2 제5항에 따라 입주예정자에게 전유부분을 인도하는 날에 다음 각 호의 사항을 서면(「전자문서 및 전자거래 기본법」 제2조 제1호의 전자문서를 포함한다)으로 알려야 한다.

1. 조치를 완료한 사항
2. 조치를 완료하지 못한 경우에는 그 사유와 조치계획
3. 제1항에 따라 사용검사권자에게 확인을 요청하여 하자가 아니라고 확인받은 사항

⑤ 사업주체는 조치계획에 따라 조치를 모두 완료한 때에는 법 제48조의2 제5항에 따라 사용검사권자에게 그 결과를 제출해야 한다.

제53조의5 (품질점검단의 점검대상 및 점검방법 등)

① 법 제48조의3 제2항에서 "대통령령으로 정하는 규모 및 범위 등에 해당하는 공동주택"이란 법 제2조 제10호 다목 및 라목에 해당하는 사업주체가 건설하는 300세대 이상인 공동주택을 말한다. 다만, 시·도지사가 필요하다고 인정하는 경우에는 조례로 정하는 바에 따라 300세대 미만인 공동주택으로 정할 수 있다.

② 품질점검단은 법 제48조의3 제2항에 따라 공동주택 관련 법령, 입주자모집공고, 설계도서 및 마감자재 목록표 등 관련 자료를 토대로 다음 각 호의 사항을 점검해야 한다.

1. 공동주택의 공용부분
2. 공동주택 일부 세대의 전유부분
3. 제53조의3 제2항에 따라 사용검사권자가 하자 여부를 판단하기 위해 품질점검단에 자문을 요청한 사항 중 현장조사가 필요한 사항

③ 제1항 및 제2항에서 규정한 사항 외에 품질점검단의 점검절차 등에 관하여 필요한 사항은 국토교통부령으로 정한다.

제53조의6 (품질점검단의 점검결과에 대한 조치 등)

① 사용검사권자는 품질점검단으로부터 점검결과를 제출받은 때에는 법 제48조의3 제6항 전단에 따라 의견을 청취하기 위하여 사업주체에게 그 내용을 즉시 통보해야 한다.

② 사업주체는 제1항에 따라 통보받은 점검결과에 대하여 이견(異見)이 있는 경우 통보받은 날부터 5일 이내에 관련 자료를 첨부하여 사용검사권자에게 의견을 제출할 수 있다.

③ 사용검사권자는 품질점검단 점검결과 및 제2항에 따라 제출받은 의견을 검토한 결과 하자에 해당한다고 판단하는 때에는 법 제48조의3 제6항에 따라 제2항에 따른 의견 제출일부터 5일 이내에 보수·보강 등의 조치를 명해야 한다.

④ 법 제48조의3 제6항 후단에서 "대통령령으로 정하는 중대한 하자"란 제53조의2 제4항에 해당하는 하자를 말한다.

⑤ 법 제48조의3 제6항 후단에서 "대통령령으로 정하는 특별한 사유"란 제53조의2 제5항에서 정하는 사유를 말한다.

⑥ 사업주체는 법 제48조의3 제7항 본문에 따라 제3항에 따른 사용검사권자의 조치명령에 대하여 제53조의2 제2항 각 호의 구분에 따른 시기까지 조치를 완료해야 한다.

⑦ 법 제48조의3 제8항에서 "대통령령으로 정하는 정보시스템"이란 「공동주택관리법 시행령」 제53조 제5항에 따른 하자관리정보시스템을 말한다.

제53조의7 (조치명령에 대한 이의신청 등)

① 사업주체는 법 제48조의3 제7항 단서에 따라 제53조의6 제3항에 따른 조치명령에 이의신청을 하려는 경우에는 조치명령을 받은 날부터 5일 이내에 사용검사권자에게 다음 각 호의 자료를 제출해야 한다.

1. 사용검사권자의 조치명령에 대한 이의신청 내용 및 이유

2. 이의신청 내용 관련 설계도서 및 현장사진

3. 감리자의 의견

4. 그 밖에 이의신청 내용을 증명할 수 있는 자료

② 사용검사권자는 제1항에 따라 이의신청을 받은 때에는 신청을 받은 날부터 5일 이내에 사업주체에게 검토결과를 통보해야 한다.

[주택법 시행규칙]

제20조의2 (사전방문의 절차 및 방법 등)

① 사업주체는 법 제48조의2 제1항에 따른 사전방문(이하 "사전방문"이라 한다)을 주택공급계약에 따라 정한 입주지정기간 시작일 45일 전까지 2일 이상 실시해야 한다.

② 사업주체가 사전방문을 실시하려는 경우에는 사전방문기간 시작일 1개월 전까지 방문기간 및 방법 등 사전방문에 필요한 사항을 포함한 사전방문계획을 수립하여 사용검사권자에게 제출하고, 입주예정자에게 그 내용을 서면(전자문서를 포함한다)으로 알려야 한다.

③ 사업주체는 법 제48조의2 제6항에 따른 표준양식을 참고하여 입주예정자에게 사전방문에 필요한 점검표를 제공해야 한다.

제20조의3 (조치계획의 작성 방법) 사업주체는 영 제53조의2 제2항에 따른 조치계획을 수립하는 경우에는 국토교통부장관이 정하여 고시하는 시설공사의 세부 하자 유형별로 다음 각 호의 사항을 포함하여 작성해야 한다.

1. 세대별 입주예정자가 조치 요청을 한 하자의 내용
2. 영 제53조의2 제4항에 따른 중대한 하자인지 여부
3. 하자에 대한 조치방법 및 조치일정

제20조의4 (품질점검단의 점검절차 등)

① 제20조의2 제2항에 따라 사업주체로부터 사전방문계획을 제출받은 사용검사권자는 해당 공동주택이 영 제53조의5 제1항에 해당하는 경우 지체 없이 시·도지사(법 제48조의3 제1항 후단에 따라 권한을 위임받은 경우에는 대도시 시장을 말한다. 이하 이 조에서 같다)에게 같은 항 전단에 따른 공동주택 품질점검단(이하 "품질점검단"이라 한다)의 점검을 요청해야 한다.

② 제1항에 따라 품질점검을 요청받은 시·도지사는 사전방문기간 종료일부터 10일 이내에 품질점검단이 영 제53조의5 제2항에 따라 해당 공동주택의 품질을 점검하도록 해야 한다.

③ 시·도지사는 품질점검단의 점검 시작일 7일 전까지 사용검사권자 및 사업주체에게 점검일시, 점검내용 및 품질점검단 구성 등이 포함된 점검계획을 통보해야 한다.

④ 제3항에 따라 점검계획을 통보받은 사용검사권자는 영 제53조의5 제2항 제2호에 따른 세대의 전유부분 점검을 위하여 3세대 이상을 선정하여 품질점검단에 통보해야 한다. 이 경우 구체적인 점검 세대수 및 세대 선정기준은 공동주택의 규모 등 단지 여건에 따라 시·도(법 제48조의3 제1항 후단에 따라 대도시 시장이 권한을 위임받은 경우에는 대도시를 말한다)의 조례로 정한다.

⑤ 품질점검단은 품질점검을 실시한 후 점검 종료일부터 5일 이내에 점검결과를 시·도지사와 사용검사권자에게 제출해야 한다.

제20조의5 (사용검사권자의 자료요청) 법 제48조의3 제4항 전단에서 "공동주택의 공사현황 등 국토교통부령으로 정하는 서류 및 관련 자료"란 공사 개요 및 진행 상황 등 공동주택의 공사현황에 관한 자료를 말한다.

제22조 (입주예정자대표회의의 구성) 사용검사권자는 영 제55조 제1항 단서에 따라 입주예정자대표회의가 사용검사를 받아야 하는 경우에는 입주예정자로 구성된 대책회의를 소집하여 그 내용을 통보하고, 건축공사현장에 10일 이상 그 사실을 공고하여야 한다. 이 경우 입주예정자는 그 과반수의 동의로 10명 이내의 입주예정자로 구성된 입주예정자대표회의를 구성하여야 한다.

13-2. 사용검사

이 단계에서 조합은 무엇을 해야 할까?

① 조합은 사용검사(또는 임시 사용승인)를 신청한 날로부터 30일 이내에 외부회계감사를 받아야 합니다.

② 사용검사를 받는 주체는 조합이지만, 필요 도서의 정리 등 실질적인 준비에 대하여는 시공자의 조력이 이루어지게 됩니다. 사용검사 신청을 할 때에는 공동주택관리법에 따라 공용부분에 대한 장기수선계획을 수립하여 함께 제출하여야 합니다.

[주택법]

제14조의3(회계감사)

〈제1항 ⇒ 벌칙규정 : 제104조 제4호의4 / 양벌규정 : 제105조 제2항〉

① 주택조합은 대통령령으로 정하는 바에 따라 회계감사를 받아야 하며, 그 감사결과를 관할 시장·군수·구청장에게 보고하여야 한다.

〈제2항 ⇒ 벌칙규정 : 제104조 제4호의5 / 양벌규정 : 제105조 제2항〉

② 주택조합의 임원 또는 발기인은 계약금등(해당 주택조합사업에 관한 모든 수입에 따른 금전을 말한다)의 징수·보관·예치·집행 등 모든 거래 행위에 관하여 장부를 월별로 작성하여 그 증빙서류와 함께 제11조에 따른 주택조합 해산인가를 받는 날까지 보관하여야 한다. 이 경우 주택조합의 임원 또는 발기인은 「전자문서 및 전자거래 기본법」 제2조 제2호에 따른 정보처리시스템을 통하여 장부 및 증빙서류를 작성하거나 보관할 수 있다.

제49조 (사용검사 등)

① 사업주체는 제15조에 따른 사업계획승인을 받아 시행하는 주택건설사업 또는 대지조성사업을 완료한 경우에는 주택 또는 대지에 대하여 국토교통부령으로 정하는 바에 따라 시장·군수·구청장(국가 또는 한국토지주택공사가 사업주체인 경우와 대통령령으로 정하는 경우에는 국토교통부장관을 말한다. 이하 이 조에서 같다)의 사용검사를 받아야 한다. 다만, 제15조 제3항에 따라 사업계획을 승인받은 경우에는 완공된 주택에 대하여 공구별로 사용검사(이하 "분할 사용검사"

라 한다)를 받을 수 있고, 사업계획승인 조건의 미이행 등 대통령령으로 정하는 사유가 있는 경우에는 공사가 완료된 주택에 대하여 동별로 사용검사(이하 "동별 사용검사"라 한다)를 받을 수 있다.

② 사업주체가 제1항에 따른 사용검사를 받았을 때에는 제19조 제1항에 따라 의제되는 인·허가등에 따른 해당 사업의 사용승인·준공검사 또는 준공인가 등을 받은 것으로 본다. 이 경우 사용검사권자는 미리 관계 행정기관의 장과 협의하여야 한다.

③ 제1항에도 불구하고 다음 각 호의 구분에 따라 해당 주택의 시공을 보증한 자, 해당 주택의 시공자 또는 입주예정자는 대통령령으로 정하는 바에 따라 사용검사를 받을 수 있다.

1. 사업주체가 파산 등으로 사용검사를 받을 수 없는 경우에는 해당 주택의 시공을 보증한 자 또는 입주예정자
2. 사업주체가 정당한 이유 없이 사용검사를 위한 절차를 이행하지 아니하는 경우에는 해당 주택의 시공을 보증한 자, 해당 주택의 시공자 또는 입주예정자. 이 경우 사용검사권자는 사업주체가 사용검사를 받지 아니하는 정당한 이유를 밝히지 못하면 사용검사를 거부하거나 지연할 수 없다.

〈제4항 ⇒ 벌칙규정 : 제102조 제12호 /양벌규정 : 제105조 제2항〉

④ 사업주체 또는 입주예정자는 제1항에 따른 사용검사를 받은 후가 아니면 주택 또는 대지를 사용하게 하거나 이를 사용할 수 없다. 다만, 대통령령으로 정하는 경우로서 사용검사권자의 임시 사용승인을 받은 경우에는 그러하지 아니하다.

제62조 (사용검사 후 매도청구 등)

① 주택(복리시설을 포함한다. 이하 이 조에서 같다)의 소유자들은 주택단지 전체 대지에 속하는 일부의 토지에 대한 소유권이전등기 말소소송 등에 따라 제49조의 사용검사(동별 사용검사를 포함한다. 이하 이 조에서 같다)를 받은 이후에 해당 토지의 소유권을 회복한 자(이하 이 조에서 "실소유자"라 한다)에게 해당 토지를 시가로 매도할 것을 청구할 수 있다.

② 주택의 소유자들은 대표자를 선정하여 제1항에 따른 매도청구에 관한 소송을 제기할 수 있다. 이 경우 대표자는 주택의 소유자 전체의 4분의 3 이상의 동의를 받아 선정한다.

③ 제2항에 따른 매도청구에 관한 소송에 대한 판결은 주택의 소유자 전체에 대하여 효력이 있다.

④ 제1항에 따라 매도청구를 하려는 경우에는 해당 토지의 면적이 주택단지 전체 대지 면적의 5퍼센트 미만이어야 한다.

⑤ 제1항에 따른 매도청구의 의사표시는 실소유자가 해당 토지 소유권을 회복한 날부터 2년 이내에 해당 실소유자에게 송달되어야 한다.

⑥ 주택의 소유자들은 제1항에 따른 매도청구로 인하여 발생한 비용의 전부를 사업주체에게 구상(求償)할 수 있다.

[공동주택관리법]

제29조 (장기수선계획)

① 다음 각 호의 어느 하나에 해당하는 공동주택을 건설·공급하는 사업주체(「건축법」 제11조에 따른 건축허가를 받아 주택 외의 시설과 주택을 동일 건축물로 건축하는 건축주를 포함한다. 이하 이 조에서 같다) 또는 「주택법」 제66조 제1항 및 제2항에 따라 리모델링을 하는 자는 대통령령으로 정하는 바에 따라 그 공동주택의 공용부분에 대한 장기수선계획을 수립하여 「주택법」 제49조에 따른 사용검사(제4호의 경우에는 「건축법」 제22조에 따른 사용승인을 말한다. 이하 이 조에서 같다)를 신청할 때에 사용검사권자에게 제출하고, 사용검사권자는 이를 그 공동주택의 관리주체에게 인계하여야 한다. 이 경우 사용검사권자는 사업주체 또는 리모델링을 하는 자에게 장기수선계획의 보완을 요구할 수 있다.

1. 300세대 이상의 공동주택

2. 승강기가 설치된 공동주택

3. 중앙집중식 난방방식 또는 지역난방방식의 공동주택

4. 「건축법」 제11조에 따른 건축허가를 받아 주택 외의 시설과 주택을 동일 건축물로 건축한 건축물

[공동주택관리법시행령]

제30조 (장기수선계획의 수립) 법 제29조 제1항에 따라 장기수선계획을 수립하는 자는 국토교통부령으로 정하는 기준에 따라 장기수선계획을 수립하여야 한다. 이 경우 해당 공동주택의 건설비용을 고려하여야 한다.

[주택법 시행령]

제26조 (주택조합의 회계감사)

① 법 제14조의3 제1항에 따라 주택조합은 다음 각 호의 어느 하나에 해당하는 날부터 30일 이내에 「주식회사 등의 외부감사에 관한 법률」 제2조 제7호에 따른 감사인의 회계감사를 받아야 한다.

3. 법 제49조에 따른 사용검사 또는 임시 사용승인을 신청한 날

② 제1항에 따른 회계감사에 대해서는 「주식회사 등의 외부감사에 관한 법률」 제16조에 따른 회계감사기준을 적용한다.

③ 제1항에 따른 회계감사를 한 자는 회계감사 종료일부터 15일 이내에 회계감사 결과를 관할 시장·군수·구청장과 해당 주택조합에 각각 통보하여야 한다.

④ 시장·군수·구청장은 제3항에 따라 통보받은 회계감사 결과의 내용을 검토하여 위법 또는 부당한 사항이 있다고 인정되는 경우에는 그 내용을 해당 주택조합에 통보하고 시정을 요구할 수 있다.

제54조 (사용검사 등)

① 법 제49조 제1항 본문에서 "대통령령으로 정하는 경우"란 제27조 제3항 각 호에 해당하여 국토교통부장관으로부터 법 제15조에 따른 사업계획의 승인을 받은 경우를 말한다.

② 법 제49조 제1항 단서에서 "사업계획승인 조건의 미이행 등 대통령령으로 정하는 사유가 있는 경우"란 다음 각 호의 어느 하나에 해당하는 경우를 말한다.

1. 법 제15조에 따른 사업계획승인의 조건으로 부과된 사항의 미이행
2. 하나의 주택단지의 입주자를 분할 모집하여 전체 단지의 사용검사를 마치기 전에 입주가 필요한 경우
3. 그 밖에 사업계획승인권자가 동별로 사용검사를 받을 필요가 있다고 인정하는 경우

③ 사용검사권자는 사용검사를 할 때 다음 각 호의 사항을 확인해야 한다.

1. 주택 또는 대지가 사업계획의 내용에 적합한지 여부
2. 법 제48조의2 제3항, 제48조의3 제6항 후단, 이 영 제53조의2 제2항 및 제53조의6 제6항에 따라 사용검사를 받기 전까지 조치해야 하는 하자를 조치 완료했는지 여부

④ 제3항에 따른 사용검사는 신청일부터 15일 이내에 하여야 한다.

⑤ 법 제49조 제2항 후단에 따라 협의 요청을 받은 관계 행정기관의 장은 정당한 사유가 없으면 그 요청을 받은 날부터 10일 이내에 의견을 제시하여야 한다.

제55조 (시공보증자 등의 사용검사)

① 사업주체가 파산 등으로 주택건설사업을 계속할 수 없는 경우에는 법 제49조 제3항 제1호에 따라 해당 주택의 시공을 보증한 자(이하 "시공보증자"라 한다)가 잔여공사를 시공하고 사용검사를 받아야 한다. 다만, 시공보증자가 없거나 파산 등으로 시공을 할 수 없는 경우에는 입주예정자의 대표회의(이하 "입주예정자대표회의"라 한다)가 시공자를 정하여 잔여공사를 시공하고 사용검사를 받아야 한다.

② 제1항에 따라 사용검사를 받은 경우에는 사용검사를 받은 자의 구분에 따라 시공보증자 또는 세대별 입주자의 명의로 건축물관리대장 등재 및 소유권보존등기를 할 수 있다.

③ 입주예정자대표회의의 구성·운영 등에 필요한 사항은 국토교통부령으로 정한다.

④ 법 제49조 제3항 제2호에 따라 시공보증자, 해당 주택의 시공자 또는 입주예정자가 사용검사를 신청하는 경우 사용검사권자는 사업주체에게 사용검사를 받지 아니하는 정당한 이유를 제출할 것을 요청하여야 한다. 이 경우 사업주체는 요청받은 날부터 7일 이내에 의견을 통지하여야 한다.

제56조 (임시 사용승인)

① 법 제49조 제4항 단서에서 "대통령령으로 정하는 경우"란 다음 각 호의 구분에 따른 경우를 말한다.

1. 주택건설사업의 경우 : 건축물의 동별로 공사가 완료된 경우
2. 대지조성사업의 경우 : 구획별로 공사가 완료된 경우

② 법 제49조 제4항 단서에 따른 임시 사용승인을 받으려는 자는 국토교통부령으로 정하는 바에 따라 사용검사권자에게 임시 사용승인을 신청하여야 한다.

③ 사용검사권자는 제2항에 따른 신청을 받은 때에는 임시 사용승인대상인 주택 또는 대지가 사업계획의 내용에 적합하고 사용에 지장이 없는 경우에만 임시사용을 승인할 수 있다. 이 경우 임시 사용승인의 대상이 공동주택인 경우에는 세대별로 임시 사용승인을 할 수 있다.

[주택법 시행규칙]

제21조 (사용검사 등)

① 법 제49조 및 영 제56조 제2항에 따라 사용검사를 받거나 임시 사용승인을 받으려는 자는 별지 제23호서식의 신청서에 다음 각 호의 서류를 첨부하여 사용검사권자에게 제출(전자문서에 따른 제출을 포함한다)해야 한다.

1. 감리자의 감리의견서(주택건설사업인 경우만 해당한다)
2. 시공자의 공사확인서(영 제55조 제1항 단서에 따라 입주예정자대표회의가 사용검사 또는 임시 사용승인을 신청하는 경우만 해당한다)

② 사용검사권자는 영 제54조 제3항 또는 영 제56조 제3항에 따른 확인 결과 적합한 경우에는 사용검사 또는 임시 사용승인을 신청한 자에게 별지 제24호서식의 사용검사 확인증 또는 별지 제25호서식의 임시사용승인서를 발급하여야 한다.

14-1. 주택의 공급

[주택법]

제54조 (주택의 공급)

〈제1항 ⇒ 벌칙규정 : 제102조 제13호 / 양벌규정 : 제105조 제2항〉

① 사업주체(「건축법」 제11조에 따른 건축허가를 받아 주택 외의 시설과 주택을 동일 건축물로 하여 제15조 제1항에 따른 호수 이상으로 건설·공급하는 건축주와 제49조에 따라 사용검사를 받은 주택을 사업주체로부터 일괄하여 양수받은 자를 포함한다. 이하 이 장에서 같다)는 다음 각 호에서 정하는 바에 따라 주택을 건설·공급하여야 한다. 이 경우 국가유공자, 보훈보상대상자, 장애인, 철거주택의 소유자, 그 밖에 국토교통부령으로 정하는 대상자에게는 국토교통부령으로 정하는 바에 따라 입주자 모집조건 등을 달리 정하여 별도로 공급할 수 있다.

일반분양계약의 성격은 어떠한가요?

대법원은, '계약목적물의 특정은 주로 계약 당시 아직 완성되지 아니한 아파트의 평형별 건물면적과 약정공유대지면적에 의하여 이루어지고, 수분양자들이 계약목적물의 구체적인 위치(동, 호수)를 선택할 권한도 없고, 입주자모집공고 후에는 사업주체가 임의로 주택의 단위규모나 공유대지면적을 변경할 수 없도록 되어 있는 사정 등에 비추어 보면, 이 사건 아파트의 분양계약 시 평형별 건물면적이나 공유대지면적의 기재가 단순히 계약목적물을 특정하기 위한 방편에 불과하다고는 할 수 없고, 오히려 아파트 분양계약은 목적물이 일정한 면적(수량)을 가지고 있다는데 주안을 두고 대금도 면적을 기준으로 하여 정한 경우로서, 이른바 수량을 지정한 매매'라고 판단하였습니다(대법원 1998. 9. 11. 선고 97다49510판결).

1. 사업주체(공공주택사업자는 제외한다)가 입주자를 모집하려는 경우 : 국토교통부령으로 정하는 바에 따라 시장·군수·구청장의 승인(복리시설의 경우에는 신고를 말한다)을 받을 것

분양승인이 무엇인가요?

30세대 이상이 증가하는 사업계획승인 대상 사업지의 경우, 조합은 일반분양자를 모집하기 위하여 주택공급에 관한 규칙 제20조에 따른 입주자모집승인(또는 분양승인)을 받아야 합니다. 승인권자인 시장·군수·구청장은 입주자모집공고안, 분양보증서 등의 서류를 제출받아 검토한 뒤 원칙적으로 신청일로부터 5일 이내에(예외 있음) 승인 여부를 결정하게 됩니다.

2. 사업주체가 건설하는 주택을 공급하려는 경우
   가. 국토교통부령으로 정하는 입주자모집의 시기(사업주체 또는 시공자가 영업정지를 받거나 「건설기술 진흥법」 제53조에 따른 벌점이 국토교통부령으로 정하는 기준에 해당하는 경우 등에 달리 정한 입주자모집의 시기를 포함한다)·조건·방법·절차, 입주금(입주예정자가 사업주체에게 납입하는 주택가격을 말한다. 이하 같다)의 납부 방법·시기·절차, 주택공급계약의 방법·절차 등에 적합할 것
   나. 국토교통부령으로 정하는 바에 따라 벽지·바닥재·주방용구·조명기구 등을 제외한 부분의 가격을 따로 제시하고, 이를 입주자가 선택할 수 있도록 할 것

보류지의 경우 어떤 방식으로 처리를 해야 하는 것인가요?

보류지는 사업경비 충당이나 분양대상의 누락 또는 착오, 또는 소송에 따른 조합원 지위 회복 등을 대비하여 일반분양을 하지 않고 남겨두는 주택입니다. 원칙적으로 일반분양은 주택법 제54조 제1항, 동법 시행규칙 제23조 제1항 제1호, 주택공급에 관한 규칙에 따라 이루어지게 되나, 보류지는 조합규약에서 따로 정하고 있는 경우가 아니라면 일반적으로 조합이 입찰가를 정하고 가장 높은 금액을 제시한 사람이 이를 낙찰받는 공개입찰 방식으로 매각하게 됩니다.

조합이 신탁등기를 경료하였는데, 일부 세대의 경우 대지지분에 근저당권이 설정되어 있는 것이 발견되었다면 이를 어떻게 해소하여야 하는 것일까요?

조합은 근저당권이 설정되어 있는 상태로 신탁등기를 경료할 수 있고 이 경우 근저당권의 효력은 계속 유지가 됩니다. 원칙적으로 제한물권(저당권)을 설정한 조합원이 채무를 변제하고 이를 말소할 수 있도록 할 의무를 부담

하지만, 만일 여의치 않은 경우 조합이 이를 대위변제하고 해당 조합원에게 구상권을 행사하는 방식으로 해결할 수도 있습니다.

〈제2항 ⇒ 과태료규정 : 제106조 제3항 제5호〉

② 주택을 공급받으려는 자는 국토교통부령으로 정하는 입주자자격, 재당첨 제한 및 공급 순위 등에 맞게 주택을 공급받아야 한다. 이 경우 제63조 제1항에 따른 투기과열지구 및 제63조의2 제1항에 따른 조정대상지역에서 건설·공급되는 주택을 공급받으려는 자의 입주자자격, 재당첨 제한 및 공급 순위 등은 주택의 수급 상황 및 투기 우려 등을 고려하여 국토교통부령으로 지역별로 달리 정할 수 있다.

〈제3항 ⇒ 벌칙규정 : 제102조 제14호 / 양벌규정 : 제105조 제2항〉

③ 사업주체가 제1항 제1호에 따라 시장·군수·구청장의 승인을 받으려는 경우(사업주체가 국가·지방자치단체·한국토지주택공사 및 지방공사인 경우에는 견본주택을 건설하는 경우를 말한다)에는 제60조에 따라 건설하는 견본주택에 사용되는 마감자재의 규격·성능 및 재질을 적은 목록표(이하 "마감자재 목록표"라 한다)와 견본주택의 각 실의 내부를 촬영한 영상물 등을 제작하여 승인권자에게 제출하여야 한다.

④ 사업주체는 주택공급계약을 체결할 때 입주예정자에게 다음 각 호의 자료 또는 정보를 제공하여야 한다. 다만, 입주자 모집공고에 이를 표시(인터넷에 게재하는 경우를 포함한다)한 경우에는 그러하지 아니하다.

1. 제3항에 따른 견본주택에 사용된 마감자재 목록표
2. 공동주택 발코니의 세대 간 경계벽에 피난구를 설치하거나 경계벽을 경량구조로 건설한 경우 그에 관한 정보

⑤ 시장·군수·구청장은 제3항에 따라 받은 마감자재 목록표와 영상물 등을 제49조 제1항에 따른 사용검사가 있은 날부터 2년 이상 보관하여야 하며, 입주자가 열람을 요구하는 경우에는 이를 공개하여야 한다.

⑥ 사업주체가 마감자재 생산업체의 부도 등으로 인한 제품의 품귀 등 부득이한 사유로 인하여 제15조에 따른 사업계획승인 또는 마감자재 목록표의 마감자재와 다르게 마감자재를 시공·설치하려는 경우에는 당초의 마감자재와 같은 질 이상으로 설치하여야 한다.

⑦ 사업주체가 제6항에 따라 마감자재 목록표의 자재와 다른 마감자재를 시공·설치하려는 경우에는 그 사실을 입주예정자에게 알려야 한다.

〈제8항 ⇒ 과태료규정 : 제106조 제3항 제6호〉

⑧ 사업주체는 공급하려는 주택에 대하여 대통령령으로 정하는 내용이 포함된 표시 및 광고(「표시·광고의 공정화에 관한 법률」 제2조에 따른 표시 또는 광고를 말한다. 이하 같다)를 한 경우 대통령령으로 정하는 바에 따라 해당 표시 또는 광고의 사본을 시장·군수·구청장에게 제출하여야 한다. 이 경우 시장·군수·구청장은 제출받은 표시 또는 광고의 사본을 제49조 제1항에 따른 사용검사가 있은 날부터 2년 이상 보관하여야 하며, 입주자가 열람을 요구하는 경우 이를 공개하여야 한다.

제54조의2 (주택의 공급업무의 대행 등)

〈제1항 ⇒ 벌칙규정 : 제102조 제13호 / 양벌규정 : 제105조 제2항〉

① 사업주체는 주택을 효율적으로 공급하기 위하여 필요하다고 인정하는 경우 주택의 공급업무의 일부를 제3자로 하여금 대행하게 할 수 있다.

〈제2항 ⇒ 벌칙규정 : 제102조 제14호의2 / 양벌규정 : 제105조 제2항〉

② 제1항에도 불구하고 사업주체가 입주자자격, 공급 순위 등을 증명하는 서류의 확인 등 국토교통부령으로 정하는 업무를 대행하게 하는 경우 국토교통부령으로 정하는 바에 따라 다음 각 호의 어느 하나에 해당하는 자(이하 이 조에서 "분양대행자"라 한다)에게 대행하게 하여야 한다.

1. 등록사업자
2. 「건설산업기본법」 제9조에 따른 건설업자로서 대통령령으로 정하는 자
3. 「도시 및 주거환경정비법」 제102조에 따른 정비사업전문관리업자
4. 「부동산개발업의 관리 및 육성에 관한 법률」 제4조에 따른 등록사업자
5. 다른 법률에 따라 등록하거나 인가 또는 허가를 받은 자로서 국토교통부령으로 정하는 자

〈제3항 ⇒ 과태료규정 : 제106조 제2항 제6호〉

③ 사업주체가 제2항에 따라 업무를 대행하게 하는 경우 분양대행자에 대한 교육을 실시하는 등 국토교통부령으로 정하는 관리·감독 조치를 시행하여야 한다.

제64조 (주택의 전매행위 제한 등)

〈제64조 위반 신고에 대한 포상금 지급규정 : 주택법 제92조, 동법 시행령 제92조, 동법 시행규칙 제38조〉

〈제1항 ⇒ 벌칙규정 : 제101조 제2호 / 양벌규정 : 제105조 제2항〉

① 사업주체가 건설·공급하는 주택[해당 주택의 입주자로 선정된 지위(입주자로 선정되어 그 주택에 입주할 수 있는 권리·자격·지위 등을 말한다)를 포함한다. 이하 이 조 및 제101조에서 같다]으로서 다음 각 호의 어느 하나에 해당하는 경우에는 10년 이내의 범위에서 대통령령으로 정하는 기간이 지나기 전에는 그 주택을 전매(매매·증여나 그 밖에 권리의 변동을 수반하는 모든 행위를 포함하되, 상속의 경우는 제외한다. 이하 같다)하거나 이의 전매를 알선할 수 없다. 이 경우 전매제한기간은 주택의 수급 상황 및 투기 우려 등을 고려하여 대통령령으로 지역별로 달리 정할 수 있다.

1. 투기과열지구에서 건설·공급되는 주택
2. 조정대상지역에서 건설·공급되는 주택. 다만, 제63조의2 제1항 제2호에 해당하는 조정대상지역 중 주택의 수급 상황 등을 고려하여 대통령령으로 정하는 지역에서 건설·공급되는 주택은 제외한다.
3. 분양가상한제 적용주택. 다만, 수도권 외의 지역 중 주택의 수급 상황 및 투기 우려 등을 고려하여 대통령령으로 정하는 지역으로서 투기과열지구가 지정되지 아니하거나 제63조에 따라 지정 해제된 지역 중 공공택지 외의 택지에서 건설·공급되는 분양가상한제 적용주택은 제외한다.
4. 공공택지 외의 택지에서 건설·공급되는 주택. 다만, 제57조 제2항 각 호의 주택 및 수도권 외의 지역 중 주택의 수급 상황 및 투기 우려 등을 고려하여 대통령령으로 정하는 지역으로서 공공택지 외의 택지에서 건설·공급되는 주택은 제외한다.
5. 「도시 및 주거환경정비법」 제2조 제2호 나목 후단에 따른 공공재개발사업(제57조 제1항 제2호의 지역에 한정한다)에서 건설·공급하는 주택

② 제1항 각 호의 주택을 공급받은 자의 생업상의 사정 등으로 전매가 불가피하다고 인정되는 경우로서 대통령령으로 정하는 경우에는 제1항을 적용하지 아니한다. 다만, 제1항 제3호의 주택을 공급받은 자가 전매하는 경우에는 한국토지주택공사가 그 주택을 우선 매입할 수 있다

③ 제1항을 위반하여 주택의 입주자로 선정된 지위의 전매가 이루어진 경우, 사업주체가 매입비용을 그 매수인에게 지급한 경우에는 그 지급한 날에 사업주체가 해당 입주자로 선정된 지위를 취득한 것으로 보며, 제2항 단서에 따라 한국토지주

택공사가 분양가상한제 적용주택을 우선 매입하는 경우에도 매입비용을 준용하되, 해당 주택의 분양가격과 인근지역 주택 매매가격의 비율 및 해당 주택의 보유기간 등을 고려하여 대통령령으로 정하는 바에 따라 매입금액을 달리 정할 수 있다.

④ 사업주체가 제1항 제3호 및 제4호에 해당하는 주택을 공급하는 경우에는 그 주택의 소유권을 제3자에게 이전할 수 없음을 소유권에 관한 등기에 부기등기하여야 한다.

⑤ 제4항에 따른 부기등기는 주택의 소유권보존등기와 동시에 하여야 하며, 부기등기에는 "이 주택은 최초로 소유권이전등기가 된 후에는 「주택법」 제64조 제1항에서 정한 기간이 지나기 전에 한국토지주택공사(제64조 제2항 단서에 따라 한국토지주택공사가 우선 매입한 주택을 공급받는 자를 포함한다) 외의 자에게 소유권을 이전하는 어떠한 행위도 할 수 없음"을 명시하여야 한다.

⑥ 한국토지주택공사가 제2항 단서에 따라 우선 매입한 주택을 공급하는 경우에는 제4항을 준용한다.

⑦ 국토교통부장관은 제1항을 위반한 자에 대하여 10년의 범위에서 국토교통부령으로 정하는 바에 따라 주택의 입주자자격을 제한할 수 있다.

제65조 (공급질서 교란 금지)

〈제1항 ⇒ 벌칙규정 : 제101조 제3호 / 양벌규정 : 제105조 제2항〉

① 누구든지 이 법에 따라 건설·공급되는 주택을 공급받거나 공급받게 하기 위하여 다음 각 호의 어느 하나에 해당하는 증서 또는 지위를 양도·양수(매매·증여나 그 밖에 권리 변동을 수반하는 모든 행위를 포함하되, 상속·저당의 경우는 제외한다. 이하 이 조에서 같다) 또는 이를 알선하거나 양도·양수 또는 이를 알선할 목적으로 하는 광고(각종 간행물·인쇄물·전화·인터넷, 그 밖의 매체를 통한 행위를 포함한다)를 하여서는 아니 되며, 누구든지 거짓이나 그 밖의 부정한 방법으로 이 법에 따라 건설·공급되는 증서나 지위 또는 주택을 공급받거나 공급받게 하여서는 아니 된다.

1. 제11조에 따라 주택을 공급받을 수 있는 지위
2. 제56조에 따른 입주자저축 증서
3. 제80조에 따른 주택상환사채
4. 그 밖에 주택을 공급받을 수 있는 증서 또는 지위로서 대통령령으로 정하는 것

② 국토교통부장관 또는 사업주체는 다음 각 호의 어느 하나에 해당하는 자에 대하여는 그 주택 공급을 신청할 수 있는 지위를 무효로 하거나 이미 체결된 주택의 공급계약을 취소하여야 한다.

1. 제1항을 위반하여 증서 또는 지위를 양도하거나 양수한 자
2. 제1항을 위반하여 거짓이나 그 밖의 부정한 방법으로 증서나 지위 또는 주택을 공급받은 자

③ 사업주체가 제1항을 위반한 자에게 대통령령으로 정하는 바에 따라 산정한 주택가격에 해당하는 금액을 지급한 경우에는 그 지급한 날에 그 주택을 취득한 것으로 본다.

④ 제3항의 경우 사업주체가 매수인에게 주택가격을 지급하거나, 매수인을 알 수 없어 주택가격의 수령 통지를 할 수 없는 경우 등 대통령령으로 정하는 사유에 해당하는 경우로서 주택가격을 그 주택이 있는 지역을 관할하는 법원에 공탁한 경우에는 그 주택에 입주한 자에게 기간을 정하여 퇴거를 명할 수 있다.

⑤ 국토교통부장관은 제1항을 위반한 자에 대하여 10년의 범위에서 국토교통부령으로 정하는 바에 따라 주택의 입주자자격을 제한할 수 있다.

⑥ 국토교통부장관 또는 사업주체는 제2항에도 불구하고 제1항을 위반한 공급질서 교란 행위가 있었다는 사실을 알지 못하고 주택 또는 주택의 입주자로 선정된 지위를 취득한 매수인이 해당 공급질서 교란 행위와 관련이 없음을 대통령령으로

정하는 바에 따라 소명하는 경우에는 이미 체결된 주택의 공급계약을 취소하여서는 아니 된다.

⑦ 사업주체는 제2항에 따라 이미 체결된 주택의 공급계약을 취소하려는 경우 국토교통부장관 및 주택 또는 주택의 입주자로 선정된 지위를 보유하고 있는 자에게 대통령령으로 정하는 절차 및 방법에 따라 그 사실을 미리 알려야 한다.

제88조 (주택정책 관련 자료 등의 종합관리)

③ 사업주체 또는 관리주체는 주택을 건설·공급·관리할 때 이 법과 이 법에 따른 명령에 따라 필요한 주택의 소유 여부 확인, 입주자의 자격 확인 등 대통령령으로 정하는 사항에 대하여 관련 기관·단체 등에 자료 제공 또는 확인을 요청할 수 있다.

[주택법 시행령]

제58조 (주택에 관한 표시·광고의 사본 제출 대상 등)

① 법 제54조 제8항 전단에서 "대통령령으로 정하는 내용"이란 「국토의 계획 및 이용에 관한 법률」 제2조 제6호에 따른 기반시설의 설치·정비 또는 개량에 관한 사항을 말한다.

② 사업주체는 법 제54조 제8항 전단에 따라 제1항의 내용이 포함된 표시 또는 광고(「표시·광고의 공정화에 관한 법률」 제2조에 따른 표시 또는 광고를 말한다)의 사본을 주택공급계약 체결기간의 시작일부터 30일 이내에 시장·군수·구청장에게 제출해야 한다.

제58조의2 (주택의 공급업무의 대행) 법 제54조의2 제2항 제2호에서 "대통령령으로 정하는 자"란 「건설산업기본법 시행령」 별표 1에 따른 건축공사업 또는 토목건축공사업의 등록을 한 자를 말한다.

제60조 (주의문구의 명시) 사업주체는 입주자 모집을 하는 경우에는 입주자모집공고안에 "분양가격의 항목별 공시 내용은 사업에 실제 소요된 비용과 다를 수 있다"는 문구를 명시하여야 한다.

제73조 (전매행위 제한기간 및 전매가 불가피한 경우)

① 법 제64조 제1항 각 호 외의 부분 전단에서 "대통령령으로 정하는 기간"이란 별표 3에 따른 기간을 말한다.

② 법 제64조 제1항 제2호 단서에서 "대통령령으로 정하는 지역에서 건설·공급되는 주택"이란 공공택지 외의 택지에서 건설·공급되는 주택을 말한다.

③ 법 제64조 제1항 제3호 단서 및 같은 항 제4호 단서에서 "대통령령으로 정하는 지역"이란 각각 광역시가 아닌 지역을 말한다.

④ 법 제64조 제2항 본문에서 "대통령령으로 정하는 경우"란 다음 각 호의 어느 하나에 해당하여 한국토지주택공사(사업주체가 「공공주택 특별법」 제4조의 공공주택사업자인 경우에는 공공주택사업자를 말한다)의 동의를 받은 경우를 말한다.

1. 세대원(법 제64조 제1항 각 호의 주택을 공급받은 사람이 포함된 세대의 구성원을 말한다. 이하 이 조에서 같다)이 근무 또는 생업상의 사정이나 질병치료·취학·결혼으로 인하여 세대원 전원이 다른 광역시, 특별자치시, 특별자치도, 시 또는 군(광역시의 관할구역에 있는 군은 제외한다)으로 이전하는 경우. 다만, 수도권 안에서 이전하는 경우는 제외한다.
2. 상속에 따라 취득한 주택으로 세대원 전원이 이전하는 경우

3. 세대원 전원이 해외로 이주하거나 2년 이상의 기간 동안 해외에 체류하려는 경우
4. 이혼으로 인하여 입주자로 선정된 지위 또는 주택을 배우자에게 이전하는 경우
5. 「공익사업을 위한 토지 등의 취득 및 보상에 관한 법률」 제78조 제1항에 따라 공익사업의 시행으로 주거용 건축물을 제공한 자가 사업시행자로부터 이주대책용 주택을 공급받은 경우(사업시행자의 알선으로 공급받은 경우를 포함한다)로서 시장·군수·구청장이 확인하는 경우
6. 법 제64조 제1항 제3호부터 제5호까지의 어느 하나에 해당하는 주택의 소유자가 국가·지방자치단체 및 금융기관(제71조 제1호 각 목의 금융기관을 말한다)에 대한 채무를 이행하지 못하여 경매 또는 공매가 시행되는 경우
7. 입주자로 선정된 지위 또는 주택의 일부를 배우자에게 증여하는 경우
8. 실직·파산 또는 신용불량으로 경제적 어려움이 발생한 경우

제74조 (양도가 금지되는 증서 등)

① 법 제65조 제1항 제4호에서 "대통령령으로 정하는 것"이란 다음 각 호의 어느 하나에 해당하는 것을 말한다.

1. 시장·군수·구청장이 발행한 무허가건물 확인서, 건물철거예정 증명서 또는 건물철거 확인서
2. 공공사업의 시행으로 인한 이주대책에 따라 주택을 공급받을 수 있는 지위 또는 이주대책대상자 확인서

② 법 제65조 제3항에 따라 사업주체가 같은 조 제1항을 위반한 자에게 다음 각 호의 금액을 합산한 금액에서 감가상각비(「법인세법 시행령」 제26조 제2항 제1호에 따른 정액법에 준하는 방법으로 계산한 금액을 말한다)를 공제한 금액을 지급하였을 때에는 그 지급한 날에 해당 주택을 취득한 것으로 본다.

1. 입주금
2. 융자금의 상환 원금
3. 제1호 및 제2호의 금액을 합산한 금액에 생산자물가상승률을 곱한 금액

③ 법 제65조 제4항에서 "매수인을 알 수 없어 주택가격의 수령 통지를 할 수 없는 경우 등 대통령령으로 정하는 사유에 해당하는 경우"란 다음 각 호의 어느 하나에 해당하는 경우를 말한다.

1. 매수인을 알 수 없어 주택가격의 수령 통지를 할 수 없는 경우
2. 매수인에게 주택가격의 수령을 3회 이상 통지하였으나 매수인이 수령을 거부한 경우. 이 경우 각 통지일 간에는 1개월 이상의 간격이 있어야 한다.
3. 매수인이 주소지에 3개월 이상 살지 아니하여 주택가격의 수령이 불가능한 경우
4. 주택의 압류 또는 가압류로 인하여 매수인에게 주택가격을 지급할 수 없는 경우

제74조의2 (공급질서 교란 행위로 인한 주택 공급계약 취소제한 및 취소절차 등)

① 법 제65조 제6항에서 "대통령령으로 정하는 바에 따라 소명하는 경우"란 매수인이 법 제65조 제1항을 위반한 공급질서 교란 행위(이하 이 조에서 "공급질서교란행위"라 한다)와 관련이 없음을 제5항에 따라 시장·군수·구청장으로부터 확인받은 경우를 말한다.

② 국토교통부장관 또는 사업주체는 매수인이 취득한 주택이나 주택의 입주자로 선정된 지위(이하 이 조에서 "주택등"이라 한다)가 법 제65조 제1항을 위반하여 공급받은 것으로 판단되는 경우에는 지체 없이 해당 주택의 소재지(법 제49조에 따른 사용검사를 받기 전인 경우에는 주택건설대지로 한다)를 관할하는 시장·군수·구청장에게 그 사실을 통보해야 한다. 이 경우 국토교통부장관은 사업주체에게, 사업주체는 국토교통부장관에게도 함께 통보해야 한다.

③ 제2항에 따라 관할 시장·군수·구청장에게 통보하거나 국토교통부장관으로부터 통보받은 사업주체는 매수인이 공급질서교란행위와 관련이 없음을 제2항에 따른 시장·군수·구청장에게 소명할 것을 매수인에게 요구해야 한다.

④ 제3항에 따른 소명 요구를 받은 매수인은 요구받은 날부터 1개월 이내에 소명 내용을 적은 문서(전자문서를 포함한다)에 다음 각 호의 서류(전자문서를 포함한다)를 첨부하여 제2항에 따른 시장·군수·구청장에게 제출할 수 있다.

1. 주택등의 거래계약서
2. 「부동산 거래신고 등에 관한 법률」 제3조 제5항에 따라 발급받은 신고필증
3. 주택등 거래대금의 지급내역이 적힌 서류
4. 그 밖에 주택등의 거래사실을 증명할 수 있는 서류

⑤ 제4항에 따른 소명 문서를 제출받은 시장·군수·구청장은 문서를 제출받은 날부터 2개월 이내에 소명 내용을 확인하여 매수인이 공급질서교란행위와 관련이 있는지를 국토교통부장관·사업주체 및 매수인에게 각각 통보해야 한다.

⑥ 사업주체는 법 제65조 제2항에 따라 이미 체결된 주택의 공급계약을 취소하려는 경우 국토교통부장관과 주택등을 보유하고 있는 자에게 계약 취소 일정, 법 제65조 제3항에 따른 주택가격에 해당하는 금액과 해당 금액의 지급 방법 등을 각각 문서로 미리 통보해야 한다.

제89조 (주택행정정보화 및 자료의 관리 등)

② 법 제88조 제3항에서 "주택의 소유 여부 확인, 입주자의 자격 확인 등 대통령령으로 정하는 사항"이란 다음 각 호의 사항을 말한다.

1. 주택의 소유 여부 확인
2. 입주자의 자격 확인
3. 지방자치단체·한국토지주택공사 등 공공기관이 법, 「택지개발촉진법」 및 그 밖의 법률에 따라 개발·공급하는 택지의 현황, 공급계획 및 공급일정
4. 주택이 건설되는 해당 지역과 인근지역에 대한 입주자저축의 가입자현황
5. 주택이 건설되는 해당 지역과 인근지역에 대한 주택건설사업계획승인현황
6. 주택관리업자 등록현황

[주택법 시행규칙]

제23조 (주택의 공급 등)

① 다음 각 호의 사항은 「주택공급에 관한 규칙」으로 정한다.

1. 법 제54조에 따른 주택의 공급
2. 법 제56조에 따른 입주자저축
3. 법 제60조에 따른 견본주택의 건축기준
4. 법 제65조 제5항에 따른 입주자자격 제한

② 법 제57조에 따른 분양가격 산정방식 등은 「공동주택 분양가격의 산정 등에 관한 규칙」으로 정한다.

14-2. 분양가상한제

[주택법]

제57조 (주택의 분양가격 제한 등)

〈제1항 ⇒ 벌칙규정 : 제102조 제15호 / 양벌규정 : 제105조 제2항〉

① 사업주체가 제54조에 따라 일반인에게 공급하는 공동주택 중 다음 각 호의 어느 하나에 해당하는 지역에서 공급하는 주택의 경우에는 이 조에서 정하는 기준에 따라 산정되는 분양가격 이하로 공급(이에 따라 공급되는 주택을 "분양가상한제 적용주택"이라 한다. 이하 같다)하여야 한다.

 # 분양가상한제 내용이 변경되었다는데 무슨 변화가 있는 것인가요?

국토교통부는 2022. 7. 15. '공동주택 분양가격의 산정 등에 관한 규칙'을 개정하여 정비사업 추진과정에서 필수적으로 발생하는 주거이전비, 이사비, 영업 손실보상비, 명도소송비, 이주비 금융비용, 총회 등 필수 소요 경비를 택지 가산비에 추가하였으며, '정비사업 등 필수 발생 비용 산정기준'을 제정하여 래미콘·철근값 상승분을 기본형 건축비에 반영할 수 있도록 하였습니다. 30세대 이상 증축하는 리모델링의 경우 2022. 7. 15. 이후 입주자 모집을 공고하는 경우 이러한 변경 내용이 적용될 수 있으며, 명도소송비용이나 이주비 대출 이자 등을 반영하여 분양가를 다소 상향시킬 수 있을 것으로 전망됩니다(증축되는 세대가 29세대 이하인 경우 분양가상한제의 적용을 받지 않게 됩니다).

이후 국토교통부는 2023. 1. 5.부터 서울 강남3구(강남·서초·송파)와 용산구를 제외한 부동산 규제지역을 전면 해제하면서 위 4개구를 제외한 다른 지역에서 분양가상한제 적용은 이루어지지 않게 되었으며, 나아가 각종 세금과 대출과 관련한 규제, 실거주 의무 등 많은 부분의 변화가 파생된 바 있습니다. 이 부분에 대하여는 향후 심화편에서, 제도 개편 이후 집적된 실례(實例)들을 통해 구체적으로 설명하도록 하겠습니다.

1. 공공택지
2. 공공택지 외의 택지로서 다음 각 목의 어느 하나에 해당하는 지역
   가. 「공공주택 특별법」에 따른 도심 공공주택 복합지구
   나. 「도시재생 활성화 및 지원에 관한 특별법」에 따른 주거재생혁신지구
   다. 주택가격 상승 우려가 있어 제58조에 따라 국토교통부장관이 「주거기본법」 제8조에 따른 주거정책심의위원회(이하 "주거정책심의위원회"라 한다)의 심의를 거쳐 지정하는 지역

③ 제1항의 분양가격은 택지비와 건축비로 구성(토지임대부 분양주택의 경우에는 건축비만 해당한다)되며, 구체적인 명세, 산정방식, 감정평가기관 선정방법 등은 국토교통부령으로 정한다. 이 경우 택지비는 다음 각 호에 따라 산정한 금액으로 한다.

1. 공공택지에서 주택을 공급하는 경우에는 해당 택지의 공급가격에 국토교통부령으로 정하는 택지와 관련된 비용을 가산한 금액
2. 공공택지 외의 택지에서 분양가상한제 적용주택을 공급하는 경우에는 「감정평가 및 감정평가사에 관한 법률」에 따라 감정평가한 가액에 국토교통부령으로 정하는 택지와 관련된 비용을 가산한 금액. 다만, 택지 매입가격이 다음 각 목의 어느 하나에 해당하는 경우에는 해당 매입가격(대통령령으로 정하는 범위로 한정한다)에 국토교통부령으로 정하는 택지와 관련된 비용을 가산한 금액을 택지비로 볼 수 있다. 이 경우 택지비는 주택단지 전체에 동일하게 적용하여야 한다.
   가. 「민사집행법」, 「국세징수법」 또는 「지방세징수법」에 따른 경매·공매 낙찰가격
   나. 국가·지방자치단체 등 공공기관으로부터 매입한 가격
   다. 그 밖에 실제 매매가격을 확인할 수 있는 경우로서 대통령령으로 정하는 경우

④ 제3항의 분양가격 구성항목 중 건축비는 국토교통부장관이 정하여 고시하는 건축비(이하 "기본형건축비"라 한다)에 국토교통부령으로 정하는 금액을 더한 금액으로 한다. 이 경우 기본형건축비는 시장·군수·구청장이 해당 지역의 특성을 고려하여 국토교통부령으로 정하는 범위에서 따로 정하여 고시할 수 있다.

〈제5항 ⇒ 벌칙규정 : 제102조 제15호 / 양벌규정 : 제105조 제2항〉

⑤ 사업주체는 분양가상한제 적용주택으로서 공공택지에서 공급하는 주택에 대하여 입주자모집 승인을 받았을 때에는 입주자 모집공고에 다음 각 호[국토교통부령으로 정하는 세분류(細分類)를 포함한다]에 대하여 분양가격을 공시하여야 한다.

1. 택지비
2. 공사비
3. 간접비
4. 그 밖에 국토교통부령으로 정하는 비용

⑥ 시장·군수·구청장이 제54조에 따라 공공택지 외의 택지에서 공급되는 분양가상한제 적용주택 중 분양가 상승 우려가 큰 지역으로서 대통령령으로 정하는 기준에 해당되는 지역에서 공급되는 주택의 입주자모집 승인을 하는 경우에는 다음 각 호의 구분에 따라 분양가격을 공시하여야 한다. 이 경우 제2호부터 제6호까지의 금액은 기본형건축비[특별자치시·특별자치도·시·군·구(구는 자치구의 구를 말하며, 이하 "시·군·구"라 한다)별 기본형건축비가 따로 있는 경우에는 시·군·구별 기본형건축비]의 항목별 가액으로 한다.

1. 택지비
2. 직접공사비
3. 간접공사비
4. 설계비
5. 감리비
6. 부대비
7. 그 밖에 국토교통부령으로 정하는 비용

⑦ 제5항 및 제6항에 따른 공시를 할 때 국토교통부령으로 정하는 택지비 및 건축비에 가산되는 비용의 공시에는 제59조에 따른 분양가심사위원회 심사를 받은 내용과 산출근거를 포함하여야 한다.

제57조의2 (분양가상한제 적용주택 등의 입주자의 거주의무 등)

〈제1항 ⇒ 벌칙규정 : 제104조 제10호 / 양벌규정 : 제105조 제2항〉

① 다음 각 호의 어느 하나에 해당하는 주택의 입주자(상속받은 자는 제외한다. 이하 이 조 및 제57조의3에서 "거주의무자"라 한다)는 해당 주택의 최초 입주가능일부터 5년 이내의 범위에서 해당 주택의 분양가격과 국토교통부장관이 고시한 방법으로 결정된 인근지역 주택매매가격의 비율에 따라 대통령령으로 정하는 기간(이하 "거주의무기간"이라 한다) 동안 계속하여 해당 주택에 거주하여야 한다. 다만, 해외 체류 등 대통령령으로 정하는 부득이한 사유가 있는 경우 그 기간은 해당 주택에 거주한 것으로 본다.

1. 사업주체가 「수도권정비계획법」 제2조 제1호에 따른 수도권(이하 "수도권"이라 한다)에서 건설·공급하는 분양가상한제 적용주택
2. 「신행정수도 후속대책을 위한 연기·공주지역 행정중심복합도시 건설을 위한 특별법」 제2조 제1호에 따른 행정중심복합도시(이하 이 조에서 "행정중심복합도시"라 한다) 중 투기과열지구(제63조 제1항에 따른 투기과열지구를 말한다)에서 건설·공급하는 주택으로서 국토교통부령으로 정하는 기준에 따라 행정중심복합도시로 이전하거나 신설되는 기관 등에 종사하는 사람에게 입주자 모집조건을 달리 정하여 별도로 공급되는 주택
3. 「도시 및 주거환경정비법」 제2조 제2호 나목 후단에 따른 공공재개발사업(제57조 제1항 제2호의 지역에 한정한다)에서 건설·공급하는 주택

〈제2항 ⇒ 과태료규정 : 제106조 제4항 제1호〉

② 거주의무자가 제1항 단서에 따른 사유 없이 거주의무기간 이내에 거주를 이전하려는 경우 거주의무자는 대통령령으로 정하는 바에 따라 한국토지주택공사(사업주체가 「공공주택 특별법」 제4조에 따른 공공주택사업자인 경우에는 공공주택사업자를 말한다. 이하 이 조 및 제64조에서 같다)에 해당 주택의 매입을 신청하여야 한다.

③ 한국토지주택공사는 제2항에 따라 매입신청을 받거나 거주의무자가 제1항을 위반하였다는 사실을 알게 된 경우 위반사실에 대한 의견청취를 하는 등 대통령령으로 정하는 절차를 거쳐 대통령령으로 정하는 특별한 사유가 없으면 해당 주택을 매입하여야 한다.

④ 한국토지주택공사가 제3항에 따라 주택을 매입하는 경우 거주의무자에게 그가 납부한 입주금과 그 입주금에 「은행법」에 따른 은행의 1년 만기 정기예금의 평균이자율을 적용한 이자를 합산한 금액(이하 "매입비용"이라 한다)을 지급한 때에는 그 지급한 날에 한국토지주택공사가 해당 주택을 취득한 것으로 본다.

⑤ 거주의무자는 거주의무기간 동안 계속하여 거주하여야 함을 소유권에 관한 등기에 부기등기하여야 한다.

⑥ 제5항에 따른 부기등기는 주택의 소유권보존등기와 동시에 하여야 하며, 부기등기에 포함되어야 할 표기내용 등은 대통령령으로 정한다.

〈제7항 ⇒ 벌칙규정 : 제104조 제10호 / 양벌규정 : 제105조 제2항〉

⑦ 제3항 및 제4항에 따라 한국토지주택공사가 취득한 주택을 국토교통부령으로 정하는 바에 따라 공급받은 사람은 제64조 제1항에 따른 전매제한기간 중 잔여기간 동안 그 주택을 전매(제64조 제1항에 따른 전매를 말한다)할 수 없으며 거주의무기간 중 잔여기간 동안 계속하여 그 주택에 거주하여야 한다.

⑧ 한국토지주택공사가 제3항 및 제4항에 따라 주택을 취득하거나 제7항에 따라 주택을 공급하는 경우에는 제64조 제1항을 적용하지 아니한다.

제58조 (분양가상한제 적용 지역의 지정 및 해제)

③ 국토교통부장관은 제1항에 따른 분양가상한제 적용 지역을 지정하였을 때에는 지체 없이 이를 공고하고, 그 지정 지역을 관할하는 시장·군수·구청장에게 공고 내용을 통보하여야 한다. 이 경우 시장·군수·구청장은 사업주체로 하여금 입주자 모집공고 시 해당 지역에서 공급하는 주택이 분양가상한제 적용주택이라는 사실을 공고하게 하여야 한다.

[주택법 시행령]

제59조 (택지 매입가격의 범위 및 분양가격 공시지역)

① 법 제57조 제3항 제2호 각 목 외의 부분에서 "대통령령으로 정하는 범위"란 「감정평가 및 감정평가사에 관한 법률」에 따라 감정평가한 가액의 120퍼센트에 상당하는 금액 또는 「부동산 가격공시에 관한 법률」 제10조에 따른 개별공시지가의 150퍼센트에 상당하는 금액을 말한다.

② 사업주체는 제1항에 따른 감정평가 가액을 기준으로 택지비를 산정하려는 경우에는 시장·군수·구청장에게 「감정평가 및 감정평가사에 관한 법률」에 따른 감정평가를 요청하여야 한다. 이 경우 감정평가의 실시와 관련된 구체적인 사항은 법 제57조 제3항의 감정평가의 예에 따른다.

③ 법 제57조 제3항 제2호 나목에 따른 공공기관은 다음 각 호의 어느 하나에 해당하는 기관으로 한다.

1. 국가기관
2. 지방자치단체
3. 「공공기관의 운영에 관한 법률」 제5조에 따라 공기업, 준정부기관 또는 기타공공기관으로 지정된 기관
4. 「지방공기업법」에 따른 지방직영기업, 지방공사 또는 지방공단

④ 법 제57조 제3항 제2호 다목에서 "대통령령으로 정하는 경우"란 「부동산등기법」에 따른 부동산등기부 또는 「지방세법 시행령」 제18조 제3항 제2호에 따른 법인장부에 해당 택지의 거래가액이 기록되어 있는 경우를 말한다.

⑤ 법 제57조 제6항 각 호 외의 부분 전단에서 "대통령령으로 정하는 기준에 해당되는 지역"이란 다음 각 호의 어느 하나에 해당하는 지역을 말한다.

1. 수도권 안의 투기과열지구(법 제63조에 따른 투기과열지구를 말한다. 이하 같다)
2. 다음 각 목의 어느 하나에 해당하는 지역으로서 「주거기본법」 제8조에 따른 주거정책심의위원회(이하 "주거정책심의위원회"라 한다)의 심의를 거쳐 국토교통부장관이 지정하는 지역
   가. 수도권 밖의 투기과열지구 중 그 지역의 주택가격의 상승률 및 주택의 청약경쟁률 등을 고려하여 국토교통부장관이 정하여 고시하는 기준에 해당하는 지역

나. 해당 지역을 관할하는 시장·군수·구청장이 주택가격의 상승률 및 주택의 청약경쟁률이 지나치게 상승할 우려가 크다고 판단하여 국토교통부장관에게 지정을 요청하는 지역

제61조 (분양가상한제 적용 지역의 지정기준 등)

① 법 제58조 제1항에서 "대통령령으로 정하는 기준을 충족하는 지역"이란 투기과열지구 중 다음 각 호에 해당하는 지역을 말한다.

1. 분양가상한제 적용 지역으로 지정하는 날이 속하는 달의 바로 전달(이하 이 항에서 "분양가상한제적용직전월"이라 한다)부터 소급하여 12개월간의 아파트 분양가격상승률이 물가상승률(해당 지역이 포함된 시·도 소비자물가상승률을 말한다)의 2배를 초과한 지역. 이 경우 해당 지역의 아파트 분양가격상승률을 산정할 수 없는 경우에는 해당 지역이 포함된 특별시·광역시·특별자치시·특별자치도 또는 시·군의 아파트 분양가격상승률을 적용한다.
2. 분양가상한제적용직전월부터 소급하여 3개월간의 주택매매거래량이 전년 동기 대비 20퍼센트 이상 증가한 지역
3. 분양가상한제적용직전월부터 소급하여 주택공급이 있었던 2개월 동안 해당 지역에서 공급되는 주택의 월평균 청약경쟁률이 모두 5대 1을 초과하였거나 해당 지역에서 공급되는 국민주택규모 주택의 월평균 청약경쟁률이 모두 10대 1을 초과한 지역

② 국토교통부장관이 제1항에 따른 지정기준을 충족하는 지역 중에서 법 제58조 제1항에 따라 분양가상한제 적용 지역을 지정하는 경우 해당 지역에서 공급되는 주택의 분양가격 제한 등에 관한 법 제57조의 규정은 법 제58조 제3항 전단에 따른 공고일 이후 최초로 입주자모집승인을 신청하는 분부터 적용한다.

③ 법 제58조 제6항에 따라 국토교통부장관은 분양가상한제 적용 지역 지정의 해제를 요청받은 경우에는 주거정책심의위원회의 심의를 거쳐 요청받은 날부터 40일 이내에 해제 여부를 결정하고, 그 결과를 시·도지사, 시장, 군수 또는 구청장에게 통보하여야 한다.

제60조의2 (분양가상한제 적용주택 등의 입주자의 거주의무기간 등)

① 법 제57조의2 제1항 각 호 외의 부분 본문에서 "대통령령으로 정하는 기간"이란 다음 각 호의 구분에 따른 기간(이하 "거주의무기간"이라 한다)을 말한다.

1. 법 제57조의2 제1항 제1호에 따른 주택의 경우
   가. 공공택지에서 건설·공급되는 주택의 경우
      1) 분양가격이 법 제57조의2 제1항 각 호 외의 부분 본문에 따라 국토교통부장관이 정하여 고시하는 방법으로 결정된 인근지역 주택매매가격(이하 "인근지역주택매매가격"이라 한다)의 80퍼센트 미만인 주택 : 5년
      2) 분양가격이 인근지역주택매매가격의 80퍼센트 이상 100퍼센트 미만인 주택 : 3년
   나. 공공택지 외의 택지에서 건설·공급되는 주택의 경우
      1) 분양가격이 인근지역주택매매가격의 80퍼센트 미만인 주택 : 3년
      2) 분양가격이 인근지역주택매매가격의 80퍼센트 이상 100퍼센트 미만인 주택 : 2년
2. 법 제57조의2 제1항 제2호에 따른 주택의 경우 : 3년
3. 법 제57조의2 제1항 제3호에 따른 주택으로서 분양가격이 인근지역주택매매가격의 100퍼센트 미만인 주택의 경우 : 2년

② 법 제57조의2 제1항 각 호 외의 부분 단서에서 "해외 체류 등 대통령령으로 정하는 부득이한 사유"란 다음 각 호의 어느

하나에 해당하는 사유를 말한다. 이 경우 제2호부터 제8호까지의 규정에 해당하는지는 한국토지주택공사(사업주체가 「공공주택 특별법」 제4조의 공공주택사업자인 경우에는 공공주택사업자를 말한다. 이하 이 조에서 같다)의 확인을 받아야 한다.

1. 해당 주택에 입주하기 위하여 준비기간이 필요한 경우. 이 경우 해당 주택에 거주한 것으로 보는 기간은 최초 입주가능일부터 90일까지로 한다.
2. 법 제57조의2 제1항 각 호 외의 부분 본문에 따른 거주의무자(이하 "거주의무자"라 한다)가 거주의무기간 중 근무·생업·취학 또는 질병치료를 위하여 해외에 체류하는 경우
3. 거주의무자가 주택의 특별공급을 받은 군인으로서 인사발령에 따라 거주의무기간 중 해당 주택건설지역(주택을 건설하는 특별시·광역시·특별자치시·특별자치도 또는 시·군의 행정구역을 말한다. 이하 이 항에서 같다)이 아닌 지역에 거주하는 경우
4. 거주의무자가 거주의무기간 중 세대원(거주의무자가 포함된 세대의 구성원을 말한다. 이하 이 호에서 같다)의 근무·생업·취학 또는 질병치료를 위하여 세대원 전원이 다른 주택건설지역에 거주하는 경우. 다만, 수도권 안에서 거주를 이전하는 경우는 제외한다.
5. 거주의무자가 거주의무기간 중 혼인 또는 이혼으로 입주한 주택에서 퇴거하고 해당 주택에 계속 거주하려는 거주의무자의 직계존속·비속, 배우자(종전 배우자를 포함한다) 또는 형제자매가 자신으로 세대주를 변경한 후 거주의무기간 중 남은 기간을 승계하여 거주하는 경우
6. 「영유아보육법」 제10조 제5호에 따른 가정어린이집을 설치·운영하려는 자가 같은 법 제13조에 따라 해당 주택에 가정어린이집의 설치를 목적으로 인가를 받은 경우. 이 경우 해당 주택에 거주한 것으로 보는 기간은 가정어린이집을 설치·운영하는 기간으로 한정한다.
7. 법 제64조 제2항 본문에 따라 전매제한이 적용되지 않는 경우. 다만, 제73조 제4항 제7호 또는 제8호에 해당하는 경우는 제외한다.
8. 거주의무자의 직계비속이 「초·중등교육법」 제2조에 따른 학교에 재학 중인 학생으로서 주택의 최초 입주가능일 현재 해당 학기가 끝나지 않은 경우. 이 경우 해당 주택에 거주한 것으로 보는 기간은 학기가 끝난 후 90일까지로 한정한다.

③ 거주의무자는 법 제57조의2 제2항에 따라 해당 주택의 매입을 신청하려는 경우 국토교통부령으로 정하는 매입신청서를 한국토지주택공사에 제출해야 한다.

④ 한국토지주택공사는 거주의무자가 법 제57조의2 제1항을 위반하여 같은 조 제3항에 따라 해당 주택을 매입하려면 14일 이상의 기간을 정하여 거주의무자에게 의견을 제출할 수 있는 기회를 줘야 한다.

⑤ 제4항에 따라 의견을 제출받은 한국토지주택공사는 제출 의견의 처리 결과를 거주의무자에게 통보해야 한다.

⑥ 법 제57조의2 제3항에서 "대통령령으로 정하는 특별한 사유"란 다음 각 호의 사유를 말한다.

1. 한국토지주택공사의 부도·파산
2. 제1호와 유사한 사유로서 한국토지주택공사가 해당 주택을 매입하는 것이 어렵다고 국토교통부장관이 인정하는 사유

⑦ 법 제57조의2 제6항에 따른 부기등기에는 "이 주택은 「주택법」 제57조의2 제1항에 따른 거주의무자가 거주의무기간 동안 계속하여 거주해야 하며, 이를 위반할 경우 한국토지주택공사가 해당 주택을 매입함"이라는 내용을 표기해야 한다.

제62조 (위원회의 설치·운영)

① 시장·군수·구청장은 법 제15조에 따른 사업계획승인 신청(「도시 및 주거환경정비법」 제50조에 따른 사업시행계획인가 및 「건축법」 제11조에 따른 건축허가를 포함한다)이 있는 날부터 20일 이내에 법 제59조 제1항에 따른 분양가심사위원회(이하 이 장에서 "위원회"라 한다)를 설치·운영하여야 한다.

② 사업주체가 국가, 지방자치단체, 한국토지주택공사 또는 지방공사인 경우에는 해당 기관의 장이 위원회를 설치·운영하여야 한다. 이 경우 제63조부터 제70조까지의 규정을 준용한다.

제63조 (기능) 위원회는 다음 각 호의 사항을 심의한다.

1. 법 제57조 제1항에 따른 분양가격 및 발코니 확장비용 산정의 적정성 여부
2. 법 제57조 제4항 후단에 따른 시·군·구별 기본형건축비 산정의 적정성 여부
3. 법 제57조 제5항 및 제6항에 따른 분양가격 공시내용(같은 조 제7항에 따라 공시에 포함해야 하는 내용을 포함한다)의 적정성 여부
4. 분양가상한제 적용주택과 관련된 「주택도시기금법 시행령」 제5조 제1항 제2호에 따른 제2종국민주택채권 매입예정상한액 산정의 적정성 여부
5. 분양가상한제 적용주택의 전매행위 제한과 관련된 인근지역주택매매가격 산정의 적정성 여부

제65조 (회의)

① 위원회의 회의는 시장·군수·구청장이나 위원장이 필요하다고 인정하는 경우에 시장·군수·구청장이 소집한다.

③ 시장·군수·구청장은 위원회의 위원 명단을 회의 개최 전에 해당 기관의 인터넷 홈페이지 등을 통하여 공개해야 한다.

⑦ 위원회의 회의는 공개하지 아니한다. 다만, 위원회의 의결로 공개할 수 있다.

제66조 (위원이 아닌 사람의 참석 등)

① 위원장은 제63조 각 호의 사항을 심의하기 위하여 필요하다고 인정하는 경우에는 해당 사업장의 사업주체·관계인 또는 참고인을 위원회의 회의에 출석하게 하여 의견을 듣거나 관련 자료의 제출 등 필요한 협조를 요청할 수 있다.

② 위원회의 회의사항과 관련하여 시장·군수·구청장 및 사업주체는 위원장의 승인을 받아 회의에 출석하여 발언할 수 있다.

③ 위원장은 위원회에서 심의·의결된 결과를 지체 없이 시장·군수·구청장에게 제출하여야 한다.

[주택법 시행규칙]

제23조 (주택의 공급 등)

② 법 제57조에 따른 분양가격 산정방식 등은 「공동주택 분양가격의 산정 등에 관한 규칙」으로 정한다.

제23조의2 (분양가상한제 적용주택 등의 매입신청서)

① 영 제60조의2 제3항에서 "국토교통부령으로 정하는 매입신청서"란 별지 제25호의2 서식의 분양가상한제 적용주택 등의 매입신청서를 말하며, 해당 신청서를 제출할 때에는 다음 각 호의 서류를 첨부해야 한다.

1. 분양계약서 사본
2. 인감증명서 또는 「본인서명사실 확인 등에 관한 법률」 제2조 제3호의 본인서명사실확인서

② 영 제60조의2 제3항에 따라 제1항의 매입신청서를 받은 한국토지주택공사(사업주체가 「공공주택 특별법」 제4조에 따른 공공주택사업자인 경우에는 공공주택사업자를 말한다. 이하 제23조의4에서 같다)는 「전자정부법」 제36조 제2항에 따른 행정정보의 공동이용을 통하여 주민등록표 초본 및 건물 등기사항증명서를 확인해야 한다. 다만, 신청인이 주민등록표 초본의 확인에 동의하지 않는 경우에는 해당 서류를 첨부하도록 해야 한다.

제23조의3 (부기등기의 말소 신청) 법 제57조의2 제5항에 따라 거주의무가 있는 주택에 대한 부기등기를 한 거주의무자는 같은 조 제1항에 따른 거주의무기간이 지나야 그 부기등기의 말소를 신청할 수 있다.

제23조의4 (매입한 분양가상한제 적용주택 등의 공급)

① 한국토지주택공사는 법 제57조의2 제7항에 따라 주택을 공급하는 경우에는 다음 각 호의 구분에 따라 공급해야 한다.

1. 「공공주택 특별법」 제2조 제1호 나목의 공공분양주택의 경우에는 같은 법 시행규칙 별표 6에 따른 입주자 자격을 충족하는 사람을 대상으로 공급할 것
2. 그 외의 주택의 경우에는 「주택공급에 관한 규칙」 제27조 및 제28조에 따라 공급할 것

② 한국토지주택공사는 제1항에 따라 주택을 공급하는 경우에는 다음 각 호의 금액을 모두 더한 금액 이하로 공급해야 한다.

1. 법 제57조의2 제4항에 따른 매입비용에 「은행법」에 따른 은행의 1년 만기 정기예금의 평균이자율을 적용한 이자를 더한 금액
2. 취득세, 재산세, 등기비용 등 주택의 취득 및 보유에 따른 부대비용

15. 조합 해산

[주택법]

제14조의2(주택조합의 해산 등)

① 주택조합은 제11조 제1항에 따른 주택조합의 설립인가를 받은 날부터 3년이 되는 날까지 사업계획승인을 받지 못하는 경우 대통령령으로 정하는 바에 따라 총회의 의결을 거쳐 해산 여부를 결정하여야 한다.

〈제3항 ⇒ 벌칙규정 : 제104조 제4호의3 / 양벌규정 : 제105조 제2항〉

③ 제1항 또는 제2항에 따라 총회를 소집하려는 주택조합의 임원 또는 발기인은 총회가 개최되기 7일 전까지 회의 목적, 안건, 일시 및 장소를 정하여 조합원 또는 주택조합 가입 신청자에게 통지하여야 한다.

④ 제1항에 따라 해산을 결의하거나 제2항에 따라 사업의 종결을 결의하는 경우 대통령령으로 정하는 바에 따라 청산인을 선임하여야 한다.

 # 리모델링조합의 준공, 입주 이후 해산과 청산 절차에 대한 규정은 주택법에 없는가요?

리모델링조합의 해산, 청산과 관련하여 주택법령은 조합설립 이후 일정 기간 사업의 진척이 없을 경우의 중도 해산 결의에 대한 것만 정하고 있을 뿐, 정상적으로 사업이 종료된 이후 이루어지는 절차에 대하여는 따로 규율하고 있지 않습니다.

 # 조합설립 이후 최선을 다해 진행을 하였는데, 3년의 시한 내에 사업계획승인 신청은 무리일 것으로 판단됩니다. 이 경우 해산 여부를 묻는 안건을 상정한 총회를 반드시 개최해야 하는 것인가요?

주택법령에서는 주택법 제14조의2에 따른 총회를 개최하지 않았을 경우 사업주체를 처벌하는 규정이나, 별도의 제재를 가하는 규정을 두고 있지 않습니다.

한편 지구단위계획 변경이나 아파트지구에서의 제척 등을 비롯하여 예상치 못하게 많은 시일이 소요될 수밖에 없는 절차들로 인하여 실질적으로 3년 내 신청이 이루어지기 어려운 경우가 많이 있으며, 통상적으로 리모델링조합에 적용되는 조문은 사업계획승인과 리모델링허가 중 적용 대상을 분명히 적시하고 있는데 본 조에는 사업계획승인만을 언급하고 있다는 점을 종합적으로 고려했을 때, 주택법 제14조의2는 지역주택조합이나 직장주택조합을 고려한 규정에 해당된다는 해석이 가능할 것으로 보입니다.

[주택법 시행령]

제25조의2 (주택조합의 해산 등)

① 주택조합 또는 주택조합의 발기인은 법 제14조의2 제1항 또는 제2항에 따라 주택조합의 해산 또는 주택조합 사업의 종결 여부를 결정하려는 경우에는 다음 각 호의 구분에 따른 날부터 3개월 이내에 총회를 개최해야 한다.

1. 법 제11조 제1항에 따른 주택조합설립인가를 받은 날부터 3년이 되는 날까지 사업계획승인을 받지 못하는 경우 : 해당 설립인가를 받은 날부터 3년이 되는 날

④ 주택조합의 해산 또는 사업의 종결을 결의한 경우에는 법 제14조의2 제4항에 따라 주택조합의 임원 또는 발기인이 청산인이 된다. 다만, 조합규약 또는 총회의 결의로 달리 정한 경우에는 그에 따른다.

마감재 기초 상식 사전 & 리모델링주택조합설립을 위한 참고서

초판 1쇄 발행 2023년 7월 19일

지은이 최종화, 한승희
펴낸이 이기봉
편집 좋은땅 편집팀
펴낸곳 도서출판 좋은땅
주소 서울특별시 마포구 양화로12길 26 지월드빌딩 (서교동 395-7)
전화 02)374-8616~7
팩스 02)374-8614
이메일 gworldbook@naver.com
홈페이지 www.g-world.co.kr

ISBN 979-11-388-2091-2 (13540)